Anthropologie – Technikphilosophie – Gesellschaft

Reihe herausgegeben von

Mathias Gutmann, Department für Philosophie, Karlsruher Institut für Technologie (KIT), Karlsruhe, Deutschland

Klaus Wiegerling, Institut für Technikfolgenabschätzung und Systemanalyse (ITAS), Karlsruher Institut für Technologie (KIT), Karlsruhe, Deutschland

Klaus Kornwachs

Techno-Konflikte

Beziehungen zwischen parallelen und reversiblen Technologien

J.B. METZLER

Klaus Kornwachs (iD)
Büro für Kultur und Technik
Argenbühl, Deutschland

ISSN 2524-3586   ISSN 2524-3594   (electronic)
Anthropologie – Technikphilosophie – Gesellschaft
ISBN 978-3-662-72104-9   ISBN 978-3-662-72105-6 (eBook)
https://doi.org/10.1007/978-3-662-72105-6

Die Deutsche Nationalbibliothek verzeichnet diese Publikation in der Deutschen Nationalbibliografie; detaillierte bibliografische Daten sind im Internet über https://portal.dnb.de abrufbar.

Planung/Lektorat: Franziska Remeika
J.B. Metzler ist ein Imprint der eingetragenen Gesellschaft Springer-Verlag GmbH, DE und ist ein Teil von Springer Nature.
Die Anschrift der Gesellschaft ist: Heidelberger Platz 3, 14197 Berlin, Germany

Vorwort

Aufsatzsammlungen sind als späteditorische Unternehmungen immer etwas riskant, da sie einen Bogen schlagen, den der Autor in den Zeiten, in denen die einzelnen Beiträge entstanden, so vielleicht noch nicht gesehen hat. So werden auch hier die Verbindungen zwischen den einzelnen Beiträgen nur deutlich, indem sie zusammengebunden werden.

Der Autor hofft zu zeigen, dass die Themen Schlüsseltechnologien, parallele und reversible Technologien wie die logische Untersuchung des „Nichtfunktionierens" von Technik einen gemeinsamen Aufforderungscharakter haben: Schlüsseltechnologien wirken auf andere Technologien, die sich entwickeln oder schon existieren und verändern sie. Die Voraussetzung hierfür ist, dass es schon parallel existierende Technologiken gibt, sonst gäbe es nichts zu verbessern oder zu ermöglichen.

Durch überlappende Innovationszyklen ergeben sich parallel existierende Technologien mit vergleichbaren Funktionalitäten. Wir diskutieren deshalb die Beziehungen zwischen solchen parallelen Technologien und analysieren die Wechselwirkungen zwischen ihnen. Anhand der Energiewende und der Digitalisierung kann gezeigt werden, dass Energietechnologien und Digitalisierung eine kohärente Technologie bilden müssen, wenn die Energieversorgung steuerbar bleiben soll. Eine zu schnelle Rücknahme von zwei parallelen Technologen bei der Energieversorgung hätte den rechtzeitigen Ausbau einer weiteren parallel existierenden Technologie, eben die der erneuerbaren Energien, erfordert. Deren zu später Einsatz und deren mangelnde Digitalisierung dürften Mitursachen der gegenwärtigen Energiekrise sein.

Parallele Technologien müssen schon existieren, wenn man Technologien gleich von vorneherein als reversibel gestalten möchte – um nachhaltig Fehler korrigieren zu können. Wenn man Technologien zurücknehmen will, muss – gleichsam als Rückfallposition – ein paralleler funktionaler Ersatz schon da sein.

Reversible Technologien sind solche, die man zurücknehmen kann, d. h. sie können abgeschaltet, abgebaut und ggf. durch bestehende neue Technologien ersetzt werden. Irreversible Technologien und ihre Reste stellen eine Belastung dar. Es wird eine Typologie der Rücknehmbarkeit resp. Reversibilität entwickelt und anhand von alternden und irreversiblen Technologien diskutiert. Es wird vorgeschlagen, Reversibilität als ein Wertekriterium der Technikbewertung aufzunehmen und es werden einige Überlegungen zur Gestaltung von reversiblen Technologien vorgestellt.

Wenn man Technologien zurücknehmbar gestalten will, muss man erkennen können, wo der Fehler und der Grund der Notwendigkeit ihrer Rücknahme liegt. Hierzu ist es nützlich, das Nichtfunktionieren einer Technologie analysieren zu können. Dabei kann Logik durchaus nützlich sein. Ein erster Ansatz ist in einer Logik der technologischen Durchführbarkeit zu finden, da damit Widerspruchstypen sichtbar gemacht werden können. Es geht also um technologische Widersprüche, wie sie in Technologien selbst als auch bei der Wechselwirkung zwischen parallel existierenden Technologien auftreten können. Dabei können auch Schlüsseltechnologien, die für eine bestimmte Gruppe von Technologien essentiell zur Weiterentwicklung oder zur Funktionalität sind, durchaus in Widersprüche mit anderen Technologien geraten, für die die besagte Technologie eben nicht die Rolle einer Schlüsseltechnologie spielt. Das letzte Kapitel ist als Propädeutikum zum Durchmustern von existierenden und denkbaren, prospektiven Technologien gedacht und soll damit auch ein Beitrag zur theoretischen Weiterentwicklung der Technikfolgenabschätzung darstellen.

Die vier Hauptkapitel in diesem Band können als Analysen im Kontext der allgemeinen Technikwissenschaften und der analytischen Technikphilosophie gelesen werden.

Klaus Kornwachs

Danksagung

Die Zusammenarbeit mit dem Fraunhofer-Institut für Arbeitswirtschaft und Organisation (IAO), Stuttgart, hat wesentliche Anregungen für das Kap. 2 über Schlüsseltechnologien ergeben. Hier sei vor allem Prof. Dr.-Ing. Wilhelm Bauer für die Ermöglichung und Finanzierung des Projekts und Dipl.-Ing. Mathias Stabe für die Zusammenarbeit und lebhaften Diskussionen gedankt. Ein herzlicher Dank für frühere Diskussionen über Technologie und Innovation soll auch an Prof. Dr. Rolf Hichert sowie Dr. Andreas Möller gehen. Posthum gilt mein Dank an Prof. Dr. Günter Spur und Prof. Dr. Günter Ropohl für ihre immer wieder inspirierenden Provokationen, Neues zu denken.

Die Arbeiten zu den Beiträgen in Kap. 3 und 4 wurde durch eine Fellowship am Stellenbosch Institute for Advanced Study (STIAS) at the Wallenberg Research Centre, Stellenbosch University, Südafrika, während des Terms II in 2022 ermöglicht. Der Autor dankt dem Leiter des Instituts, Prof. Edward Kirumira und den Mit-Fellows für die kreative Atmosphäre und die dortige völlige Freiheit des Arbeitens.

Die Arbeiten zu dem Beitrag in Kap. 5 wurden durch ein Forschungssemester der Brandenburgisch Technischen Universität Cottbus im Wintersemester 2006/2007 ermöglicht. Für intensive Diskussionen, Anregungen und Kritik danke ich den Herrn Dr. Mario Harz, Dr. Jakob Meier, Prof. Dr. Thomas Zoglauer (alle BTU Cottbus) und posthum Prof. Dr. Siegfried Gottwald, Universität Leipzig.

Für kritische Lektüre und viele nützliche Hinweise danke ich meiner Frau Irma. Ihre Rückfragen haben mich immer wieder „geerdet", wenn ich das hier so technisch ausdrücken darf.

Argenbühl-Eglofs   Klaus Kornwachs
im Juni 2025

Interessenkonflikte Der/die Autor*in hat keine für den Inhalt dieses Manuskripts relevanten Interessenkonflikte.

Bibliographische und editorische Anmerkungen

Die *Einleitung* und das zweite Kapitel: *Schlüsseltechnologien* wurde für diesen Band eigens geschrieben. Dieses Kapitel geht ursprünglich auf zwei Projekte zurück: Zum einen beschäftigte sich eine Arbeitsgruppe bei der Deutschen Akademie der Technikwissenschaften (acatech) mit Problemen der Innovation (Kornwachs 2007a), die nach Abschluss noch ein vom Verfasser geleitetes *Follow-up* hatte. Zum anderen ergaben sich aus dem Projekt ST-BMDD: *Systemische Technikgestaltung: Begriffe – Methoden – Definitionen – Design* am Fraunhofer-Institut für Arbeitswirtschaft und Organisation (IAO) (Kornwachs 2013a, 2014, 2015b) zahlreiche Anregungen, die in dieses Kapitel eingeflossen sind.

Das dritte Kapitel: *Parallele Technologien* und das vierte Kapitel: *Reversible Technologien* stellen übersetzte und aktualisierte Ausarbeitungen zweier Arbeitspapiere dar, die während einer Fellowship des Autors am Stellenbosch Institute for Advanced Study (STIAS) im Herbst 2022 entstanden sind (Kornwachs 2023b, 2023c).

Das letzte und fünfte Kapitel: *Vom Widerspruch in der Maschine – Parapraxie* ist eine erweiterte und neu überarbeitete Version eines Forschungsberichts des Autors am Lehrstuhl für Technikphilosophie der Fakultät für Mathematik, Naturwissenschaften und Informatik, Brandenburgische Technischen Universität Cottbus aus dem Jahr 2009 (Kornwachs 2009, Teile davon in Kornwachs (2012), Kap. D veröffentlicht).

Die einzelnen Kapitel, sofern nicht neu geschrieben, wurden redaktionell überarbeitet und – sofern möglich und sinnvoll – die Literaturhinweise aktualisiert. Die Querverweise in den Anmerkungen auf die jeweils anderen Kapitel ergaben sich im Rahmen der redaktionellen Bearbeitung.

Für die Erarbeitung und Erstellung der Texte wurde kein KI-Programm (Large Language Models) benutzt.

Bildnachweise

Die Abbildungen 2.1, 3.2, 3.5, 3.6, 3.7, 3.8, 3.9, 4.1, 4.2, 4.3, 5.2, 5.3 stammen vom Autor, z. T. unter Verwendung gemeinfreier Symbole, ebenso die Titelbilder zu den einzelnen Kapiteln. Abb. 2.2 Graphik rechts entnommen aus OECD (2016), Fig. 2.1, p. 79: „Key and emerging technologies for the future". Abb. 3.1: Adaptiert, modifiziert und erweitert aus https://www.spacetec.partners/how-new-space-changes-the-s-curve-of-space-ventures/, Originalseite nicht mehr verfügbar. Abb. 3.3: Aus Kornwachs (2018), dort Abb. 2. Gutachten, © beim Autor. Abb.

3.4: Modifiziert und erweitert nach Fink, Teimouri (2019). Abb. 3.10: Aktualisierte Abbildung entnommen aus https://de.wikipedia.org/wiki/Kernenergie#/media/Datei:Kernenergie_nach_Jahren.svg; gemeinfrei. Abb. 3.11 aus Bullinger, Kornwachs (1986). Abb. 5.1: Gemeinfreie Darstellung. Abb. 4.4: Links: Autor, Rechts: gemeinfrei aus: https://pixabay.com/de/photos/t%c3%bcrknauf-t%c3%bcrgriffe-t%c3%bcr-mond-2614505/. Abb. 5.4: Zitiert nach Harz (2007), S. 48, mit freundlicher Genehmigung.

Tabellennachweise

Tab. 3.1 bis 4.6, 5.6 und 5.7 sind vom Autor. Tab. 5.1, 5.3, 5.9. und 5.10 aus Kornwachs (2009). Tab. 5.4 aus Kornwachs (2012, dort Tab. D6), Tab. 5.4 aus Kornwachs (2012, Tab. D1), Tab. 5.5 aus Kornwachs (2012, Tab. D7), Tab. 5.8 aus Kornwachs (2023, Tab. D12), Tab. 5.11 – 5.14 aus Kornwachs (2012), jeweils Tab. D8-11), Tab. 5.15 aus Kornwachs (2009), Harz (2007) und Kornwachs (2012, Tab. D4).

Inhaltsverzeichnis

Über den Autor

Klaus Kornwachs (geb. 1947), studierte Physik, Mathematik und Philosophie in Tübingen, Freiburg, Kaiserslautern und Amherst (Mass., USA). Nach dem Diplom in Physik 1973 promovierte er 1976 in Freiburg und habilitierte sich in Philosophie 1987 in Stuttgart. Er war 1979–1992 am Fraunhofer-Institut für Arbeitswirtschaft und Organisation, Stuttgart, zuletzt als Leiter der Abteilung für Qualifikationsforschung und Technikfolgenabschätzung, 1991 erhielt er den Forschungspreis der Alcatel SEL-Stiftung für Technische Kommunikation. Von 1992–2011 hatte er den Lehrstuhl für Technikphilosophie an der BTU Cottbus inne. Gastprofessuren und Fellowships führten ihn nach Wien, Budapest, Stuttgart, Dalian (China) und Stellenbosch (Südafrika). Er ist ordentliches Mitglied der Deutschen Akademie für Technikwissenschaften (acatech). Klaus Kornwachs ist seit 1990 Honorarprofessor der Universität Ulm, und seit 2013 Honorary Professor am Intelligent Urbanization Co-Creation Center an der Tongji University, Shanghai. Klaus Kornwachs gründete 2011 das „Büro für Kultur und Technik" und ist Herausgeber und Autor zahlreicher Fachbücher und Veröffentlichungen (Siehe www.kornwachs.de; ORCID: 0000-0003-3194-0831).

Prof. Dr.phil.habil Klaus Kornwachs, Dipl. Phys.
Büro für Kultur und Technik
88260 Argenbühl

Abbildungsverzeichnis

Tabellenverzeichnis

Schlüsseltechnologien

Parallele Technologien

Reversible Technologien

Widerspruch in der Maschine

Die vier Grundbegriffe der Kap. 2–4

Der technikwissenschaftliche wie technikphilosophische Blick richtet sich in diesem Buch in vier Kapiteln auf die Beziehungen zwischen und innerhalb Technologien.

Ein beliebter Begriff der Technologiepolitik und des Technologiemanagements lautet: Schlüsseltechnologien. Nun werden Begriffe aus Politik und Management nicht deskriptiv, sondern eher normativ verwendet, weil sie meist bei ihrem Gebrauch eine Willensbildung der Protagonisten in einem definierten Kontext von

K. Kornwachs, *Techno-Konflikte,* Anthropologie – Technikphilosophie – Gesellschaft, https://doi.org/10.1007/978-3-662-72105-6_1

Interessen signalisieren. Schlüsseltechnologien sollen andere Technologien erst ermöglichen, sei es in der Zukunft oder als *conditio sine qua non* für das weitere Funktionieren schon bestehender Technologien. Diese Technologen existieren aber nicht abstrakt, sondern sind schon Bestandteil sozialer und ökonomischer Strukturen. Schlüsseltechnologien haben zu den Technologien, die sie erschließen sollen, komplexe Anschlussbeziehungen wie Inklusion, Kohärenz und Korrespondenz. Diese Anschlussbeziehungen wirken sich auch auf die organisatorischen Hüllen dieser Technologien aus, also deren organisatorische Bedingungen und Strukturen von Herstellung und Gebrauch bis hin zur Entsorgung. Wir versuchen in diesem ersten Kapitel, diese Beziehungen zu analysieren und zu zeigen, dass das Propagieren einer Technologie als (künftige) Schlüsseltechnologie oftmals mit massiven Wunschvorstellungen einhergeht.

Wie man leicht an zahlreichen Beispielen, gerade im Zeitalter der Digitalisierung, beobachten kann, gibt es Technologien, die gleiche Funktionen in unterschiedlichen Varianten erfüllen können und dennoch gleichzeitig existieren. Dieses Phänomen wollen wir parallele Technologien nennen. Es gibt alte, ausgemusterte Technologien und solche, die man abbauen oder sogar vorzeitig zurücknehmen könnte oder sollte, wenn sie sich als nicht geeignet erweisen – aber welche? Der Streit um die Kernkraft, um die Energiewende, aber auch um alltägliche Technologien, gerade wenn es um Gerätschaften und Einrichtungen geht, die die sozialen Medien erst ermöglichen, lehrt hier manches. Wir nennen solche rücknehmbaren Technologien reversible Technologien. Das bedeutet aber auch, dass es nichtreversible Technologien gibt. Wenn man aber reversible Technologien tatsächlich zurücknehmen will, jedoch auf ihre Funktionen nicht verzichten kann, setzt dies schon vorher parallel existierende Technologien voraus. Diese können sozusagen eine technologische Rückfallposition bieten, falls die Blase der neuen Technologie platzen sollte oder sich Nebenwirkungen einstellen, die nicht mehr verantwortbar sind.

Die Geschichte der Technikentwicklung zeigt häufig sich überlappende Innovationszyklen. Daraus ergeben sich parallel existierende Technologien mit vergleichbaren Funktionalitäten. Anhand der Energiewende und der Digitalisierung kann man zeigen, dass z. B. Energietechnologien und Digitalisierung eine zusammenhängende, wir sagen hier kohärente, Technologie bilden müssen, wenn die Energieversorgung steuerbar bleiben soll. Eine zu schnelle gleichzeitige Rücknahme von zwei parallelen Technologen (z. B. Kernkraft und Brenn- und Treibstoffe auf fossiler Basis) hätte bei der Energieversorgung den rechtzeitigen Ausbau einer weiteren parallel existierenden Technologie, eben die der erneuerbaren Energien, erfordert. Deren zu später Einsatz und deren mangelnde Digitalisierung dürften entscheidende Ursachen der gegenwärtig immer noch andauernden Energiekrise sein.

Die Bedingungen, wann eine Technologie zurückgenommen werden kann, und welche Konsequenzen ein Ausstieg aus einer Technologie haben kann, könnten vielleicht besser diskutiert werden, wenn man die Bedingungen der parallel existierenden Technologien und der Reversibilität von Technologien analytisch näher untersuchen würde. Exemplarisch wollen wir dies anhand der Energietechnologien und der Informations- und Kommunikationstechnologien diskutieren.

Allerding ist bei der Digitalisierung das Problem der Parallelität und der Reversibilität nochmals etwas anders gelagert: Es geht dabei um die bisherige analoge Handhabung und Unterstützung von Prozessen, sei es in Produktion, Dienstleistung oder bei kulturellen Schöpfungen und deren Vermittlung. Hier existieren offenbar neben der erst langsam sich durchsetzenden digitalen Unterstützung oder gar Ersetzung noch recht lange analoge Prozesse, sodass es zu unerwünschten Wechselwirkungen und zu Inkompatibilitäten kommt. Zwischen parallel existierenden Technologien gibt es kaum untersuchte, komplizierte Wechselbeziehungen, die in diesem Band in einem ersten Versuch von einem systematischen Standpunkt aus zumindest angerissen werden sollen.

Dazu gehört auch der Versuch, besser zu verstehen, was Inkompatibilitäten oder gar Widersprüche zwischen parallelen und aufeinanderfolgenden Technologien sind. Dazu wählen wir einen Ansatz aus der Logik und der Handlungstheorie: Gibt es Widersprüche in Maschinen? Mit dem Wort ‚Maschinen‘ sind hier Systeme aus Computern, Programmen, Sensoren und Aktoren gemeint, die Prozesse realisieren. Gibt es Widersprüche in Prozessen? Damit sind Handlungsabläufe, die durch Maschinen unterstützt oder ersetzt werden, gemeint. Sind dies Widersprüche, so wie es logische Widersprüche gibt? Was geschieht, wenn zwei Technologien zusammengebracht werden, die sich „nicht vertragen"? Aus logisch Falschem kann bekanntlich Beliebiges gefolgert werden. Aus dem Auftreten von Widersprüchen in der Maschine oder im Prozess folgt eher, dass gar nichts mehr „läuft". Nachdenken über Technik erfordert daher auch, dass man sich über die formalen Bedingungen des Misslingens systematisch Gedanken macht.

Man kann dann feststellen, wie die Praxis mit dem umgeht, was wir Widerspruch nennen. Den Begriff ‚Widerspruch‘ kennen wir zunächst nur aus der Logik und dem Dialog. Um den Unterschied deutlich zu machen, dass es nicht nur um Sprache geht, sondern um Handlungen und Prozesse, kann man statt des Begriffs der Paralogie in der Technik dann den Begriff ‚Parapraxie‘ als Analogie verwenden. Denn Paralogie ist ein Synonym für Widerspruch in der Logik. Es handelt sich dabei um eine formal ausdrückbare Situation, die eine widersprüchliche Situation auf der technischen Handlungs- oder Funktionsebene beschreibt. Dieses letzte Kapitel will zeigen, dass man mit diesem Instrumentarium der Parapraxie mögliche Inkompatibilitäten zwischen parallel existierenden Technologien und ihren zugehörigen Prozessen besser verstehen kann. Die Forderung nach Reversibilität von existierenden und künftigen Technologien könnte die Dauer solcher Inkompatibilitäten verkürzen und damit letztlich auch Umweltverbrauch und Kosten reduzieren. Damit wäre Reversibilität ein Leitmotiv einer ökologisch orientierten Entwicklungsstrategie von künftigen nachhaltigen Technologien.

Schlüsseltechnologien – *conditio sine qua non* oder bloße Innovationsrhetorik?

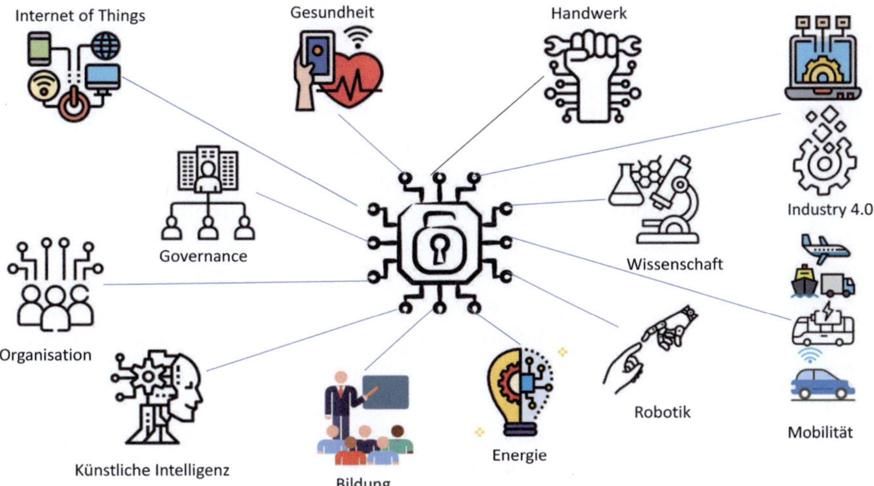

Digitalisierung und Vernetzung gelten als Schlüsseltechnologie für viele weitere Technologien und Prozesse

„Die wächsernen Flügel des Ikarus schmolzen, als er der Sonne zu nahe kam. Und er starb, als er ins Meer fiel. Um ehrlich zu sein, habe ich nie verstanden, [warum] die Moral der Geschichte lauten sollte: Flieg nicht zu hoch. Wir alle glauben eher: Vergiss das Wachs und arbeite lieber an anderen Flügeln."

Rede des Xavier Menant (2021)

K. Kornwachs, *Techno-Konflikte,* Anthropologie – Technikphilosophie – Gesellschaft, https://doi.org/10.1007/978-3-662-72105-6_2

2.1   Einleitung

Es gibt in der Rhetorik der Technikprotagonisten beliebte Begriffe, mit denen im wahrsten Sinne des Wortes um sich geschlagen wird – Schlagwörter eben. Der Verdacht liegt nahe, dass „Schlüsseltechnologie" ein solcher Begriff ist, und die Frage besteht, was dieser Begriff bewirken soll und was hinter dem Gebrauch einer solchen Zuschreibung steckt.

Ein einfaches, wenngleich frühes Beispiel: So bezeichnete der Bundesverband der Deutschen Industrie die Batterie als eine Schlüsseltechnologie für die Elektromobilität. Diese Behauptung wird auch heute niemand bestreiten wollen. Allerdings ist die Begründung schon differenzierter: Der Wertschöpfungsanteil der Batterien (bei Plug-in-Hybrid- und reinen Elektrofahrzeugen) einschließlich der Dienstleistungen rund um den mobilen Energiespeicher wird absehbar als erheblich angesehen, selbst wenn die Batterien preisgünstiger werden sollten. Eine andere, früher so bezeichnete Schlüsseltechnologie, der sogenannte Antriebsstrang, verliere hingegen als bisherige Schlüsseltechnologie an Bedeutung. Der Grund ist rein technischer Natur: Bei elektrischem Antrieb entfällt zum Beispiel das Getriebe, damit spart man viel Material und Produktionskapazität. Allerdings ist die Batterietechnologie nach wie vor ressourcenintensiv.[1]

An einer glaubwürdig rezipierten Behauptung, eine bestimmte Technologie sei eine Schlüsseltechnologie, scheinen wirtschaftliche, technologische und politischen Akteure ein erhebliches Interesse zu haben. Hier zeigt sich ein enger Zusammenhang zwischen Begriff und Interesse: Kann man glaubwürdig behaupten, dass eine bestimmte Technologie A eine Schlüsseltechnologie für eine andere Technologielinie B mit den Technologien B_1 bis B_n sei, so stellt dies einen essentiellen Faktor für die daraus folgende Einschätzung der Entwicklungsmöglichkeiten solcher Techniklinien dar.

Technik erzeugt Technik, aber sie wird nach wie vor von Menschen gemacht, sei es unmittelbar, wie heute noch in der Produktion, sei es dereinst mittelbar durch intelligente Roboter, die letztlich durch Menschen gebaut, programmiert und damit für ihre Aufgaben befähigt werden. Deshalb kann eine Abschätzung, wie sich eine Technologielinie entwickeln könnte, auch durch Beobachtung dessen, was Menschen an, mit und durch eine Technik tun, ebenso vorgenommen werden wie durch die Dynamik der Leistungsparameter. Technometrische Daten (z. B. aus der Dynamik von Veröffentlichungszahlen, Patentanalysen,[2] Marktentwicklungen oder Akzeptanzforschung) geben schon ganz gute Aufschlüsse.[3] Ein Anstieg der Parameter sowohl bei der behaupteten Schlüsseltechnologie als auch der dadurch ermöglichten Technologielinien, also eine positive zweite Ableitung nach der Zeit, könnte ein Maß dafür sein, ob eine entsprechende Technologie A als

---

[1] BDI (2011), S 33f.

[2] Z. B. unter Nutzung des Europäischen Patentregisters in: https://www.epo.org/en/searching-for-patents/legal/register.

[3] Grupp (1997).

Kandidat für die Behauptung geeignet wäre, es handele sich womöglich um eine Schlüsseltechnologie für die Technologielinie B mit den Technologien B_1 bis B_n.

Nun ist es spannend zu beobachten, welche Akteure in welchem Medium welche Technologien in welchem Stadium ihrer Entwicklung als Schlüsseltechnologien bezeichnen. Entsprechend differieren auch die Definitionen, was denn eine Schlüsseltechnologie sei. Darüber hinaus ist auch eine Streubreite der früheren Prognosen über Schlüsseltechnologien zu vermerken, was nochmals die Wichtigkeit des Zusammenhangs von Begriff und Interesse in der Technik beleuchtet.

2.2   Ein Definitionsspektrum

Fast alle Definitionen über Schlüsseltechnologien (ST) beruhen auf einer Gemeinsamkeit: Wie die meisten Technologien überhaupt, entstehen auch viele Schlüsseltechnologien durch Konvergenzprozesse.[4] Die ist eine schwache notwendige, aber keine hinreichende Bedingung. Nicht alle Technologien, die durch Konvergenzprozesse aus anderen, vorher unabhängig voneinander entwickelten Techniklinien entstanden sind, haben sich dann als Schlüsseltechnologien erwiesen, und nicht alle Schlüsseltechnologien sind allein durch Konvergenz entstanden. Man kann aber sagen, dass die einen oder anderen Technologien, die dann beim Konvergenzprozess von bisher unabhängig entwickelten Techniklinien eine Rolle spielen, den Platz einer Enabler-Technologie (ET)[5] einnehmen. Das bedeutet, dass sie andere Technologien, die mit ihnen in Beziehung stehen, erst ermöglichen oder erheblich verbessern oder verbessern könnten. Diese Beziehungen können recht vielfältiger Art ein, sei es zu Teiltechnologien, die in der ET enthalten sind oder potentiell eingebaut werden könnten, seien es Technologien, die zur ET parallel existieren,[6] oder solche Technologien, die die ET selbst enthalten oder enthalten werden.

Die üblichen Prä-Indikatoren wie Publikationen, Kongresse, Graue Literatur etc. und Post-Indikatoren über Technologielinien wie Patentstatistik, Fördermittel und Umsatzdynamik erweisen sich eher als phänomenologische Anzeichen, aber geben noch keine verlässlichen Auskünfte über technisch begründete Wirksamkeit. Deshalb können Hypothesen über verursachenden Faktoren durchaus von Interesse sein.

---

[4] Die Beziehungen der Kohärenz von Teiltechnologien als Zusammenfügen („Addition") von Technologien, der Korrespondenz von aktuellen zu älteren Technologien (als Integration von Technologien) und die Konvergenz von unabhängig voneinander entwickelten Technologien (als partielle Substitution von Teiltechnologien) können ein Modell für die Entstehung und weitere Entwicklung von STs geben. Näheres siehe dann Abschn. 3.3.4. Zu Modellbildung siehe Kornwachs (2006, 2007b, 2012).

[5] Enable (engl.): Ertüchtigen, ermöglichen, befähigen.

[6] Vgl. folgendes Abschn. 3.1.

Wirtschaftslexika[7] sind meist recht unspezifisch. Sie vermischen begrifflich Technologie mit technologischem Wissen, wenn sie Schlüsseltechnologien ansehen als

> *„neu zur Verfügung gestelltes technisches Wissen, das einen spürbaren Fortschritt gegenüber dem Status quo der Erkenntnisse repräsentiert. Ein hohes Innovationspotenzial und eine relativ schnelle Umsetzung in marktfähige Leistungen sind dabei möglich. Dies sichert einen Wettbewerbsvorsprung durch Leistungs- und Kostendifferenzierung. "*

Diese Definition ist zu unspezifisch und gilt in dieser Allgemeinheit für jede Innovation, wenn man darunter neue, am Markt erfolgreiche Produkte und Dienstleistungen versteht.[8]

Definitionen aus technologieorientierten Forschungsinstituten wie die der Helmholtz-Gemeinschaft zielen eher auf teleologische Bestimmungen ab. Diese Konzepte fragen danach, wozu Schlüsseltechnologien gut sind und weshalb sie gesucht oder angestrebt werden. Es wird von generischen Technologien gesprochen:[9] Es geht darum, Technologien zu entwickeln, die unsere Wirtschaft und Gesellschaft sichern, was Problemlösungen bei den Themen *„Wohlstand und Lebensqualität – Digitale Wirtschaft und Gesellschaft, Nachhaltiges Wirtschaften und Energie, Gesundes Leben, Intelligente Mobilität und Zivile Sicherheit"* erfordern würde. Hier klingt der Konvergenzgedanke schon an: Man will Verknüpfung von Technologie und Medizin, Biologie und Physik, Simulation und Big Data, Supercomputing und Hirnforschung oder mikrobieller Biotechnologie und Pflanzenwissenschaften finden.[10]

Spätestens hier ist zu unterscheiden, ob man ausgeht

- von vorhandenen Technologien oder Technologielinien, die weiterentwickelt werden sollen,
- von Technologien, die erst weitere Technologien ermöglichen (z. B. Enabler-Technologien (ETs) wie z. B. transportable Energiespeicher für Mobilität),[11]

---

[7] Siehe z. B. http://www.wirtschaftslexikon24.com/e/schl%C3%BCsseltechnologie/schl%C3%BCsseltechnologie.htm.

[8] Zur Diskussion über den Innovationsbegriff aus der Sicht der Technikwissenschaften siehe Beiträge in Kornwachs (2007a).

[9] Vgl. https://www.helmholtz.de/forschung/schluesseltechnologien/.

[10] Ebenda. Zum Begriff der Konvergenz siehe Kap. III, 3.3 in diesem Band. Siehe erste Überlegungen hierzu z. B. in Rocco, Bainbridge (2002), Sallai (2007).

[11] BDI (2011). Absehbar wird der Wertschöpfungsanteil der Batterien (bei Plug-in-Hybrid- und reinen Elektrofahrzeugen) einschließlich der Dienstleistungen rund um den Energiespeicher erheblich sein, selbst wenn die Akkumulatoren preisgünstiger werden sollten. Demgegenüber verliert die bisherige Schlüsseltechnologie, der Antriebsstrang, relativ an Bedeutung. Die Batterietechnologie ist jedoch progredient ressourcenintensiv (S. 34). Sie wird trotzdem als eine Schlüsseltechnologie der Elektromobilität angesehen (S. 33).

- von zukünftigen Technologien, die alte Technologien unterstützen, entfalten und dann ersetzen (z. B. Elektromobilität unter Beibehaltung des Individualverkehrs),

- von Technologien, die man wirtschafts- und technologiepolitisch einfach nur für wichtig hält aufgrund von Markterwartung und gezielten Förderprogrammen) (z. B. Luftfahrtechnologien, Maritimes Förderprogramm, mittlerweile KI),

- oder ob man auf Technologien zielt, die als dezidierte Konvergenzbeschleuniger gelten können und damit die parallelen Laufzeiten von alten und neuen Technologien deutlich verkürzen. (z. B. Erneuerbare Energie, die fossile Energieträger ersetzen sollten). Dazu gehört nach allen heutigen Erwartungen auch die KI.

Je nach Definition sind die von interessierter Seite als die „wichtigsten" angesehenen Technologien nicht unbedingt alles Schlüsseltechnologien im Sinne von ETs.[12]

Anhand der Definitionsbeispiele sieht man, dass die Begriffe „Schlüssel-" resp. „generisch" selbst vieldeutig sind. Werden dabei Technologien, die schon vorhanden sind, gesucht und als generisch deklariert, weil man deren Weiterentwicklung fördern will, da sie in den genannten Gebieten aussichtsreiche Problemlösungen versprechen? Werden neue Technologien gezielt entwickelt? Sollen Schlüsseltechnologien weitere Technologien erst ermöglichen oder vorhandene unterstützen, entfalten oder ersetzen? Sind die genannten Technologien wichtig hinsichtlich militärischer oder ziviler Zwecke oder sind sie einfach nur wichtig für gerade gängige Förderrhetorik, Markterwartungen und Erweckung von neuen Bedürfnissen?

Die Kombination von bereits bestehenden Technologien zu neuen Technologien (Vorgang der Konvergenz) kann man freilich durch Förderprozesse und Investitionen beschleunigen. Neben dem technologiepolitischen Willen müssen für Technologien, die man gezielt konvergieren will, einige Bedingungen erfüllt sein:

- Die Technologien müssen eine Korrespondenzbeziehung aufweisen. Das bedeutet, dass sich eine am Konvergenzprozess beteiligte Technologie funktional als „ärmerer" Sonderfall der konvergierten Technologie erweisen muss. Die konvergierte Technologie weist dann eine erweiterte Gesamtfunktionalität im Vergleich zu den Teilfunktionalitäten auf, d. h. die Gesamtfunktionalität ist mächtiger oder „reicher" als die Addition der Teilfunktionalitäten.[13]

---

[12] So passen die in Wikipedia genannten Technologien nicht auf alle vorfindlichen Definitionen von Schlüsseltechnologie. Genannt werden Schlüsseltechnologien für die Luftfahrt (die Nennung bezieht sich auf Hinsch, Olithoff (2013)): Biotechnologie, Bionik, Elektromobilität, Energietechnik, Informations- und Kommunikationstechnologie, künstliche Intelligenz, Mechatronik, Mikroelektronik, Mikrotechnologie, Nanotechnologie, Robotertechnik oder Wasser- und Abwassertechnik. Vgl. https://de.wikipedia.org/wiki/Schlüsseltechnologie und https://de.wikipedia.org/wiki/Biotechnologie.

[13] Kornwachs (2012), Kap. C 6.

- Die Teiltechnologien müssen eine kohärente Technologie bilden können, d. h. es muss Wirkungsgrößen in den beteiligten Technologien geben, die miteinander koppeln können (elektrische, mechanische, informatische, chemische bis hin zur strukturellen Anschließbarkeit).
- Die interagierenden Wirkungsgrößen der beteiligten Technologien müssen in gleicher Weise skalierbar sein Das bedeutet, dass sowohl die Größen der Technologien miteinander sinnvoll wechselwirken können (gleiche Skalen, gleiche Größenordnungen), und wenn nicht, herauf oder herunter transformierbar sein müssen. Man kann also nicht an der Physik vorbeikonstruieren oder -konvergieren.
- Die organisatorischen Hüllen der beteiligten Technologien müssen ebenso im obigen Sinne konvergieren können. Wir kommen auf diesen Punkt in Abschn. 3.3.1 zurück.

Eine künftige Konvergenz zeichnet sich ab zwischen Biotechnologie und Informationstechnologie. Beide Bezeichnungen sind jeweils Kofferbegriffe für einerseits Molekulargenetik und andererseits Kommunikations- und Rechnertechnologie bis hin zu Quantenrechnern und echten, nicht nur auf von Neumann Rechnerarchitekturen emulierten Neuronalen Netzen. Wir können an dieser Stelle die Erfüllung dieser Bedingungen für die konvergierenden Bio- und Infotechnologien nicht durchdeklinieren. Entscheidend ist hier, dass sich das Ziel derer, die Konvergenzprozesse betreiben, als generelle Funktionserweiterung von Technologie beschreiben lässt. Dies bedeutet in der Regel eine Orientierung hin zu einer General Purpose Technologie.[14]

Wenn man den Begriff der „schöpferischen Zerstörung" benutzen mag,[15] dann bezeichnet man damit auch das Ziel, die Dauer zu verkürzen, während derer die alte Technologie mit einer neuen koexistiert.[16] Ob dies von Vorteil ist und für wen, hängt vom Einzelfall ab und von der Akzeptanz der Veränderungsgeschwindigkeit bei den Betroffenen, sprich nicht nur bei den Konsumenten, sondern auch bei den Produzenten.[17]

Vertreter des Technologiemanagements[18] unterscheiden eine Klassifizierung von Technologien je nach ihrem Stadium im Produktlebenszyklus.[19] Dabei wird jedoch eher von den Marktphasen ausgegangen wie frühes Entwicklungsstadium,

---

[14]Amy Welsch bezeichnet dies als *die* künftige General Purpose Technology. Vgl. Tech Trend Reports (2024), Computing. In: https://futuretodayinstitute.com/wp-content/uploads/2024/03/TR2024_Computing_FINAL_LINKED.pdf.

[15]Zuerst eingeführt durch Schumpeter (1912).

[16]Vgl. Kap. 3 über parallele Technologien in diesem Band.

[17]Damit soll die Gesamtheit der entwickelnden, herstellenden, anbietenden, verteilenden, instand haltenden und entsorgenden Akteure einer Lieferkette gemeint sein.

[18]Sommerlatte, Deschamps (1986), Welge, Al-Arham (2013), Horstmann (2007) Reinecke, Bock (2011).

[19]Vgl. Abb. 3.1 in Abschn. 3.1.

Reifephase und Marktwachstum. Dann folgen Einteilungen wie Schrittmacher-, Basis-, Querschnitts-, Schlüssel- und Killertechnologien. Killertechnologien sind solche, die bei Eintritt ihrer Marktreife die vorhandene Technologie vollständig ersetzen und damit die parallele Existenz von alter und neuer Technologie beenden.[20]

Nun ist nicht jede, schon früher existierende Technologie eine Schrittmachertechnologie, es sei denn, man bezeichne jede Marktführertechnologie als Schrittmachertechnologie. Die Definition der Basistechnologien als reife Technologien ist ebenfalls ziemlich irreführend, es sei denn, man würde sie als Enabler-Technologie verstehen. Schlüsseltechnologie geht nach dieser Sichtweise *„aus der Schrittmachertechnologie in die Wachstumsphase über (…) und mit ihr (können) Wettbewerbs- und Markterfolge errungen werden (…).“*[21] Das ist insofern inkonsistent, da dann Schlüsseltechnologien die Phase einer reifen Technologie überspringen und bei Ablösung der alten Technologie das Prädikat „Schlüssel-“ verlieren müssten.

Wichtiger scheint hier zu sein, ob eine aufkommende Technologie, sei sie prospektiv oder real, eine Auswirkung auf andere Technologien hat, d. h. ob sie diese beeinflusst und deren Anwendungsräume erschließt, also erweitert.

Ein klassisches Beispiel für diesen Aspekt ist die Entwicklung des Lasers und seiner Anwendungen. Der dem Laser zugrundeliegende Effekt – stimulierte Photonenemission – theoretisch von Albert Einstein vorausgesagt,[22] bestätigte sich durch den Bau von Lasern ursprünglich im Rahmen der physikalischen Grundlagenforschung.[23] Als kohärente monochromatische Lichtquelle in der Spektroskopie ebenfalls in der Grundlagenforschung hochgeschätzt,[24] erwiesen sich alsbald die Eigenschaften des Laserlichts fast universell anwendbar – von der Kommunikation über die Materialbearbeitung, Geodäsie, Navigation, und Unterhaltungselektronik bis hin zur Waffe.[25]

Man könnte die Entwicklung von Lasern in Form von *Multi-purpose* Geräten als impulsgebende Technologie bezeichnen, die die herkömmlichen Technologien nicht ersetzt, sondern modifiziert und erweitert hat. Sie findet sich in vielen Technologien eben als eine entscheidende Konvergenzkomponente wieder.

Mit dem Aufkommen des Industrie 4.0 Konzepts um das Jahr 2015 wurde für folgende Bereiche das Auftreten von Enabler-Technologien (ETs) erhofft und prognostiziert:

- Die Vernetzung aller Maschinen und beweglichen Arbeitsgegenstände mittels Kabel oder Funk (RFID) durch ständigen Datenaustausch. Dadurch werden

---

[20] Horstmann (2007). Siehe auch die einleitenden Bemerkungen in Kap. 3 und 4.

[21] Reinecke, Bock (2011).

[22] Einstein (1916).

[23] Erster funktionsfähiger Laser 1960 durch Maimann (1960).

[24] Demtröder (1977).

[25] Zur frühen Geschichte des Lasers siehe Albrecht (2019).

Komponenten wie das allmählich fertige Produkt als „intelligentes Werkstück" aktive Teile der Steuerung des Produktionsprozesses. Hierfür bedarf es einer entsprechenden digitalen Funk- und Übertragungstechnik.

- Die Integration von Daten und die Beherrschung des Handlings von Big Data.[26] Sind einmal alle die oben genannten Teilsysteme vernetzt, müssen alle Daten für die Steuerung verwendet werden können, sowohl entlang der Wertschöpfungskette wie der Zulieferkette. Die Datenverarbeitung muss so umfassend und schnell sein, dass sie eine Anpassung der Steuerung in Echtzeit erlaubt.
- Erleichtert wird dies durch Cloud-Technologien, die alle anfallenden Daten zwar zentral speichern die aber von jedem Ort aus abgerufen werden können.
- Genannt wurden noch additive Fertigungsverfahren (vulgo 3-D Drucker), die heute selbstverständlich sind.[27]

Damals war von Künstlicher Intelligenz (KI) als Enabler Technologie noch keine Rede, obwohl man sie und ihr Potential durchaus schon kannte.[28] Man sieht, was als Schlüsseltechnologie gelten soll, wird immer in einem Kontext für eine bestimmte Problemlösung definiert.

Geht man verallgemeinernd vor wie C. F. von Weizsäcker, wonach Technik das Herstellen von Mittel für freigehaltene Zwecke sei,[29] dann wären Schlüsseltechnologien auch Enabler für potentielle, heute noch nicht gekannten Technologien und Anwendungen. Dies wäre die äußerste Ausweitung des Begriffs der Schlüsseltechnologie: Sie erschließt alle weiteren Technologien und ist für alle denkbaren und auch noch nicht gedachten Zwecke brauchbar. Damit würde sie auch alle bisherigen Technologien über kurz oder lang zum Teil steuern und danach zum Teil ersetzen.[30]

Man kann es auch so ausdrücken: Je universaler eine Technologie ist, umso mehr ist sie Kandidat für eine Schlüsseltechnologie. So ist zum Beispiel die Digitalisierung in striktem Sinne des Begriffs, also Umwandlung analoger Signale in digitale, was sie der Berechnung zugänglich macht, eine universale Vorgehensweise und der Computer ist das universalste Werkzeug, das wir bisher kennen, da seine Funktionsmöglichkeiten potentiell unerschöpflich sind.

---

[26] Brühl (2017), S. 52 ff.

[27] Zit. nach: http://blog.dgq.de/industrie-4-0/.

[28] Das zeigt sich deutlich in Andreescu et al. (2019); dort werden strategische Anwendungen der KI genannt wie: „*Artificial intelligence (advanced deep learning algorithms), Computational creativity, Artificial synapse/ brain, Brain functional mapping, Computing memory, Neuromorphic chip, Chatbots, Speech recognition, Emotion recognition, Touchless gesture recognition, Swarm intelligence, Driverless Car, Flying Car, Humanoids, Precision farming, Automated indoor farming*". S. 10.

[29] Weizsäcker, C. F. von (1988), S. 130 f.

[30] Ältere Leser mögen sich an den Begriff des „Systems aller möglichen Erfindungen" erinnert fühlen, welches sich in dem Drama „Die Physiker" von Friedrich Dürrenmatt die Irrenärztin Mathilde von Zahn von dem eingesperrten genialen Physiker Möbius erhofft, um damit einen weltumspannenden Technologiekonzern zu schaffen. Vgl. Dürrenmatt (1980).

Umgekehrt könnte man vermuten: Je mehr sich eine Technologie A als Schlüsseltechnologie erweist, um so universaler ist sie im Sinne eines größeren Reichtums und einer größeren Reichweite hinsichtlich ihrer technischen Funktionen, indem sie die Technologielinie mit den Technologien B_1 bis B_n, die sie so erschließt, universaler als die Vorgängertechnologien macht.

Diese Erweiterungsaspekt scheint eine gemeinsame Basis für einen neuen Definitionsversuch von Schlüsseltechnologien zu sein: Die Anwendungsgebiete und Funktionalitäten einer bestehenden Technologielinie werden durch eine Schlüsseltechnologie erweitert. Dies würde die oben schon erwähnte These rechtfertigen, dass Technik Technik erzeugt. Konzipiert man jedoch diesen Erweiterungsaspekt lediglich in marktlich Hinsicht, dann fällt man wieder auf den alten Stand der marktorientierten Definition zurück.

Allerdings ist der Reichweitenbegriff vielschichtig: Man kann damit die Breite des künftigen Einsatzes in verschiedenen Technologiesparten meinen (Spartenextension), oder man kann damit die zeitliche Reichweite in dem Sinne beschreiben, inwiefern die als Schlüsseltechnologie bezeichnete Technologie auf sehr lange Zeit die Entwicklung anderer Techniklinien positiv oder sogar erst ermöglichend erschließt (Dauer der Erschließungsfunktion). Die wirtschaftliche Reichweite wäre mit der obigen marktorientierten Definition abgedeckt. Unter dem Aspekt der Globalisierung der Märkte kann man dann auch von geographischer Reichweite sprechen.

Die gesellschaftliche Reichweite ist dann eher eine Frage der reaktiven oder prospektiven Technikfolgeabschätzung, die gerade bei KI im Augenblick publizistisch im vollen Gange ist. Im Übrigen bedeutet die „Reichweite" nicht, dass in allen „erreichten" Gebieten eine Schlüsseltechnologie die gleichen Auswirkungen hätte.

Fassen wir zusammen: Mit dem Begriff der Schlüsseltechnologie kann man immer eine Technologie auszeichnen, wenn sie eine aufschließende, d. h. ermöglichende Funktion in einem innovierenden oder etablierten soziotechnischen System entfaltet. Diese Zuschreibung wird freilich anhand von Interessen vorgenommen.

2.3 Henne oder Ei – Gesellschaft oder Technik

Wir haben oben die organisatorische Hülle einer Technologie erwähnt und behauptet, dass auch die organisatorischen Hüllen der beteiligten Technologien ebenso im obigen Sinne konvergieren müssten.

Zum Konzept der organisatorischen Hülle einer Technologie, das auf der systemtheoretischen Beschreibung eines soziotechnischen Systems aufbaut,[31] gehört die Gesamtheit der Handlungszusammenhänge, die bei einer Technologie zu ihrer

---

[31] Ropohl (2009).

Entwicklung, Einführung, zu ihrem Funktionieren selbst, zu Weisen des Gebrauch und Missbrauch bis hin zur Entsorgung notwendig sind. Konstitutiv muss man die soziologischen und politischen wie ökonomischen Strukturen sowohl im Nah- wie im Fernhorizont bis hin zu kulturell bestimmten Gewohnheiten mit in die Systembetrachtung mit einbeziehen, und dazu gehört auch das Akzeptanz- und Präferenzverhalten der Beteiligten.

Techniksoziologen gehen daher davon aus, dass man Fragen nach der Eigenschaft einer Technologie, Schlüsseltechnologie, parallele oder reversible Technologie zu sein, nicht in der Technologie selbst allein verorten könne. Technische Realisationen und vor allem ihre Entwicklungen (samt den Entscheidungen hierzu) sind danach nicht nur in die Gesellschaft eingebettet und von ihr bestimmt, sondern in unterschiedlicher Weise eingewoben in menschliche bzw. organisationale Handlungen und in die Strukturen und die Institutionen, die daraus erwachsen.[32] Verkürzt kann man dies auf den Punkt bringen: *„Technik ist machtschlüssig"*,[33] d. h. sie schmiegt sich in ihrer Gestaltung den Machtverhältnissen, vor allen den ökonomischen und institutionellen, aber nicht nur diesen, an. Das zeigt dann die Grenzen, aber auch die präferierten Entwicklungspfade möglicher Technikgestaltung *„an einem veritablen Herrschaftsverhältnis …, am schrankenlosen Absolutismus der Ökonomie"* auf.[34]

Dabei will ich an dieser Stelle, in Gegensatz zu manchen Theoriebildungen in der Techniksoziologie, nicht so weit gehen, jedwede Technik als lediglich sozial konstruiert anzusehen, wenngleich die organisatorische Hülle einer Technologie immer eine soziale Veranstaltung darstellt. Zum einen kann man, wie oben gesagt, nicht gegen die Physik konstruieren. Zum andern hat die Technikentwicklung viele Institutionen und Herrschaftsverhältnisse, aber auch soziale Praktiken, Kommunikationsformen und Formen des Zusammenlebens verändert. All dies aufzuzählen erscheint mir an dieser Stelle – da tausendfach beschrieben – müßig. Ebenso ist klar, dass Technikentwicklungen und deren Pfade nicht nur von wirtschaftlichen Interessen von Investoren, von politischen Wünschen und Machtverhältnissen getrieben wird, sondern auch von Veränderungen der Wünsche der Menschen, ihrer Vorstellungskraft, der faktischen Akzeptanz und vor allem von der bereits vorhandenen Qualifikation und der Bereitschaft zur Weiter-Qualifikation der Individuen, die an der Entwicklung beteiligt sind. Produktivität wird also nicht allein durch technologische Neuerungen gesteigert, sondern durch bereits vorhandene Qualifikationen. Letzteres ist unter dem Begriff des Produktivitätsparadoxons ein gutgesicherter Zusammenhang in der Ökonomik.[35]

---

[32] Lenk (2016).

[33] Reinhard Seetzen: Mündliche Mitteilung, Cottbus 2004.

[34] Ropohl (2004), S. 123.

[35] Der Begriff Produktivitätsparadoxon verweist auf die Diskrepanz zwischen den immensen ökonomischen Erwartungen und Versprechungen von Gewinnzuwächsen, die das „Computerzeitalter" im Sinne rein technologisch getriebener Investitionen und Innovationen mit sich bringen sollte, und dem offensichtlichen Ausbleiben ökonomischer Gewinne in Form von messbaren Produktionssteigerungen angesichts der enormen Investitionen von Unternehmen und Staat in die

Dass die Wechselwirkung zwischen der Technikentwicklung und ihrer organisatorischen Hülle bei unterschiedlichen Technologien unterschiedliche Gestalt annimmt, ist unbestritten. Auch gibt es Wechselwirkungen zwischen parallel existierenden Technologien und ihren organisatorischen Hüllen, die auch konfliktreich sein können.[36] In der Entwicklung der Informations- und Kommunikationstechnik bis hin zur Weiterentwicklung der KI und ihrer Anwendungen spielen substantiell andere Faktoren in der Wechselwirkung zwischen Technik und organisatorischen Hülle eine Rolle als z. B. im Bergbau, der Landwirtschaft oder im Handwerk. Man muss gerade bei diesen Beispielen diese Aussage aber mit einem „noch" versehen. Denn dies macht die Sonderrolle der Informations- und Kommunikationstechnologien klar: Sie dringt in ihrer aktuellen Sonderform der KI in fast alle Technikbereiche hinein, indem sie die organisatorischen Hüllen der betroffenen Technologien drastisch ändert und deswegen vielfach Regulierungsbemühungen auf den Plan ruft.

Dass sich umgekehrt Interessen bei der Digitalisierung in fast allen bestehenden Technologien und Lebensbereiche wie -praktiken massiv auswirken, hat zum einen mit dem universalen Charakter der Digitalisierung zu tun,[37] zum andern aber auch – und dies wohl primär – mit neuen Geschäftsmodellen, die diese Technologien antreiben und umgekehrt erst durch diese Technologien denkbar werden. Kurz – diese Wechselwirkung ist keine Einbahnstraße.

Eine konvivale Technologie wäre nach Ivan Illich eine Technologie, die dem Mesobereich des Menschen angepasst ist, also auch mit seiner sensorischen, psychischen wie physischen Ausstattung verträglich sein soll.[38]

Die Vorstellung vieler Soziologen und Technikphilosophen, durch bloße Veränderung der Machtverhältnisse und damit durch eine Konzentration auf die Veränderung der organisatorischen Hülle zu konvivalen Technologien zu gelangen, ist ziemlich illusionär. Dies gilt auch für die Vorstellung, eine geeignete Gestaltung der Technologie allein könne zum wirtschaftlichen und sozialen Frieden und zur Gestaltung geeigneter Institutionen führen.

IKT. So hat die Gruppe um den Ökonomen Daron Acemoğlu et al. (2014) nachgewiesen, dass in den Bereichen der gewerblichen Wirtschaft in den USA, die IKT intensiv benutzen (nicht herstellen), nach den späten 1990er Jahren Produktionsrückgänge zu verzeichnen waren. Darüber hinaus fanden sie, dass in dem Maße, in dem ein Wachstum der Arbeitsproduktivität in IT-intensiven Industrien zu verzeichnen war, dies mit einem Produktionsrückgang und einer noch schnelleren sinkenden Beschäftigungszahlen verbunden war. So erweist sich die Annahme als falsch, dass sich die Produktionsmenge in IKT-intensiven Industrien erhöhen müsste, wenn die IT die Produktivität steigert und Kosten senkt. Siehe auch Kornwachs, Stehr (2021), Stehr, Kornwachs (2024).

[36] Siehe Abschn. 3.4 in diesem Band.

[37] Vgl. Kornwachs (2023), dort insbes. Abschn. 4.3.2, S. 158 f.

[38] Illich (1976).

2.4   Innovationstheorie anders herum

Für eine weitere Erörterung des Begriffs der Schlüsseltechnologie und dessen Gebrauch betrachten wir einen Ausschnitt aus dem Lebenszyklus von Technologien, die Innovationsphase.

Die Innovationsökonomik analysiert als Teildisziplin der Wirtschaftswissenschaft den durch Innovationen angestoßenen technologischen und organisatorischen Wandel.[39] Forschungsprojekte zur Innovationsökonomik[40] stellen aber auch fundamentalere Fragen, wie z. B. was Innovation ist, wie sie gemessen werden kann und was die Motivationen für Innovatoren sind. Dazu zählen Agenten, die versuchen, Neuerungen hervorbringen und sie auch hervorbringen wie Erfinder, Teams, Unternehmen, Institute, aber auch Nationen und Länder. Da Innovation eben nicht nur rein technisch, sondern auch institutioneller oder organisatorischer Art sein kann, führt die Frage nach Prognosemöglichkeit von innovativen Entwicklungen und deren zu erwartenden Auswirkungen rasch zu einer kombinatorischen Explosion von Fragestellungen, die man dann nur noch durch die Beschränkung auf einzelne Branchen einhegen kann.[41]

Technologischer Wandel als Überbegriff und Innovation werden heute noch traditionell anhand von Ausgaben für Forschung und Entwicklung und der Anzahl von Patenten, Veröffentlichungen und dem Erscheinen neuer Produkte, Dienstleistungen oder Informationsangeboten auf definierten Märkten gemessen.[42] Die Untersuchung der Folgen von Innovationen hinsichtlich Produktivitätswachstum, Beschäftigung, Löhne, Gewinne, Einkommensungleichheit und Wohlfahrt differenzieren sich ebenfalls aus nach Branche, Volkswirtschaft, Stand im Forschungs- und Entwicklungsprozess, und danach, in welcher Phase des Lebenszyklus resp. Innovationszyklus (vgl. Abb 3.1 und 3.2 in Kap. 3) sich eine Technologie, eine Problemlösung, ein Produkt, eine Dienstleistung oder eine organisatorische Struktur befindet.[43] Man kommt auch hier nicht darum herum, spezifische Einschränkungen zu machen, um wiederum eine kombinatorische Explosion der Fragestellung zu vermeiden.

---

[39] Siehe Grupp (1997) in Rahmen des Projekts „Economics-of-innovation-and-new-technologies".

[40] Z. B. an der University of United Nations durch Pierre Mohnen und René Wintjes. Siehe auch https://www.merit.unu.edu/.

[41] Allerdings sind sich die Wirtschaftswissenschaften nicht einig, was Innovation sei. Einen geschichtlichen Überblick bis hin zu den Arbeiten einer Reihe moderner heterodoxer Ökonomen zu Innovationssystemen geben; siehe Courvisanos, Mackenzie (2014). Für einzelne Branchen und Technologien siehe die Zeitschrift Economics of Innovation and New Technology. https://www.tandfonline.com/toc/gein20/current.

[42] Siehe nochmals: https://www.merit.unu.edu/. Indikatorenmodelle für die Suche nach innovativen Start-ups in begrenzten Sektoren stellen z. B. Nava, Riso, Zoia (2024) vor.

[43] Eine dynamische Patentanalyse über die Entwicklungsgeschichte kann mit dem Verlauf der Anzahl der Erstanmeldungen pro Jahr Erkenntnisse über den Stand eines Wettbewerbers in der jeweiligen Technologie liefern. Entsprechende Vergleiche zeigen dann, ob eine Technologie auf dem Rückzug oder vor dem Markteintritt stehen könnte. Vgl. https://www.strategische-wettbewerbsbeobachtung.com/wiki/patentanalyse/.

Da dies keine wirtschaftswissenschaftliche Abhandlung ist, sondern die Frage nach dem Zusammenhang von Interesse und Begriff bei Schlüsseltechnologien gestellt wird, soll im Folgenden nach der obigen definitorischen Übung die Analysefrage anders gestellt werden: Was ist denn die Ursache für das Aufkommen der Rede über Schlüsseltechnologien? Oder besser gefragt: Was ist das Interesse, zu behaupten, bei einer prospektiven oder existierenden Technologie handele es sich um eine Schlüsseltechnologie?

Nun gibt es schon lange das oben kurz erwähnte Qualifizierungsparadoxon, das verkürzt so lautet: Nicht nur die technischen Innovation verlangen *post hoc* neue Qualifikationen, sondern es ist eher so, dass auch das Vorhandensein neuer Qualifikationen, z. B. durch verbesserte Bildungssysteme, sowohl Treiber und als auch Voraussetzung für das Entstehen von Innovationen darstellt.[44] Innovationen kommen durch die Kette: Entdeckung, Erfindung, Funktionsvermutung, Machbarkeitsvermutung, Test und Überzeugungsarbeit durch den Erfinder[45] bei einem Investor, Prototyping, Entwicklung bis zur Marktreife und am Ende durch erfolgreiche Durchsetzung an einem vorher definitorisch eingegrenzten Markt zustande. Erst dann kann man von Innovation sprechen.[46] Diese Kette ist bekanntlich keine Einbahnstraße und weist viele Rückkopplungsschleifen auf, die jeweils auf ihre eigene Weise gefährdet werden können. Diese Gefährdungen können das ganze Innovationsgeschehen zum Abbruch bringen oder auf einen anderen Entwicklungspfad bugsieren.[47]

Das Innovationsgeschehen ist nicht nur eingebettet in sozioökonomische Zusammenhänge, sondern – wie oben schon erwähnt – ein konstituierender Bestandteil. Dies Einsicht ist fast trivial, sodass sie von den Protagonisten einer prospektiven Techniklinie meist vergessen wird, von der Techniksoziologie aber meist theoretisch überhöht wird bis hin zur verkürzten Behauptung, Technik und deren Entwicklung seien ausschließlich sozial konstruiert.[48] Die organisatorische Hülle entwickelt sich bei der Entwicklung einer Techniklinie mit, zum Teil ist sie schon vorhanden, sodass eine Technikentwicklung auf „fruchtbaren Boden fällt", zum Teil wird ihre Ausformung durch das forcierte Penetrieren des Marktes durch eine kurzfristig entwickelte Techniklinie gleichsam „erzwungen". Diese drei Dynamiktypen kommen auch gemischt vor.

Damit stoßen wir auf die alte Frage der Innovationstheorie, ob es überhaupt etwas völlig Neues geben kann, was also nicht aus schon geltendem Wissen oder dem gesunden Menschenverstand ableitbar ist, oder aus Kombinationen von Bestehendem entwickelt oder den Regeln der Geschäftswelt, der Politik und der Technik entworfen worden ist. Oder stellt das Neue lediglich ein „Face-Lifting"

---

[44] Acemoğlu et al. (2024).

[45] Das kann auch ein Team, eine ganze Abteilung oder eine Firma sein.

[46] Spur (2006), Kornwachs (2007a, 2015b).

[47] Kornwachs (2007a).

[48] Bijker, Hughes, Pinch (1987). Kritik daran z. B. Grunwald (2007).

von Altbekanntem und dessen Kombinationen im neuen Gewand dar – des Kaisers neue Kleider eben?

Für die Abschätzung, ob ein neues, also auf dem Markt auftretendes Produkt[49] als Innovation verstanden wird, gibt es keine hinreichenden Bedingungen, die allgemein akzeptiert wären. In einem streng operationalen Sinne kann man nur feststellen, ob eine solche Leistung sich durchsetzt oder nicht, indem sie eine Wirkung auf den Markt, die Produzenten und Konsumenten ausübt, die vorher nicht vorhanden war.

Als notwendige Bedingungen für das Auftauchen einer Innovation kann man eine Betrachtung anstellen, die aus einer erweiterten Informationstheorie stammt. Es geht um den Begriff der pragmatischen, d. h. wirksamen Information. Hier kann man zwei Grundgrößen nennen: Erstmaligkeit oder Überraschung und Bestätigung (Redundanz).[50] Beide Größen scheinen sich nicht reziprok, sondern komplementär zu verhalten. Man kann sich das an zwei Grenzfällen klar machen: Im Fall, dass eine Zeichenreihe oder Signalfolge nur vollkommene Bestätigung enthält (z. B. immer der gleiche Ton, oder den Witz, den man schon kennt), liegt keine Information vor: Der Rezipient kennt alles schon, dann ist es nichts Neues. Er „lernt" nicht dazu. Im Fall der vollständigen Erstmaligkeit, bei dem alles neu ist, z. B. das stochastische Rauschen oder Zeichenreihen, die der Rezipient nicht einordnen oder verstehen kann, kann sich die potentielle Information nicht aktualisieren und in Wissen transformiert werden. Kurzum: Information ist, was verstanden wird.[51]

Die Einschätzung, was als Innovation gelten mag, kann man nun in analoger Weise behandeln: Was als Neu angesehen wird, hängt vom Vorwissen, und damit vom Anteil der Bestätigung durch den Rezipienten ab. Eine Innovation in dem Grenzfall, dass alles völlig neu ist (z. B. für den Nutzer), erscheint dann ebenso unbrauchbar wie in dem Grenzfall, in dem nur das Bekannte dargeboten wird, aber vielleicht nur etwas anderes verpackt. Der Innovationsgrad wird in dem Maße ein Maximum haben (zwischen den beiden Nullpunkten der Grenzfälle), in der die richtige Mischung aus Erstmaligkeit, Neuigkeitsgrad, Überraschung einerseits und der Bestätigung im Sinne einer Anschlussfähigkeit an bisherige Erfahrungen, Gewohnheiten und bewährten technischen Funktionen andererseits gefunden werden kann (siehe Abb. 2.1). Technische Gewohnheiten sind genau so hartnäckig wie Alltagsgewohnheiten – letztere sind größtenteils eben technische Gewohnheiten. Das Neue muss sich als übersetzbar in den Begriffen des Gewohnten darstellen lassen – völlig Neues würde daher den Nutzer überfordern.

---

[49] Darunter sei der Einfachheit halber auch eine Dienstleistung oder auch die Kombination von Produkt und Dienstleistung verstanden. Ein Smart Phone ist nicht nur ein Gerät, das man erwirbt, sondern man erwirbt auch die damit zusammenhängenden Dienstleistungen mit.

[50] Vgl. Weizsäcker, E. U. von (1974), weitere Entwicklungen der Theorie siehe Kornwachs (1991, 1998, 2022b).

[51] Weizsäcker, C.F. von (1971), S. 351.

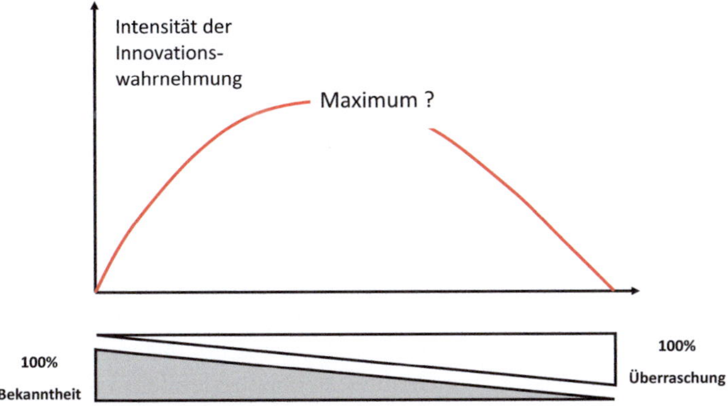

Abb. 2.1 Bekanntheit und Überraschung als Bestimmungsgrößen für die Intensität der Innovationswahrnehmung

Diese Sichtweise erlaubt es, thesenartig zu vermuten, dass eine zu große Veränderungsgeschwindigkeit die Wahrnehmung der Innovation und damit vermutlich auch die Akzeptanz schwächt. Zu viel Überraschung und Neuigkeit überfordert den normalen Konsumenten und erzeugt Abwehrhaltungen. Umgekehrt werden inkrementelle Verbesserungen fast gar nicht mehr wahrgenommen und auch nicht als Innovation eingeschätzt und daher meist auch nicht als Innovation propagiert. Zu viel Bekanntes wird, wenn auch nur geringfügig verbessert, unbeachtet gelassen.

Auf diese Weise entsteht eine Wahrnehmungslücke gegenüber dem technischen Fortschritt. Der Beobachter oder Konsument bemerkt lange nichts und ist dann um so überraschter, wenn eine Reihe von kleinen Veränderungen nun in der Summe der Zeiten plötzlich zu massiven Veränderungen in den Lebenswelten der Menschen führt. Der Siegeszug des Computers ist in vielen seiner einzelnen Phasen von diesen vermeintlichen Überraschungen in der öffentlichen Wahrnehmung gekennzeichnet.[52]

Noch in den 50er Jahren galt es als Daumenregel in den Unternehmen, dass man mit größer, schneller, höher vom Gleichen auf der Produktseite auch bei den Preisen teurer werden könnte. Seit dem Einsetzen der Informatisierung und damit auch der Miniaturisierung[53] gilt diese Regel nicht mehr, der Druck geht in Richtung kleiner, schneller, billiger. Diese Entwicklung kam nicht über Nacht, aber es gab trotzdem den Eindruck einer explosionsartigen Entwicklung beim Konsumenten. Einen ähnlichen Effekt können wir heute bei diversen Formen der KI

---

[52] Kornwachs (2023a), dort Kap. 2.

[53] Die wirtschaftliche Gründe hat, d. h. Optimierung der Herstellkosten bei gleicher Funktionalität; siehe Hilberg (1986).

beobachten: Wir reden von Disruption, blenden aber die Geschichte der Vorentwicklungen aus.[54]

Der Technikentwickler wird den Nutzer nicht verstehen, wenn dieser überrascht auf eine Entwicklung reagiert, die schon lange im Gange ist, und der Nutzer wird den Technikentwickler nicht verstehen, weil er sich mit drastischen Änderungen seiner Lebenswelt konfrontiert sieht und hierfür – ohne Vorkenntnis der Entwicklungsgeschichte – den Entwickler verantwortlich machen möchte.

Technische Veränderungen finden permanent statt. Neue Technologien sind wegen der Kohärenz und Konvergenz von Technologien nie gänzlich neu.[55] Denn sie sind nur erfolgreich, wenn sie mit der vorherigen Technik korrespondieren und anschlussfähig sind. Das gilt wie gesagt auch für die organisatorische Hülle.

Es geht daher beim Begriff der Schlüsseltechnologie nicht nur um die Technologie selbst, sondern auch um die Dynamik ihrer Entwicklung sowie um die Phänomene der Konvergenz, denen man aber auch das Phänomen von divergenten Entwicklungen gegenüberstellen kann. Das würde bedeuten, dass sich auch in der Entwicklung von Techniklinien Technologien abspalten und selbständig weiterentwickeln könnten. Beispiele sind in den Regionalisierungen zu finden.[56]

Es geht um die Einbettung der Technologie in unterschiedliche Kontexte, die in gewisser Weise auch einer horizontalen Gliederung in gesellschaftliche Subsysteme entsprechen.

Da ist zum einen der ökonomische wie zunehmend der ökologische Kontext, vor allem im Hinblick auf Verwertungsinteresse an zukünftigen, existierenden und noch verbleibenden alten Technologien. Bei Letzteren bestehen u. U. noch Gewinnerwartungen nach ihrer Amortisierung. Auch der politische Hintergrund, vor allem technologiepolitische und damit auch ordnungspolitische Zusammenhänge, sowie die aktuelle Förderpolitik für Technologie und Wissenschaft kommen hinzu. Es ist einerseits der gesellschaftliche Kontext, in dem wissenschaftliche Veränderungen stattfinden, aber auch die gesellschaftliche Haltung spielt gegenüber der Technik als Rahmenbedingungen für die technologischen Entwicklungen eine Rolle. Andererseits verändert aber auch der tatsächliche Einsatz von Technologie diese Rahmenbedingungen. Eine ähnliche gegenseitige Wechselwirkung findet im kulturellen Kontext statt, wobei einerseits auf den unterschiedlichen Umgang mit

---

[54] Kornwachs (2024).

[55] Siehe die Definitionen in Abschn. 2.2.

[56] *Smart specialisation* – Intelligente Spezialisierung steht für die Ermittlung der Alleinstellungsmerkmale und einzigartigen Vermögenswerte eines Landes oder einer Region, das Herausstellen der Wettbewerbsvorteile der einzelnen Regionen und die Mobilisierung von regionalen Akteuren und Ressourcen für eine exzellenzorientierte Vision für die Zukunft. Sie steht ebenfalls für die Stärkung der regionalen Innovationssysteme, die Maximierung des Wissenschaftsaustauschs und die Streuung der Vorteile von Innovation auf die gesamte regionale Wirtschaft. Eine von der EU-Kommission aufgebaute „Smart Specialisation Platform" (http://s3platform.jrc.ec.europa. eu/) unterstützt die EU-Mitgliedstaaten und Regionen bei der Ausgestaltung ihrer Innovationsstrategien der intelligenten Spezialisierung. https://www.eubuero.de/regionen-intelligente-spezialisierung.htm.

Techniken und der Rezeption des Neuen in unterschiedlichen Kulturen zu achten ist. Andererseits können auch neue Informations- und Kommunikationstechnologien, insbesondere jedoch die Neuentwicklungen der KI, zu einer gewissen Nivellierung kultureller Unterschiede und organisatorischer Gewohnheiten führen.

Wenn es um die Dynamik der Interpretation von Technologien, d. h. um die Verläufe von Debatten und Diskursen über künftige, zu erwartende, wie aktuell existierende oder vergangener Techniken und Technologien geht, finden solche Diskussionen meist im Rahmen von Wertevorstellungen und Interesse der Beteiligten (vom Hersteller, Entwickler und Anwender bis hin zum Nutzer) statt. Es geht aber auch um Abgrenzung und Verschmelzung von Grundlagenforschung, angewandter Forschung, technologischer Entwicklung, Produktion und Anwendung von Technik. Hier sind die Übergänge fließend, die Wissenschaft wird immer technischer, die Technik wird immer wissenschaftlicher. Dass die Kultur von bestehenden Technologien überformt wird und umgekehrt auch die Kultur die Technikgestaltung zunehmend mit beeinflusst, ist mittlerweile Konsens. Dieser gegenseitige kulturelle Impakt findet aber nicht nur in der Technologie, sondern auch in der Ökonomie[57] und der dazugehörigen Theorienbildung, d. h. der Modellbildung in der Ökonomik seinen Niederschlag.[58]

2.5 Schlüsseltechnologie als perspektivischer Begriff

Man kann also den Begriff Schlüsseltechnologie verwenden, wenn man eine technologische Entwicklung für die Weiterentwicklung einer anderen Technologie aus rein technischen Gründen für entscheidend hält. So ist die Digitalisierung analoger Nachrichtensignale für die Entwicklung des Internets ebenso entscheidend gewesen wie die Suche nach einer Netzwerkarchitektur, die kommunikative Verbindungen auch dann noch gewährleisten kann, wenn der eine oder andere Knoten des Netzes ausfällt, z. B. durch militärische Zerstörung.[59] Diese Sichtweise ist gewissermaßen die wertfreie, technisch isolierte Diskussion einer Dynamik, die aber in der Technikgeschichte so nicht oder nur sehr selten vorkommt. Denn es sind immer mehr Faktoren als nur zwei oder drei Zielvorstellungen, die dann von einer Schlüsseltechnologie erfüllt sein müssten, um eine Entwicklung in Gang zu setzen oder zu ermöglichen. Denn ob die Zuschreibung für eine Entwicklung, Schlüsseltechnologie zu sein, zutrifft oder nicht, – es ist ganz ähnlich wie bei dem Begriff der disruptiven Entwicklung: bei den Entwicklungen, die so gekennzeichnet werden, steht für jeden am Diskurs Beteiligten *„wohl etwas auf dem Spiel"*.[60]

---

[57] Vgl. auch Stehr (2009).

[58] Vgl. Kornwachs (2017).

[59] Theoretisch bereits bei Nyquist (1924).

[60] Daub (2020), S. 115. Zum Begriff Disruption siehe Kornwachs (2024).

Verwendet man den Begriff Schlüsseltechnologie in normativer, also bewertender oder vorschreibender Absicht, gemäß der eigenen Interessen, so kann man diese Absicht wieder unterteilen in eine beurteilende Verwendung, d. h. ob man eine Entwicklung gut oder schlecht findet, und eine protagonistische Position, die diese Entwicklung nicht nur freudig begrüßt, sondern auch fordert.

Wir bewegen uns noch auf der deskriptiven Ebene, wenn man lediglich die Beobachtungen oder Extrapolation in Form von Erwartungen wiedergibt. Wenn wir uns jedoch die gängige Innovationsrhetorik der Protagonisten einer neueren Technologie ansehen, sind wir schon auf der normativen Ebene, also beurteilend, vielleicht sogar herbeiredend. Hier wird der Begriff der Schlüsseltechnologie für die eigenen Interessen eingesetzt. Dieser Begriffsgebrauch folgt aus einer Bewertung, die zusammen anhand konkreter Rahmenbedingungen Interessen definiert. Wir wollen diese Interessen hier Handlungsinteressen nennen, weil sie in der Regel zu Handlungsaufforderungen an Produzenten wie Konsumenten führen, z. B. eine Technikentwicklung als Schlüsseltechnologie und damit als ökonomisch oder technologisch notwendig oder gar alternativlos anzuerkennen.

Das bedeutet aber auch, dass wir als Konsumenten unsere Präferenzen und Werte und damit in der konkreten Situation unsere Interessen nach den Vorstellungen der Protagonisten, also gefälligst an die Kategorien der neuen Technik anzupassen hätten. Das geht so weit, dass von der Künstlichen Intelligenz und deren neueren Entwicklungen als Schlüsseltechnologie in dem Sinne geredet wird, dass wir grundlegende Veränderungen der wirtschaftlichen, politischen und sozialen Strukturen zu erwarten und zu dann auch akzeptieren hätten. Der Fortschritt sei eben unaufhaltsam – es habe keinen Sinn, sich dagegen zu stemmen. Auch hier ist wieder das Henne- Ei Problem: Sollen Staat und Gesellschaft, Gemeinschafts- und Privatleben durch die Künstliche Intelligenz als Schlüsseltechnologie nach bestimmten neoliberalen Vorstellungen umgekrempelt werden, und ergeben sich aus den „rein" technischen Möglichkeiten der KI unabsehbare Folgen für Wirtschaft, Gesellschaft, Politik bis hin zum Schicksal der Menschheit? Oder sollen unsere Wertevorstellungen von Wirtschaft, Gesellschaft und Politik nicht vielmehr die Anwendungsmöglichkeiten der KI bestimmen?

Technologien altern, und mit ihnen die Zuschreibung, Schlüsseltechnologien zu sein. Anhand der Liste, die aus dem Jahr 2017 stammt, sieht man schnell, dass einige Schlagwörter aus der Diskussion heute verschwunden sind – entweder, weil Technologien aus den so verschlagworteten Bereichen sich sozusagen bis zur Unsichtbarkeit normalisiert haben und in den Markt und den Alltag diffundiert sind, oder weil sie sich als unbedeutend erwiesen haben. Der Leser möge selbst urteilen (vgl. Abb. 2.2.).[61]

---

[61] So die Auswahl durch Leichsenring (2017). Graphik aus OECD (2016), Fig. 2.1, p. 79.

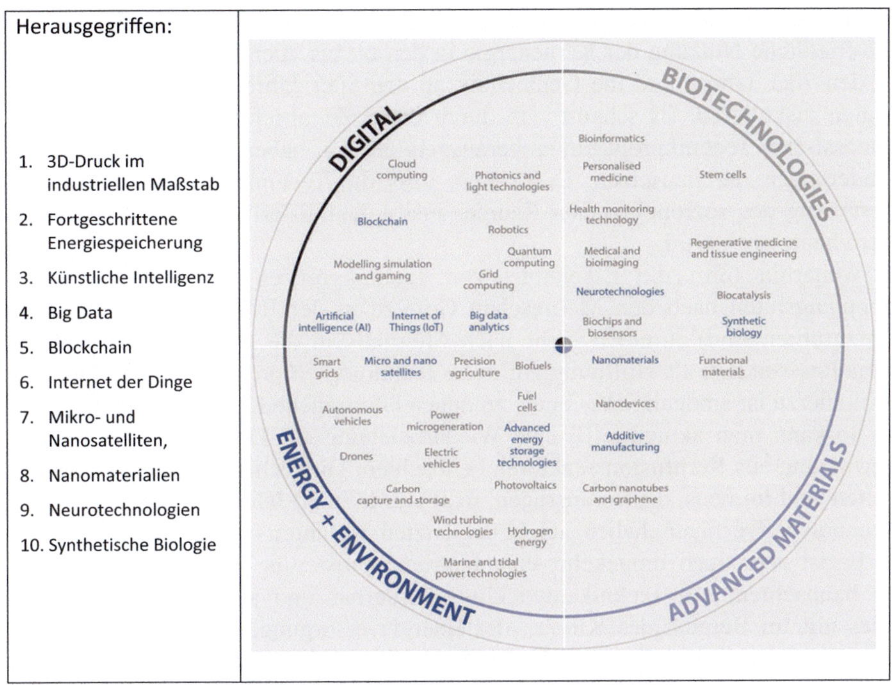

Abb. 2.2   Schlüsseltechnologien für die Zukunft (Stand 2017)

2.6   Kritik der technischen Rhetorik

Die manchmal sehr euphorischen Deutungen der Möglichkeiten von Technikentwicklungen sollten vielleicht doch nicht so ernst genommen werden. Dasselbe gilt für die Klassifizierungen in Epochen der Technikentwicklung. Auch hier wird die Geschichte von „Siegern" geschrieben, d. h. es werden von unterschiedlichen Aspekten überformte Sichtweisen wiedergegeben. Ebenso wenig sollte man die Rhetorik der Förderszene in den Wissenschaften und der Technik zu ernst nehmen, zumal wenn man die Methode kennt: Da finden sich in Anträgen zu Technologieförderung zuweilen Heiterkeit erregende Bekenntnisse der Protagonisten, es werden entsprechende Schlüsselworte eingeführt[62] und die Förderanträge mit Modernismen geschmückt. Hypes und Moden, Euphorie und Diskurskarrieren verlaufen auch deshalb, wenngleich zeitversetzt, in verschiedenen Technologien und verschiedenen Bereichen strukturell doch recht ähnlich.

---

[62] Früher war das die EDV, dann der Computer, dann war alles Bio, und dann alles Nano und heute ist alles nur noch KI.

Hier scheint die Schlagwortwahl sehr wichtig zu sein. Als Beispiel könnte man die friedliche Nutzung der Kernenergie in den 60 bis 70er Jahren, die Kybernetik in den 70er Jahren und die Gentechnik ab den 80er Jahren als Schlüsseltechnologien diskutieren. Es scheint sich durch diese Zeitabschnitte eine jeweils zeitgenössische Technikpropaganda herausgebildet zu haben, um auch politische Änderungen durchzusetzen. D. h. auch, dass die Technikentwicklung zur Umgestaltung des soziopolitischen Raumes instrumentalisiert wurde und vermutlich auch heute noch wird.

Weiterhin führt die Erkenntnis von Technikgrenzen (z. B., dass die Verdopplungsraten nach den Mooreschen Gesetze in der IKT nicht beliebig lange fortzuführen sind) zu einer Suche nach Alternativen, die aber nicht als Problemsituation, sondern als Hoffnung auf neue Technologien propagiert wird. Die Rhetorik hierzu ist eindeutig (Visionen, zu neuen Ufern, neue Kontinente etc.).

So kann man aktuell z. B. eine Wiederbelebung der Diskussion um Energiegewinnung aus Kernfusionsreaktoren beobachten. Die technologischen Schwierigkeiten sind immens, die Voraussagen, man würde in 30 Jahren über eine mögliche Technologie verfügen, haben sich in den letzten 50 Jahren ostinat wiederholt.[63]

Es ist aber auch umgekehrt eine Instrumentalisierung bestehender Probleme zu beobachten, um Technikentwicklung förderbar und akzeptabel zu machen. Dies gilt im Bereich des Klimas, der Energieversorgung, der Überalterung, der Kundenwünsche, der Gesundheit, der Bewältigung von Komplexität, dem Erhalt von Arbeitsplätzen und den Umweltproblemen. Methodisch geschieht diese Instrumentalisierung als Vision oder als notwendiges Übel, die zu fördernden Technologien wird als *conditio sine qua non* dargestellt und es wird zusätzlich versucht, rhetorisch einen Begeisterungsdruck für eine solche Technologie zu induzieren.

Ähnlich geht es in der Ökonomie zu, auch hier haben sich verharmlosende Begriffe finden lassen – so die schon erwähnte „schöpferische Zerstörung", ein Begriff, der von dem Ökonomen Josef Schumpeter stammt. Dort bezeichneter er in deskriptiver Absicht den Umstand, dass bei wirtschaftlichen, organisatorischen und technologischen Veränderungen neue Strukturen aufgebaut und zwangsläufig alte Strukturen beseitigt werden.[64] Man kann es auch anders ausdrücken: Jede Innovation, die eine bisher funktionierende technisch-organisatorische Struktur verbessert oder ersetzt, eliminiert zumindest Teile dieser Struktur, auch wenn zuweilen alte und neue Technologien parallel existieren. In diesen Strukturen sind allerdings Menschen tätig, d. h. es wird bei solchen Vorgängen immer Gewinner und Verlierer geben. Im betriebswirtschaftlichen Neusprech wird statt von Personalmanagement von Human Ressource Management gesprochen, Entlassungen werden mit Vokabeln wie Ausstellung oder Freisetzung verschönt.

---

[63] Auch wenn eine mögliche künftige Technologie der Kernfusionskraftwerke als Lösung aller energetischen Probleme in Zukunft (Mitte des Jahrhunderts) dargestellt wird, ist angesichts der ungelösten technischen Probleme von einer Schlüsseltechnologie noch nicht die Rede; vgl. Grünwald, R. (2024).

[64] Schumpeter (1912).

Mit dem Aufkommen der Technikfolgenabschätzung begann eine neue Renaissance der Technikvorhersagen und der Katalogisierung von sogenannten technologischen Durchbrüchen, denen man pflichtschuldigst dann auch einige soziologische Innovationen als angebliche Durchbrüche hinzufügte. Die Begrenztheit der Vorhersage wurde sowohl methodisch als auch bezüglich ihrer Reichweite bald deutlich,[65] so dass man begann, von Technikzukünften zu sprechen. Heute kann man feststellen, dass zum Beispiel die Breakthroughs, die 2019 von der EU-Foresight Gruppe genannt wurden, aus der Sichtweise von 2024 schon wieder veraltet zu sein scheinen, wenn man sich die zurzeit überhitzten Debatten über KI, ChatGPT wie Generativer KI anschaut.[66]

Die Aufzählungen in den Reports variieren und verändern sich mit der Zeit – übrigbleibt, dass Durchbrüche angekündigt werden, wobei die Ankündigungen selbst mit der Konnotation der Erwartung einer Ermöglichung versehen werden. Manche Artikel enthalten das Wort Schlüsseltechnologie lediglich in der Überschrift, aber nicht mehr im Text[67] – alles dies zeigt, dass letztlich diese Rhetorik implizit darauf abzielt, den Begriff Schlüsseltechnologien dazu zu verwenden, den Rezipienten glauben zu machen, dass diese Schlüsseltechnologien für den weiteren Fortschritt, sei der sozial, ökonomisch, technisch oder global, für die ganze Menschheit als *conditio sine qua non* angesehen werden müssten.

---

[65] Galbraith et al. (2006), Acatech (2012).

[66] Vgl. Warnke et al. (2019). Die Gruppen der technologischen Durchbrüche werden rubriziert nach: Group1: Artificial Intelligence and Robots, Group 2: Human-Machine Interaction & Biomimetics, Group 3: Electronics & Computing, Group 4: Biohybrids, Group 5: Biomedicine, Group 6: Printing & Materials, Group 7: Breaking Ressource Boundaries, Group 8: Energy und einer eigenen Gruppe Sozialer Innovationen. Hierzu zählen u. a. sog. Makerspaces, also Einrichtungen, in denen jedermann an der Produktion von personalisierten Produkten und Dienstleistungen teilnehmen kann. Der Term taucht in der öffentlichen Diskussion nicht mehr auf, ebenso die damit ähnlichen Living Labs. Gamification ist nach wie vor ein Thema: „*Gamification is the application of game-design elements and game principles in non-game contexts to improve user engagement, organizational productivity, flow, learning, crowdsourcing, employee recruitment and evaluation, ease of use, usefulness of systems, physical exercise, traffic violations, voter apathy, and more.*“ (S. 256). Weitere Schlagworte sind: Plattformkapitalismus, die Diversifizierung der Gatekeeper für die Verteilung von Information, z. B. über die Sozialen Netzwerke, die Neugestaltung der Bildung durch Diversität und Digitalisierung, Selbstoptimierung des eigenen Körpers durch Monitoring, autofreie Stadt, Gesundheitsdatenmanagement, Kryptowährungen, bedingungsloses Grundeinkommen, Life caching (d. h. alles digital zu speichern, was man erlebt hat), um nur einige zu nennen. Dem Leser bleibt es überlassen, was heute schon realisiert ist und was noch eines Durchbruchs harrt.

[67] Z. B. Otto, Plagge (2024): Wobei nicht bestritten werden soll, dass auch die Vermarktung von Softwaretechnologien in Form von Open Software durchaus eine Art organisatorische Technologie darstellt, die eine Enabler-Funktion haben kann.

2.7   Übergang

Jede Technik ist irgendwann einmal veraltete Technik. Das gibt Anlass, über Zeithorizonte nachzudenken; es gibt Techniken, die ihre Zukunft hinter sich haben, und Techniken, die ihre Vergangenheit noch vor sich haben. Dabei ist eine Wiederaufnahme von Bewertungs- und Akzeptanzdebatten aus der Vergangenheit mit z. T. vergleichbaren Mustern festzustellen. Zuweilen werden als Schlüsseltechnologen angesehene Technologien zu Alltagstechnologien, die als Technik überhaupt nicht mehr wahrgenommen werden und wie selbstverständlich genutzt werden, andere verschwinden als Flop in den Annalen der Technikgeschichte und werden selbst parallel zu den bestehenden Technologien nicht mehr genutzt.

Um die Zukunft von neuer Technik verstehen zu können, muss man eben ihre Herkunft und die existierende Technik, die immer schon eine alte ist, kennen. Dann sieht man, dass jede Technikentwicklung ihre langen Vorläufer hat, und eine Zeit lang auch neben einer bestehenden Technologie existiert und genutzt wird.

Um diese Beziehungen näher zu studieren, beschäftigt sich das zweite Kapitel mit parallelen Technologien, die wiederum Voraussetzung für das sind, was wir reversible Technologien nennen wollen. Reversible Technologien sind rücknehmbar und damit halten sie Optionen offen, machen Korrekturen von technologischen Fehlentscheidungen möglich und sind so zukunftssicherer als manche Technologiepfade, die mit dem Prädikat Schlüsseltechnologien ohne Rücksicht auf spätere irreversible Folgen propagiert werden.

Parallele Technologien

Parallele Technologien für Überweisungen

3.1 Einleitung

Bei den wohlbekannten Innovationszyklen, die bei der Einführung neuer Techno-logien[1] diskutiert werden, geht man davon aus, dass sich der Cash Flow mit der Markteinführung nach einer bestimmten Zeit umdreht und der *Return on Invest-ment* (ROI) in die Gewinnphase übergeht. Die übliche Vorstellung zeigt schema-tisch der obere Teil in Abb. 3.1.

Darunter ist in Abb. 3.1 zum einen der dazu synchrone Verlauf der Diffusion einer Technologie skizziert. Die akkumulierte Diffusionsrate einer eingeführten

---

[1] Unter Technologie verstehen wir die Gesamtheit von Geräten, Anlagen, Systemen, Prozessen, Handlungen und Organisationen unter einem funktionalen Gesichtspunkt. Man könnte auch von technisch-organisatorischen Systemen sprechen. Unter Techniklinien oder Technologielinie ver-stehen wir die Gesamtheit von miteinander aufeinander wirkenden Technologien, die zu einem Funktionszusammenhang gehören.

K. Kornwachs, *Techno-Konflikte,* Anthropologie – Technikphilosophie – Gesellschaft, https://doi.org/10.1007/978-3-662-72105-6_3

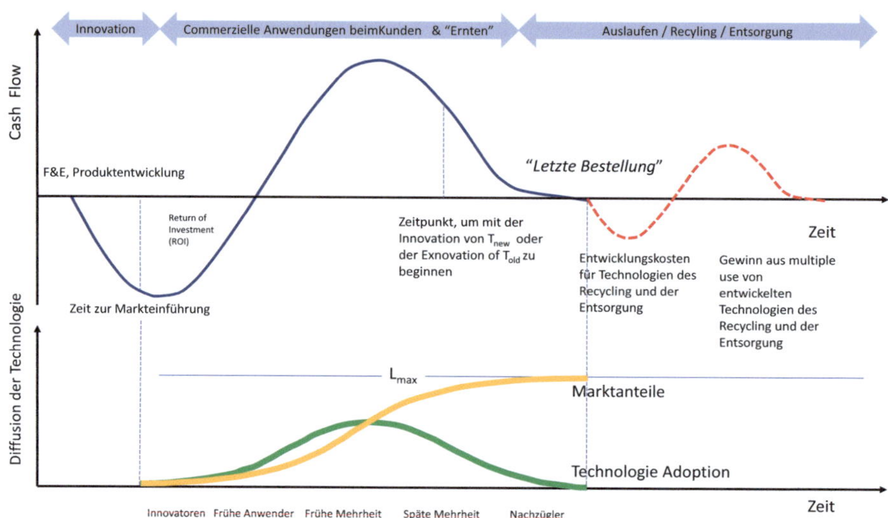

Abb. 3.1 Cash Flow (oben) und Diffusion einer Technologie nach Marktsättigung (gelb) resp. Anzahl der Adoptoren (grün) (unten)

Technologie folgt bekanntlich einer logistischen Kurve: Nach einem langsamen Anstieg diffundiert die Technologie in den Markt mehr oder weniger schnell hinein, um dann eine Marktsättigung zu erreichen (L_{max}). Die hierfür in Frage kommenden Indikatoren können, je nach Betrachtungsweise und je nach Modell, beispielsweise Absatzraten von Produkten, Anzahl der Haushalte oder Personen, die eine Technologie nutzen, oder die Anzahl der Anschlüsse sein.[2]

Die Diffusion einer Technologie kann zum anderen aber auch anhand des Adoptorenmodells erläutert werden:[3] Die ersten Nutzer oder Käufer einer Technologie sind die *early adopters*, die Einführung einer neuen Technologie geschieht in der Regel erst zögerlich, dann immer schneller. Wenn der Markt gesättigt ist, haben sich auch die Nachzügler (*laggards*) unter die Nutzer eingereiht. Das Auslaufen der Technologie endet am Markt mit dem letzten Verkauf oder dem letzten Einschalten – zuweilen metaphorisch *last order* (in Analogie zur letzten Bestellung) genannt. Auch wenn die Geräte noch weiter genutzt werden, kommen keine weiteren mehr dazu. Die Adoptorenkurve ist in gewisser Weise die Ableitung der Marktdiffusionskurve, bzw. die logistische Kurve ist die Integration über die Adoptorenkurve. Insofern sind beide Darstellungen im unteren Teil von Abb. 3.1 gleichwertig.

---

[2]Zu den unterschiedlichen mathematischen Ansätzen von Lebenszyklen von Technologien, Produkten und deren Innovationszyklen siehe z. B. Rogers et al. (2009), Weiber (1993), Herold, Völker (2020), Kurkina (2017), Valentowitsch (2019).

[3]Zum Adoptorenmodell siehe Rogers et al. (2009).

Während man schon früh in den Industriestaaten eine Verkürzung der Innovationszyklen und daraus folgend eine immer schnellere Einführung neuer Technologien beobachten kann,[4] was auch seit den 80er Jahre immer wieder propagiertes Entwicklungsziel des Technologiemanagements war und noch ist,[5] verlaufen die F&E-Phasen,[6] aber auch die Phasen des Auslaufens in den Entwicklungs- und Schwellenländern deutlich langsamer.[7]

Gerade die Digitalisierung führt auf den ersten Blick zu einer stürmischen Dynamik von kurzfristigen Einführungen wie von Substitutionen von Technologielinien, sodass die meisten Betrachtungen sich auf das Anfangs- und Einführungsstadium solcher Technologien konzentrierten.[8] Da jedoch jede Technologielinie eine endliche Lebensdauer hat und im Lauf der Zeit durch neu aufkommende Technologien ersetzt werden, ist es deshalb von Interesse, die weiteren möglichen Verläufe der Kurven von Innovationszyklen und Diffusionen anzusehen. Meist wird eine Technologielinie in der Decline-Phase (in Abb. 3.1) durch eine Innovation ersetzt. In der Management-Literatur ist es umstritten, welches der beste Zeitpunkt ist, mit einer solchen Ersetzung zu beginnen.[9] Es ist auch umstritten, was als Innovation bezeichnet werden kann, da zwischen einem bloßen *face-lifting* z. B. in der Automobilindustrie und der Ersetzung des fossilen Antriebs durch einen Elektroantrieb doch ein gewisser Unterschied besteht. So kann das Smartphone gegenüber den Handys der 90er Jahre sicher als Innovation bezeichnet werden, aber nicht jeder Übergang von einem als neue Mobilfunk-Technologie bezeichneten Netz zu einem anderen mit unterschiedlichen Frequenzbändern ist schon eine Basisinnovation.[10]

3.2 Parallelität von Technologien

Man erhält durch solche Innovationszyklen (siehe Abb. 3.2) eine sukzessive Reihe von funktional inklusiven oder zumindest äquivalenten Technologen, die sich zeitlich überlappen. Dieses Phänomen wollen wir hier „parallele Technologien" nennen. Die Existenz solcher parallelen Technologien ist eine alltägliche Erfahrung, man macht sie sich nur nicht bewusst. Wir können beispielsweise Überweisungen

---

[4] Marchetti (1980).

[5] Concini, Toth (2019), Abb. 60, S. 88.

[6] F&E = Forschung und Entwicklung, engl. R&D = Research and Development.

[7] Nach Vernon (1966); Radosevic (2018) wird das Wachstum in Entwicklungsländern nicht nur durch Innovation, sondern auch durch Imitation getrieben.

[8] Einen frühen Überblick zur Diffusionsforschung gibt Rogers et al. (2009).

[9] Als ein Richtwert für die Eröffnung der Anlaufphase eines neuen Produkts oder einer neuen Technologie gilt beispielsweise, wenn die Decline Kurve auf die Hälfte oder ein Drittel abgesunken ist, also jedenfalls vor dem Erreichen der Marktsättigung. Weitere Strategien bestehen darin, die Decline-Phase durch Marketingmaßnahmen hinauszuzögern. Vgl. Lehrbücher des Marketings, z. B. Mullor-Sebastian (1983).

[10] Zur Diskussion über Innovation vgl. Abschn. 2.4.

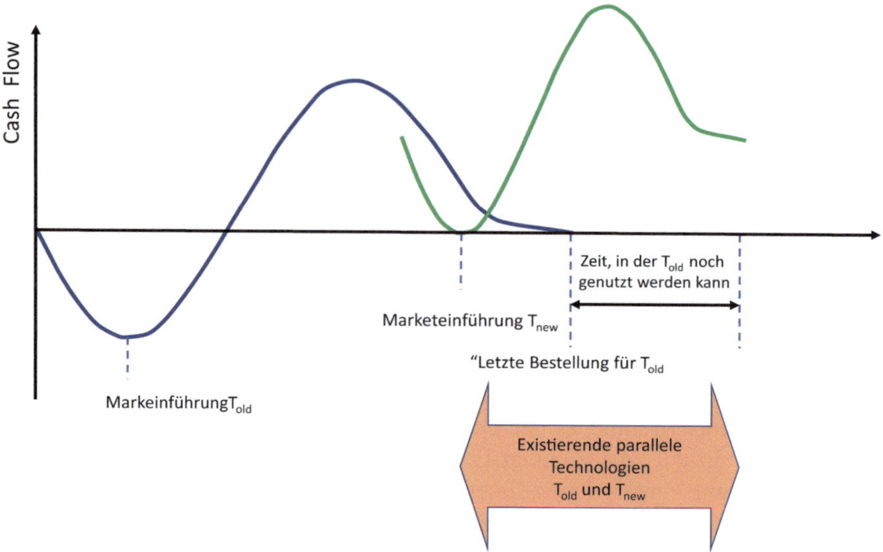

Abb. 3.2 Parallele Technologien, schematisch nach Cash Flow

via e-banking, aber auch schriftlich auf einem Formular und per Post tätigen. Gleichwohl sind die Wechselwirkungen zwischen parallel existierenden Technologien für die Technikfolgenabschätzung von Interesse, weil die Auswirkungen und Folgen der einen Technologielinie mit den Folgen und Auswirkungen einer anderen Technologie koppeln können.

Nach der Markteinführung der neuen Technologie T_{new} bestehen zwei parallele Technologien gleicher oder vergleichbarere Funktionalität solange, wie die Nutzungszeit der ersten, dann allmählich auslaufenden Technologie T_{old} andauert.

3.2.1   Parallelität und Innovation

Abb. 3.3 enthält einige Beispiele aus Vergangenheit und Gegenwart der Computer- und Methodenentwicklung der Rechentechnik. Man kann davon ausgehen, dass Bildschirme, Internet, AI und statistische Datenanalyse weiterhin auf längere Sicht (>2030) genutzt werden und die dazugehörigen Methoden für die Analyse z. B. von Kundenverhalten, Wahlen, wissenschaftlichen Daten und Social Scoring eingesetzt werden dürften.

Parallel existierende Technologen können sich in verschiedenen Phasen überlappen. Obwohl die Möglichkeiten der zeitlichen Überlappung kontinuierlich verteilt sind, lassen sich vereinfacht doch drei Klassen von Fällen unterscheiden.

Fall 1: Normale Innovation
Der Markteintritt der neuen Technologie T_{new} gelingt meist nach dem Zeitpunkt des maximalen Anstiegs der Marktdiffusion der bisherigen Technologie. Beide Technologien existieren parallel vom Markteintritt der neuen Technologie bis zum

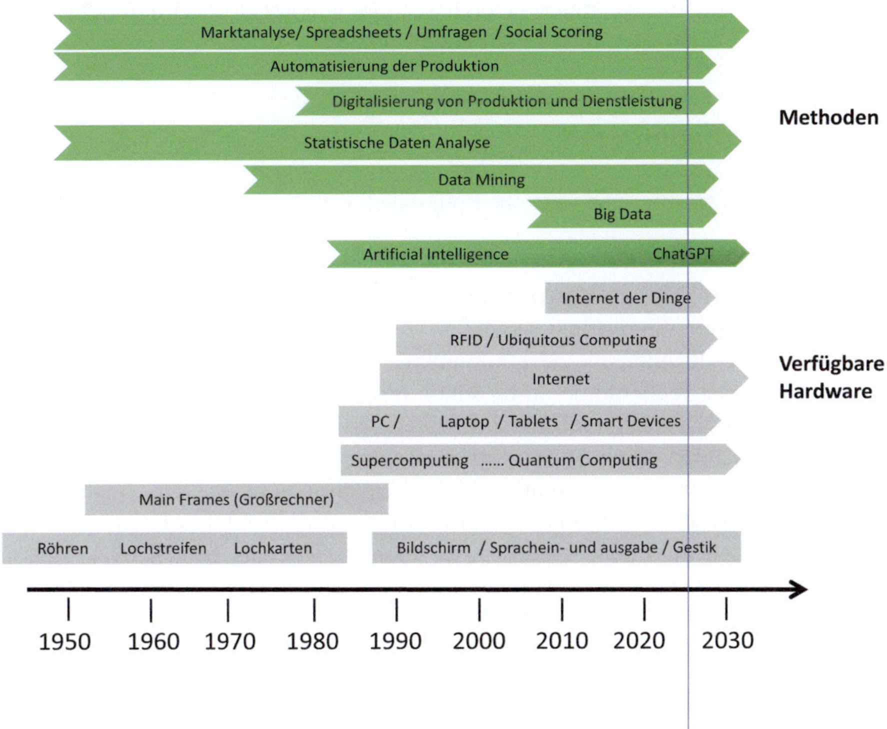

Abb. 3.3 Sich überlappende Technologien der Daten- und Informationsverarbeitung

Zeitpunkt der Rücknahme oder dem endgültigen Auslaufen der bisherigen Technologie. Diese Zeitspannen können sehr lang sein und mehrere parallele Technologien beinhalten, die dann aber zumindest funktional eine gemeinsame Schnittmenge haben. Im Endstadium eines Lebenszyklus einer bisherigen Technologie gilt die damals propagierte Innovation dann nicht mehr als Innovation.[11]

Fall 2: Konkurrierende Innovation
Der Markteintritt der neuen Technologie liegt nahe um den Zeitpunkt des Markteintritts der vorhergehenden Technologie. In diesem Falle kann man bei funktionaler Äquivalenz oder auch bei funktionaler Schnittmenge von parallelen Technologien sprechen, die konkurrieren. Auch hier können die Zeiten der Parallelität stark variieren.

Fall 3: Verspätete Innovation
Die Innovation kommt gerade noch zum endgültigen Auslaufen der ersten Technologie auf den Markt, so dass es eigentlich keine parallel existierenden Technologien mehr gibt. Allerdings ist der Fall deshalb von Interesse, weil die Spätfolgen

---

[11] Yin et al. (1978), S. 99.

einer Technologie, die von einer anderen Technologie abgelöst wird, durchaus mit der nachfolgenden Technologie interferieren können.

3.2.2 Erste Hypothesen

Für eine erste Orientierung wird im Folgenden von fünf Arbeitshypothesen ausgegangen:

(1) Durch sich überschneidende Innovations- und Institutionszyklen ergibt sich das Phänomen der zeitlich parallelen Technologien, die zueinander funktional äquivalent, inklusive oder komplementär sein sollten. Diese müssten bei Ausfall einer Technologie durch schon bestehende Technologien ersetzt werden können. Dies kann infolge äußerer Ereignisse, gewollter Rücknahme oder durch Auslaufen durch Alterungsprozesse der Fall sein.

(2) Parallele Technologen können nach ihrer funktionalen und organisatori-
schen Äquivalenz und Differenz klassifiziert werden. Einige Beispiele sollen die Nützlichkeit eines solches Klassifikationsschemas zeigen. Das Klassi-
fikationsschema gibt auch Hinweise auf eine Rubrizierung der Rücknehmbar-
keit (Reversibilität) von Technologien.[12]

(3) Die Dauer der parallelen Existenz von funktional äquivalenten oder inklusiven Technologien hängt neben den technischen Faktoren, der Lebens-
dauer der Geräte und der Stabilität der organisatorischen Hülle auch von nichttechnischen Faktoren ab wie von ökonomischen Interessen, kulturellen Unterschieden und der Vorgeschichte der technischen Entwicklung. Es kann durchaus sein, dass Betreiber einer alten Technologie ein dezidiertes Interesse (z. B. Amortisation) an einer langen Laufzeit haben und die Substitution durch eine schon existierende parallele Technologie zu verzögern versuchen. Um ein Beispiel kultureller Einflüsse zu nennen: Die Technik des Türöffners ist auf dem kontinentalen Europa durch die Türklinke realisiert, in den angelsächsischen Ländern durch den Drehknauf.[13] Es besteht die Vermutung, dass zwei Technologien umso länger parallel existieren, desto funktional äqui-
valenter sie sich verhalten.

(4) Technische Gerätschaften und organisatorische Hülle einer Technologie wechselwirken bekanntlich miteinander. Dies ist auch bei parallelen Technologien der Fall, und zwar wechselseitig, sodass während der parallelen Exis-
tenz von Technologien sowohl die technischen Einrichtungen wie auch die organisatorischen Hüllen der jeweiligen Technologen miteinander wechselwirken. Ein Schema für diese Wechselwirkung wird in Abb. 3.9 angegeben und erlaubt eine Phänomenologie paralleler Technologien.

---

[12] Siehe folgendes Kap. 3.3.2, sowie Kap. 4 über Reversibilität von Technologien. Erste Version siehe Kornwachs (2023b).

[13] Näheres hierzu in Abschn. 4.7.2 und 4.4.

(5) Die Vermutung besteht, dass die Parallelität von Technologien dann beendet wird, wenn sich der Substitutionsdruck der einen, meist jüngeren Technologie auf die andere, meist ältere Technologie signifikant erhöht. Dieser Substitutionsdruck ergibt sich,

- wenn bei gleichen Nutzen-Kostenrelationen die Pflege, Wartung, Reparatur etc. der bestehenden Technologie die Einführungskosten der neueren Technologie plus der Entsorgungskosten der alten Technologie übersteigen (Beispiel: Mainframerechner versus Laptop und Netz),
- wenn sich Veränderung der politischen Akzeptanz ergeben (Beispiel: Kernkraftwerke versus Gasverstromung als Brückentechnologie und Solar-/Photovoltaik),
- wenn sich die Berechnungsgrundlagen durch die Dynamik ökonomischer Bedingungen verändern (Beispiel: Öl und Gas versus Wärmepumpe) und
- wenn eine ideologisch übersteigerte Innovationsfreude vorherrscht, die auch nützliche Technologienlinien abbricht (Beispiel: *Low-Tech-Production* versus Industry 4.0).

3.3 Beziehungen zwischen Funktionen von Technologien

3.3.1 Technologiebegriff und organisatorische Hülle

Im Lauf der Diskussion um die Technikbewertung im Rahmen der Technikfolgenabschätzung wurde ein Technikbegriff mittlerer Reichweite entwickelt, der auf die Arbeiten von Günter Ropohl zurückgeht.[14] Dieser Technikbegriff umfasst nicht nur die technischen Geräte, die Einrichtungen und deren technische Funktionalität, also das, was sie technisch bewerkstelligen können, sondern auch die technischen Handlungen, die Menschen mit Hilfe von technischen Einrichtungen und an solchen Einrichtungen durchführen. Hinzu kommen die Ziele dieser Handlungen, die möglichen Störungen und Fehlerquellen sowie die Auswirkungen dieser Handlungen. So sind Erfinden, Herstellen, das zur Verfügung stellen, Nutzen und Entsorgen von technischen Einrichtungen (Geräte, Apparate, Instrumente, bis hin zur Software) technische Handlungen. Günther Ropohl versteht diese Handlungszusammenhänge als System mit entsprechenden Teilsystemen, das wiederum in übergeordnete Systeme eingebettet ist. Zu diesen übergeordneten Systemen gehören die sogenannten Ko-Systeme, also die organisatorischen und technischen Zusammenhänge, die gegeben sein müssen, damit eine technische Einrichtung im Rahmen einer technischen Handlung auch ihre Funktion erfüllen kann.[15] Dies kann man als organisatorische Hülle einer Technik bezeichnen. Technik im engeren Sinne, also Geräte etc. bilden zusammen mit dem Wissen und Können der

---

[14] Ropohl (2009).
[15] Laubengaier et al. (2022).

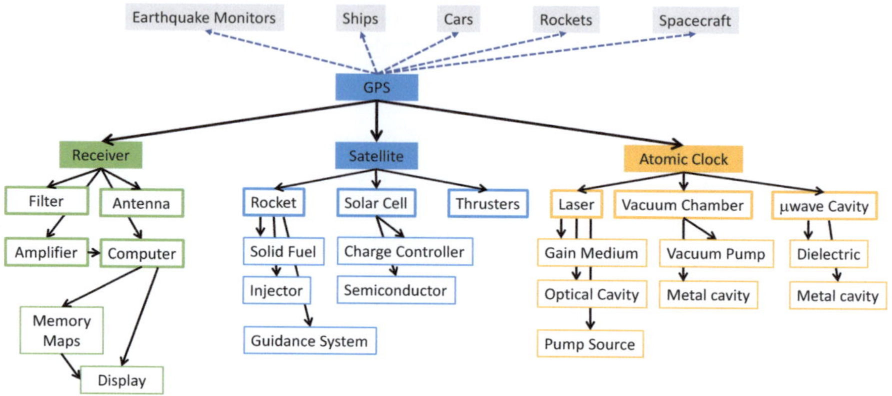

Abb. 3.4 GPS-System und seine Komponenten sowie dessen Einsatz in anderen Technologien

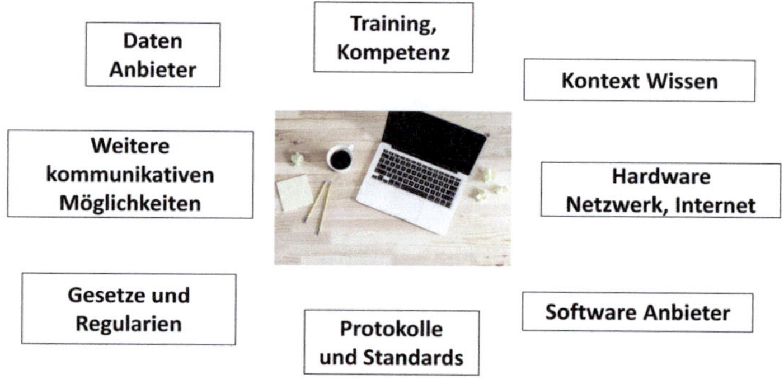

Abb. 3.5 Die organisatorische Hülle eines Laptops

damit Handelnden und mit der organisatorischen Hülle in einem gegebenen funktionellen Gesamtrahmen eine Technologie.

Abb. 3.4 zeigt als Beispiel ausschnittsweise das System der GPS-Ortung, das in viele technische Systeme eingebettet, sprich „eingebaut" ist (Auto, Schiffe, Flugzeuge, Erdbebenmonitoring, Raumfahrt etc.) und das wieder zur Funktionserfüllung die nachgeordneten Teilsysteme wie Empfänger, Satelliten und Atomuhren benötigt.[16]

Die organisatorische Hülle einer Technik lässt sich anhand eines Laptops illustrieren (Abb. 3.5): Ohne Pflege der Software, ohne Kommunikationsprotokolle, ohne elektrische Energie, die bezahlt werden muss, ohne gesetzlichen Regelungen, ohne entsprechende Kompetenz und Training des Benutzers, ohne die organisatorische Regelung und Hardware des Internets kann ein Laptop am einzelnen

---

[16] Modifiziert und erweitert nach Fink, Teimouri (2019).

Arbeitsplatz seine Funktionalität nicht oder nur sehr beschränkt entfalten. Ein Auto kann nicht von A nach B fahren, wenn es keine Proliferation von Treibstoff oder elektrischer Energie und von Ersatzteilen gibt, keinen Straßenbau und keine Verkehrsregeln etc. Die organisatorische Hülle einer Technologie umfasst deshalb alle technischen und organisatorischen Gegebenheiten, die für diese Technologie notwendigerweise funktionieren müssen. Dabei sind die organisatorischen Gegebenheiten wie gesetzliche Regelungen und ökonomische Strukturen und Verpflichtungen genauso wichtig wie die rein technische Funktionalität der Geräte, damit es überhaupt zu einer Nutzung kommen kann.

Der so gefasste Technikbegriff mittlerer Reichweite ist zwar anschlussfähig an die philosophische Kritik des reinen Instrumentalismus, d. h. dass Technik lediglich das Herstellen und Gebrauchen von Artefakten sei, um eine Ziel-Mittel-Relation zu verfolgen, d. h. dass das Gerät oder Werkzeug lediglich Mittel zum Zweck sei. Der erste Einwand gegen eine solche Sichtweise ist aber die alltägliche Erfahrung der sogenannten Ziel-Mittel Inversion: Beim Gebrauch ergeben sich für ein vorhandenes Mittel auch immer neue Zwecke. Dies berücksichtigt die Definition von C. F. von Weizsäcker, der Technik als die Herstellung und Verfügbarmachung von Mitteln für freigehaltene Zwecke versteht.[17] Dennoch ist auch diese Sicht noch zu instrumentalistisch. Der Technikbegriff mittlerer Reichweite ergänzt diese Sicht um die notwendigen Aspekte der Verschränkung technischer Geräte untereinander und mit betrieblichen, rechtlichen, ökonomischen und gesellschaftlichen Organisationsformen, ohne die man die Wirkung von Technik nicht verstehen kann.

Am Beispiel eines Smartphone wird die, auch von Bruno Latour diskutierte Verschränkung deutlich:[18] Das, was man mit einem Smart-Phone machen kann, ist nicht nur das, was sich durch eine Ziel-Mittel-Relation ausdrücken lässt, sondern muss auch dahingehend verstanden werden, was das Smart-Phone, indem wir es benutzen, mit uns macht: Das Mobiltelefon wird erst zum Mobilfunk, wenn der Nutzer es auch in Gang setzt und die Ko-Systeme funktionieren (z. B. genügend Geld auf dem Kartenkonto, das Netz muss vorhanden sein, sowie die darin befindlichen Computer):

> *„The mobile phone is no longer 'merely' an object and the consultant becomes a human that embodies the possibility to contact and to be contacted at a distance".*[19]

Die Eigenschaften, die sich beim technischen Handeln ergeben, und dazu gehören auch die Absichten des Handelns, sind weder Eigenschaften des Handelnden noch des technischen Instruments allein, sondern ergeben sich aus dem Zusammenspiel der Teilsysteme respektive ihrer Einbettung ineinander.[20] Die organisatorische

---

[17] Weizsäcker, C. F. von (1988), S. 130 f.

[18] Latour (1992).

[19] Introna (2007), S. 14.

[20] Sinngemäß nach Latour (1992), S. 192, zitiert nach Introna (2007), S. 14.

Hülle, die zur Technik und zum technischen Handeln gehört, beeinflusst daher die Technik im engeren Sinne. Umgekehrt beeinflusst auch die Technik die organisatorische Hülle.

Im Hinblick auf die Digitalisierung lässt sich schon an dieser Stelle eine zweifache Wechselwirkung zeigen: Zum einen führt die Ersetzung von bisher rein technisch realisierten Prozessen durch rechnergesteuerte Abläufe (sog. Dematerialisierung) zu einer Umgestaltung und Ersetzung organisatorischer Abläufe und greift tief in die von Bruno Latour angedeutete Verschränkung ein, beziehungsweise definiert sie neu. Dies ist auch ein Grund, weshalb vielerorts behauptet wird, dass die digitale Technologie eine Schlüsseltechnologie für alle weiteren Technikentwicklungen sei.[21]

So wird z. B. das Bedienen von Arbeitsgeräten nun durch Algorithmen gesteuert oder die Verwendung und der Transport von Informationsträgern (z. B. Papier bei Zahlungsverkehr oder bei Arbeitsvorbereitung in der Produktion) durch digitale Kommunikation ersetzt. Dabei vereinfachen sich die Abläufe zum Teil, zum Teil werden sie aus Gründen der Absicherung und der Qualitätserhaltung komplizierter. Die Veränderung der organisatorischen Hülle durch die Digitalisierung der technischen Funktionalitäten macht sich dann auch bei der Ersetzung der einen Technologie durch eine andere bemerkbar: Die Informatisierung des Büros, sichtbar daran, dass nun überall auf den Schreibtischen Bildschirme zu sehen waren, erschöpfte sich nicht in der Nutzung des Computers mit einem Textsystem statt einer Schreibmaschine. Die Informatisierung des Büros veränderte auch durch die Erweiterung der Funktionalität die administrativen Abläufe so schnell und gründlich, dass sich viele Mitarbeiter überfordert fühlten.

Die Ersetzung materieller Abläufe durch von Software gesteuerten Funktionalitäten hat einen weiteren Nebeneffekt: Erhöhte Rechenleistung zieht einen erhöhten Energieverbrauch nach sich. Dies hat fundamental thermodynamische, aber auch organisatorisch ökonomische Gründe: Neue Software erfordert oftmals die Erweiterung der Rechen- und Speicherkapazität und damit die Erweiterung entsprechender Hardware. Dies muss hergestellt, betrieben und entsorgt werden. Insgesamt führt dies zu einem höheren Ressourcenverbrauch.[22]

Zum anderen verändert aber auch die Dynamik der organisatorischen Hülle ihre bestehende Technologie. Sie kann sich durch Veränderung der Akzeptanz einer Technologie der Substitutionsdruck (s. o.) erhöhen, es ist aber auch möglich, dass durch veränderte Gesetzgebung bestimmte technische Funktionen erzwungen (z. B. Neugestaltung durch Sicherheitsvorschriften) oder untersagt werden (z. B. bestimmte Waffenarten oder bestimmte Verfahren der Genmanipulationen).

So hat die Veränderung des Fernmeldemonopols der Deutschen Bundespost zu einem Aufstieg individueller analoger Telephonanlagen geführt, die erst später durch die ISDN-Technologie abgelöst wurden. Diese wiederum übertrug die Funktionalitäten wie z. B. Rufumleitung, Telephonkonferenz vom privaten Netz

---

[21] Vgl. Kap. 2 in diesem Band.

[22] Siehe auch Abschn. 4.2 in diesem Band.

auf das öffentliche Netz. Danach wurde die Festnetztelephonie auf das World
Wide Web durch die Technik des „*Voice over IP*" verlegt. Mittlerweile wird in
weiten Bereichen die Festnetztelephonie durch die Mobiltelephonie verdrängt.

3.3.2 Funktional äquivalente, inklusive und vereinfachte Technologien

Parallel existierende Technologien in Bezug zu setzen, ist nur dann sinnvoll, wenn
man ihre Funktionalitäten vergleichen kann.[23] Daher soll anhand einiger Beispiel
erläutert und definiert werden, was funktional inklusive, funktional äquivalente und
funktional komplementäre Technologien sind. Danach wird der Begriff der parallelen Technologen anhand von Beispielen entwickelt und gezeigt, dass das Vorhandensein paralleler Technologien für die Stabilität zivilisatorischer Funktionalität unabdingbar ist. Das bedeutet auch, dass eine zu späte Innovationsabfolge oder
eine zu schnell ablaufende Auslaufphase die Vulnerabilität von Technologielinien
erhöhen kann. Dies ist gerade in unsicheren Zeiten wie Pandemien, Energiekrisen,
Kriegen, Klimawandel und daraus folgenden schwer vorherzusehenden Ereignissen, z. B. global-ökonomischen Verwerfungen, von besonderer Tragweite.

Um die Darstellung kurz zu halten, führen wir folgende Abkürzungen ein:

T_1 erste Technologie, mit der Menge der Funktionen τ_1 des ersten technischen
Systems, und der Menge der Funktionen der organisatorischen Hülle ϕ_1,

T_2 zweite, nachfolgende oder zu vergleichende Technologie mit der Menge der
Funktionen τ_2 des ersten technischen Systems, und der Menge der Funktionen
der organisatorischen Hülle ϕ_2.

Vergleichbar sind dann Technologien, deren technische und organisatorische
Funktionsmengen nicht leere Schnittmengen bilden. Tab. 3.1 zeigt die möglichen
Fälle.

T-äquivalent bedeutet, dass beide Techniken, die vorangehende T_1 und folgende
T_2, gleiche technische Funktionen erfüllen

T-inklusiv bedeutet, dass die nachfolgende Technik T_2 die Funktionalität der alten
Technik T_1 beinhaltet und weitere technische Funktionen hinzukommen.

T-ärmer bedeutet, dass die neue Technik T_2 weniger technische Funktionen realisiert als die alte Technik T_1.

O-äquivalent bedeutet, dass beide Technologien, die vorangehende T_1 und folgende T_2 gleiche oder zumindest vergleichbare organisatorische Funktionen
erfüllen.

O-inklusiv bedeutet, dass die organisatorische Hülle der neuen Technik T_2 mehr
organisatorische Funktionen realisiert als die alte Technik T_1.

O-ärmer bedeutet, dass die organisatorische Hülle der neuen Technik T_2 weniger
organisatorische Funktionen realisiert als die alte Technik T_1.

---

[23] Funktional völlig disjunkt wären beispielsweise die Technologien des Klavierbaus und die der
künstlichen Düngung.

Tab. 3.1 Beziehungen zwischen parallel existierenden Technologien

			Technische Funktionen im engeren Sinne (Geräte)		
			$\tau_1 = \tau_2$	$\tau_1 > \tau_2$	$\tau_1 < \tau_2$
			T-äquivalent	T-ärmer	T-inklusiv
Organisatorische Funktionen	$\phi_1 = \phi_2$	O-äquiv	Voll äquivalent	Technisch schlechter	Verbesserung
	$\phi_1 > \phi_2$	O-ärmer	Verschlankung	Reduktion	Vereinfachung
	$\phi_1 < \phi_2$	O-reicher	Aufblähung	Verschlechterung	Voll inklusiv

Nicht alle 9 Kombinationen in Tab. 3.1 sind so sauber trennbar in der Realität anzutreffen, wie es die Tabelle suggeriert. Es lohnt sich trotzdem, sie zu durchmustern, weil sich daraus Hinweise ergeben können, welche Entwicklungen wünschenswert wären und welche nicht.

Voll äquivalent: Bei gleichen organisatorischen Funktionen und gleichen technischen Funktionen könnte man sagen: Die neue und die alte Technologie „schenken sich nichts". In Abstufung dazu sei T_2 schwach funktional äquivalent mit T_1, wenn $\tau_1 = \tau_2$ und ϕ_1 ähnlich ϕ_2. Beispiel: Gaskraftwerke versus Kohlekraftwerke.

Technisch schlechter: Die neue Technologie kann technisch weniger, hat aber die gleiche organisatorische Hülle. Dies gilt als wenig wünschenswert und müsste als gescheiterte Innovation angesehen werden. Beispiel: Internet in den Anfängen und als neuer Ansatz BTX.

Verbesserung: Bei gleichen organisatorischen Funktionen verbessert sich die technische Funktionalität, sie wird technologisch reicher. Die gilt z. B. aus Verbrauchersicht sukzessive für die Ersetzung des analogen Telephons durch ISDN und später durch *Voice over IP* (Internettelphonie).

Verschlankung: Gelingt es der neuen Technologie, bei gleichem technischen Funktionsumfang die organisatorische Hülle kleiner zu machen, könnte man von verschlankter Technologie sprechen. Man kann das Wegfallen bestimmter Berufe betrachten, zum Beispiel die Tätigkeit einer Stenotypistin, die früher Diktate oder Reden mit Kurzschrift oder als Audioaufzeichnung festhielt, um sie dann in normalen Text zu übertragen. Diese Aufgabe wird heute weitgehend durch Spracherkennungssysteme übernommen. Massiver wird sich der Effekt der Verschlankung durch die Veränderung des Arbeitsmarkts bei der Digitalisierung zeigen.

Reduktion: Reduzieren sich durch die nachfolgende Technologie sowohl technischer Funktionsumfang wie organisatorische Ko-Systeme, stellt dies eine Reduktion dar. Sollte sich herausstellen, dass bestimmte technische Funktionen auch nicht mehr gebraucht werden, kann auch der entsprechende Teil des notwendigen Co-Systems wegfallen. Beispiel: Faxgeräte.

Vereinfachung: Wenn sich der Funktionsumfang der neuen Technologie erweitert und die organisatorische Hülle sich verringert, kann man von Vereinfachung sprechen. Das Versprechen der Digitalisierung liegt z. B. auf dieser Ebene, allerdings stellt sich im Nachhinein heraus, dass der Aufwand zum erforderlichen Kompetenzerwerb die organisatorische Hülle wieder aufbläht.

Aufblähung: Wenn sich jedoch bei gleichbleibendem technischen Funktionsumfang bei einer neuen Technologie der organisatorische Aufwand erhöht, dann könnte man von einer Aufblähung sprechen. Die in der Regel der Computertechnik nachhinkende Gesetzgebung trägt meist bei noch gleichbleibender technischer Funktionalität zur Verkomplizierung und damit Aufblähung der organisatorischen Funktionalität bei. Ein schlagendes Beispiel stellt die deutsche Gesetzgebung zum Datenschutz dar.

Verschlechterung: Die neue Technologie kann – zumindest vorübergehend – funktional gesehen weniger und hat eine aufgeblähte organisatorische Hülle. Dieser Vorwurf geht an die erneuerbaren Energien, da sie keine permanente Volllast realisieren können und die dazugehörenden Gesetze komplizierter als die alten Regelungen sind. Somit ist man gezwungen, parallel noch existierende Technologien als Brückentechnologien zu definieren.

Voll inklusiv: Die neue Technologie kann technisch mehr, braucht aber mehr organisatorische Funktionen. Man könnte sagen: sie ist besser, aber komplizierter. In vielen Fällen der Digitalisierung kann man das aus Nutzersicht durchaus behaupten. Dies gilt mittlerweile für das Internet, das als Hardware-Einrichtung für das World Wide Web als eine dominante Organisationsform fungiert.

3.3.3 Funktional komplementäre Technologien

Man kann noch weitere nützliche Begriffe für die Beziehungen zwischen parallelen Technologien definieren.

Funktional komplementäre Beziehungen zwischen zwei Technologien, z. B. Hardware und Software sind zwar funktional disjunkt, bilden aber im Zusammenspiel eine neue funktionale Einheit, nämlich die des Computers. Man könnte auch sagen, dass die Software zur organisatorischen Hülle der Hardware gehört, und daher zu den Ko-systemen eines Computers. Diese Beziehung ist im obigen Raster nicht mehr erfasst, und kann als komplementär bezeichnet werden.

Funktional komplementäre Technologien müssen daher immer parallel existieren. Diese Forderung ist nicht trivial, weil z. B. bestimmte Veränderungen bei der Software eine Veränderung der Hardwarearchitektur erfordern und umgekehrt. Hier ist das Problem der Aufwärts- und Abwärtskompatibilität angesiedelt: Zwei aufeinander nachfolgende Technologien sind nur dann aufwärtskompatibel, wenn sie komplementär und zudem vollinklusiv sind. Die Umsetzung dieser Forderung ist zuweilen kostspielig, und deshalb ist der Kampf um technische Normen immer eine Kosten- und eine Marktmachtfrage.

3.3.4 Konvergenz und Universalisierung

Zwei Technologien, die unabhängig voneinander entwickelt worden sind und parallel existieren, können zu einer neuen Technologie konvergieren. Dazu bedarf es einiger Voraussetzungen. Zunächst ist der Begriff der Kohärenz zu klären.

Zwei Technologien T_1 und T_2 sind kohärent, wenn T_1 bei der gemeinsamen Erfüllung einer Funktion (beim Zusammenarbeiten) kompatibel mit T_2 ist, d. h. wenn T_1 die vorgesehene Funktion oder das angestrebte Verhalten von T_2 nicht verhindert, und umgekehrt T_1 zuverlässig in Bezug auf T_2 ist und umgekehrt.

Wenn T_1 mit T_2 kohärent ist, soll der Ausdruck $(T_1\mathbf{conj}T_2)$ die gemeinsame Technologie darstellen. Der elektrische Wecker in Abb. 3.6 ist hierfür ein Beispiel: Teile aus der mechanischen wie der elektromagnetischen Technologie, die historisch gesehen unabhängig voneinander entwickelt wurden, müssen zusammenwirken. Jede Teiltechnologie einer gemeinsamen Technologie muss mit allen anderen Teiltechnologien kohärent sein. Nur wenn T_1 und T_2 funktionieren, kann auch der Wecker funktionierten, sonst nicht – dies entspricht in Bezug auf die Fehlerwahrscheinlichkeiten einer Und-Funktion und einer Situation, wenn man zwei Systeme seriell koppelt.[24]

Eine neuere Technologie T_{new} korrespondiert mit einer älteren Technologie T_{old}, geschrieben als T_{new} **corr** T_{old}, wenn beide einen gemeinsamen Kern haben, so dass für einen gegebenen technologischen Parameter kp mit $kp_{new} \rightarrow kp_{old}$ die neue Technologie durch die alte Technologie funktional dargestellt oder in ihren Funktionen ersetzt werden kann. Das bedeutet, dass die alte Technologie ein Spezialfall

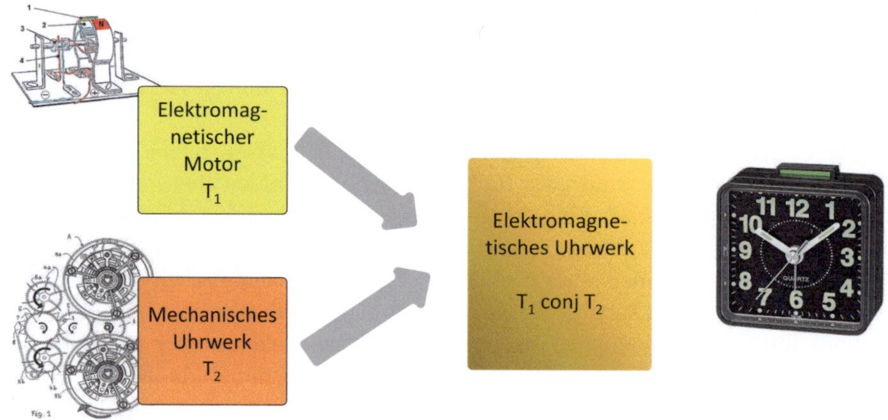

Abb. 3.6 Kohärente Technologien T_1 und T_2 bilden eine gemeinsame Technologie $T_1\mathrm{conj}T_2$ (*conjoined technology*)

---

[24] Zu diesen und weiteren Definitionen Kornwachs (2012), Kap. C und Kornwachs (2007b).

der neuen Technologie darstellt und die neue Technologie die alten Funktionalitäten mit erfüllen kann. Hier gilt wiederum die Bedingung der vollen Inklusivität (s. o.).

Als Beispiel mag die vergangene Technologie der magnetischen Videoaufzeichnung durch Standards wie VHS oder Betamax durch die moderne digitalisierte TV-Technologie gelten. Im Prinzip kann in einer TV-Kommunikationskette das Segment der digitalen Aufzeichnungstechnologie durch analoge Technik ersetzt werden, sofern man gewisse Qualitätseinbußen in Kauf nimmt. Wenn diese Ersetzung möglich ist (z. B., dass ein Fernsehsender noch VHS-Aufzeichnungen abspielen kann), dann bilden die korrespondierenden Technologien eine gemeinsame Technologie, sie sind dann auch kohärent.[25]

Mit den Begriffen Kohärenz und Korrespondenz, die man analog zur seriellen resp. parallelen Kopplung von Technologien verstehen kann, können wir nun Konvergenz von zumindest zwei Technologien T_1 und T_2 definieren. Abb. 3.7 zeigt das klassische Beispiel der Konvergenz von analoger und digitaler Kommunikationstechnologie. Durch die Digitalisierung analoger Signale in der Nachrichtentechnik aufgrund des Nyquist-Theorems 1924[26] wurde aus Computern Kommunikationsmittel und jedes Kommunikationsgerät enthält mittlerweile einen Computer. Zusammen mit Kabel- und Funktechnik entstand letztlich das weltweite Kommunikationsnetz des Internets.

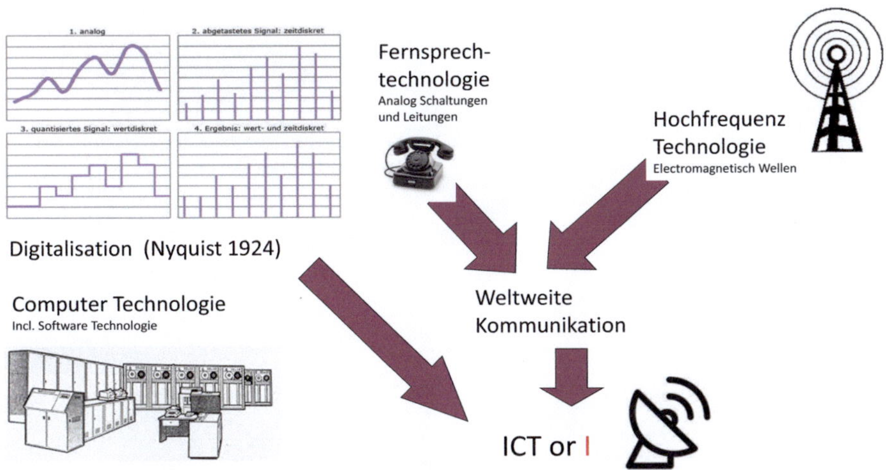

Abb. 3.7   Konvergenz von analoger Nachrichtentechnik und digitaler Rechentechnik

---

[25] Das Prinzip der Korrespondenz wird hier analog mit dem Korrespondenzprinzip in der Physik und der Naturwissenschaft benutzt: Eine ältere Theorie ist als Spezialfall einer neueren Theorie anzusehen. Näheres siehe Kornwachs (2012), Kap. C, Kornwachs (2007b).

[26] Nyquist (1924) zeigte, dass man jedes zeit- und zustandskontinuierliche Signal ohne Informationsverlust in ein zeit- und zustandsdiskretes Signal umcodieren kann, wenn die Abtastzeit kleiner als die Inverse der maximalen Frequenz des analogen Signals $1/f_{max}$ ist.

Wir wollen die Konvergenz etwas genauer definieren: Eine Technologie T_1 (Schallplattentechnologie) konvergiert mit einer anderen Technologie T_2 (optische kinematographische Aufzeichnung) zu einer konvergierten Technologie $(T_1\mathbf{conv}T_2)$ (Tonfilm nach dem Lichttonprinzip), wenn es einen gemeinsamen Kern (core) N_{12} in beiden Technologien gibt, so dass der Kern N_1 (mechanische Modulation) von T_1 (Schallplattentechnik) durch einen Kern N^*_1 (Modulation der Lichtintensität) substituiert wird, um ihn mit dem Kern N_2 (Optische kinematographische Aufzeichnung) kohärent zu machen. Dabei wird die Peripherie von T_1 (t. B. Mikrophon, Verstärker, Lautsprecher) beibehalten. Der gemeinsame Kern ist dann $[N^*_1\ \mathbf{conj}\ N_2]$, der dann z. B. aus Tonfilmkamera und Tonfilmprojektor mit Lichtton besteht. Dies wäre der Fall einer einseitigen Substitution. Wenn beide Kerne N_1 and N_2 durch N^*_1 und N^*_2 ersetzt werden, um einen gemeinsamen Kern $N_{12} = [N^*_1\ \mathbf{conj}\ N^*_2]$ bilden zu können, liegt bilaterale Substitution vor. Die konvergierte Technologie weist dann die Relation der Korrespondenz zu den konvergierenden Teiltechnologien auf.[27]

Im Fall der Konvergenz von Kinematographie und Tonaufzeichnung (vgl. Abb. 3.8) wurde die mechanische Tonaufzeichnung auf Schallplatten (mechanische Auslenkung) als dem Kern der zeitgenössischen Schallaufzeichnungstechnologie er-

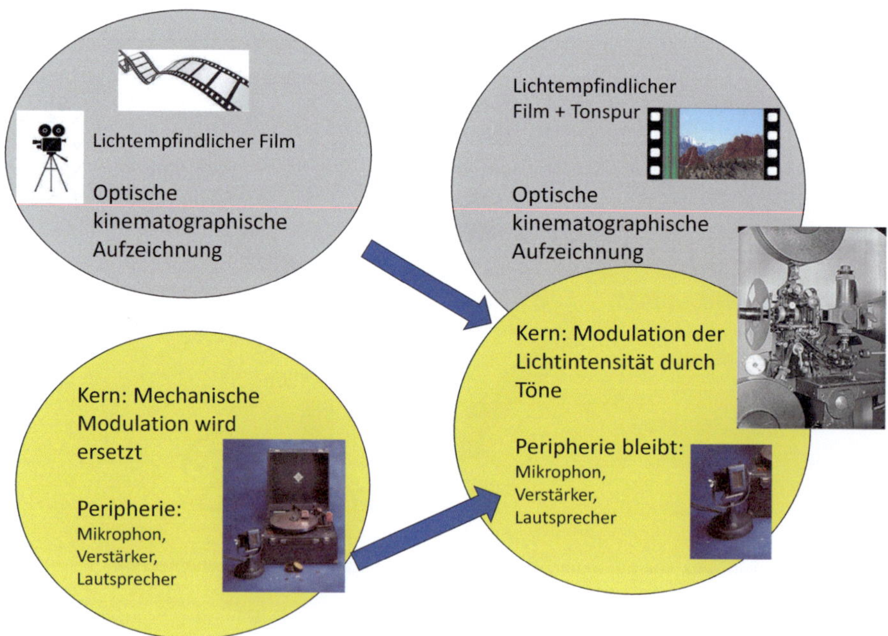

Abb. 3.8 Konvergenz von Schallplattentechnik und Stummfilmtechnik zum Lichttonfilm

---

[27] Dies könnte man schreiben als: $[(T_1\mathbf{conv}T_2)\ \mathbf{corr}\ T_1]$ oder auch $[(T_1\mathbf{conv}T_2)\mathbf{corr}\ T_2]$. Zum formalen Beweis siehe Kornwachs (2007b, 2012).

setzt durch die zum Schalldruck proportionale Modulation von Lichtintensität, sodass das Tongeschehen auf einen lichtempfindlichen Film aufgezeichnet werden konnte. Somit wurden eine synchrone Aufnahme und Wiedergabe von Licht und Ton auf ein und demselben Träger möglich.[28]

Die entscheidende Idee der Konvergenz ist hier, dass zwei zueinander kohärente Technologien eine gemeinsame (*conjoined*) Technologie bilden können, indem ihre Kerne adaptiert oder substituiert wurden. Somit enthält jede konvergierte Technologie unveränderte Teile von solchen Technologien, die am Konvergenzprozess teilgenommen haben.

In der Literatur werden zahlreihe Konvergenzen beschrieben, so zwischen **N**anotechnologien, **B**iotechnologien, **I**nformations- und Kommunikationstechnologien und den **C**ognitive Technologies, worunter man auch die Künstliche Intelligenz resp. deren Programmiertechniken verstehen kann. Diese **NBIC**-Konvergenz ist ein Beispiel für die retrodiktive Erklärung von Technikentstehung, gleichzeitig aber auch eine Roadmap für künftige Entwicklungen.[29] So kann man fast jede neu entstehende Technologie als „Kind" von konvergierenden Technologien ansehen, und dies hilft auch bei der Technikfolgenabschätzung, mögliche Entwicklungen in Szenarien zu skizzieren. So ist zu erwarten, dass durch die Weiterentwicklung von Aktorik, Sensorik, KI, Biotechnologie und Mikro-Mechanik eine auf diese Weise konvergierte intelligente Robotertechnologie entsteht, welche vermutlich die bisherigen Entwicklungen um Größenordnungen hinter sich lassen wird.

Als weiterer Begriff ist die Universalisierung zu nennen. So hat zum Beispiel die Konvergenz von Radio- und Fernsehempfänger, Musikanlage, Computer und Autotelephon zu einem recht universalen Endgerät geführt, dem Smartphone. Diese Tendenz der Universalisierung setzt die Geeignetheit der beteiligten Technologien zur Konvergenz voraus. Dies bedeutet auch, dass viele Funktionen, die bisher auf verschiedenen Geräten unterschiedlicher Technologien lokalisiert waren, nun in einem Gerät verfügbar sind. Dazu gehört auch, dass die entsprechenden organisatorischen Hüllen ebenfalls konvergieren und eine neue Hülle bilden. Diese ist dem Alltagsverständnis eines Smartphone-Benutzers in ihrer Komplexität vermutlich nicht bewusst.

3.3.5 Die Sonderrolle der Digitalisierung

Die Digitalisierung der Nachrichtentechnik und die Entstehung der Kommunikation zwischen Computern gilt als Paradebeispiel für eine Konvergenz. So wurde,

---

[28] Zur Geschichte dieser Entwicklung vgl. den Artikel von einem der Erfinder, H. Vogt (1964); vgl. auch Völz (2005, S. 626–631). Die drei Ingenieure Hans Vogt, Jo Engl und Joseph Masolle (eine Gruppe, die sich „Triergon" nannte, d. h. „Macht der Drei") begann 1918 mit der Übertragungskette eines Kondensators, Mikrophons und Verstärkers aus der zeitgenössischen Schallplattentechnik und fügte dem eine lichtmodulierende Entladungslampe, einen Film und eine Photozelle hinzu. Am 23. Februar 1919 konnten sie den ersten Lichttonfilm vorführen.
[29] Roco, Bainbridge (2002), Roco et al. (2013).

salopp gesagt, aus jedem Telephon und Kommunikationsendgerät ein Computer und jeder Rechner ist im Netz als ein Kommunikationsgerät anzusehen. Allerdings hat sich der Begriff der Digitalisierung erweitert und umfasst nunmehr die Substitution der manuellen oder verbalen Steuerung bestehender wie neu zu entwerfender Prozesse in Produktion, Dienstleistung und Governance durch modellbasierte Algorithmen, die über Aktorik und Sensorik und Kommunikationstechnik diese Steuerungsaufgabe übernehmen. Dabei sind die Modelle, denen die Algorithmen zugrunde liegen, interessengeleitete Abbilder eben der Prozesse, die gesteuert werden sollen. Vielfach kommen die alten Technologien der analogen Steuerung und die digitalisierten Steuerungssysteme parallel vor, wobei sich das ganze Spektrum der Beziehung, wie in Abschn. 3.2 diskutiert, ergeben kann. In all den Fällen, die sich bei der Einführung neuer Technologien als nicht kohärent erweisen und daher nicht inklusiv sind, sind erhebliche Anpassungsproblemen zu erwarten.

Die Sonderrolle der Digitalisierung in der Technikentwicklung kann man nochmals am Smartphone illustrieren: Rein technisch ist ein solches Gerät nur möglich, wenn durch die Miniaturisierung alle Komponenten wie Computer, Tastatur und Bildschirm als Touchscreen, Stromversorgung, Hochfrequenzsystem, Audio- und Videokomponenten etc. untergebracht werden können. Die so breit angelegte Funktionalität ist nur deshalb realisierbar, weil für den im Smartphone befindlichen Computer alle ein- und ausgehenden Signale in digitaler Form Objekt der Berechnung sein können, also einer durch Algorithmen gesteuerten Bearbeitung unterliegen.

Generell gilt, dass eine Universalisierung von technisch-organisatorischen Funktionen nur dann möglich ist, wenn alle entscheidenden Informationsflüsse potentiell mit all den Algorithmen bearbeitet werden können, die in einem Computer möglich sind. Diese Möglichkeiten sind potentiell unendlich. So ist der Computer als Schlüsselbaustein universalisierter Technologien anzusehen, weil der Computer selbst das zur Zeit universalste Werkzeug darstellt, das wir zur Verfügung haben.

Damit sind Technologien, die mithilfe der Digitalisierung universalisiert werden, gegenüber der vorhergehenden Technologien immer voll inklusiv. Solche Technologien sind in der Tat Kandidaten für die Zuschreibung als Schlüsseltechnologien.[30]

3.4   Wechselwirkung zwischen parallelen Technologien

Vielfach sind es nicht nur die Beziehungen zwischen parallel bestehenden Technologien, sondern auch ihre Wechselwirkungen, die zu Problemen und Konflikten führen.

---

[30]Vgl. voriges Kap. 2.

3.4.1 Generelles Schema

Da eine Technologe $T = [\tau, \phi]$ nicht nur aus der bloßen Technik τ (Geräte, Anlagen etc.), sondern auch aus der organisatorischen Hülle ϕ besteht, ist es sinnvoll, sich die Wechselwirkungen zwischen Technologien näher anzuschauen.

Nun wurde schon erwähnt, dass Technik τ im engeren Sinne und die organisatorische Hülle ϕ bei ein und derselben Technologie bereits wechselwirken. Dies Wechselwirkungen sind gut untersucht und zeigen sich am deutlichsten sowohl bei der organisatorischen Hülle, wenn eine neue Technik eingeführt wird (z. B. Einführung des Computers in Fabrik und Büro), als auch bei der Gestaltung der Technik im engeren Sinne, wenn sich gesetzliche, soziale, kulturelle oder ökonomische Bedingungen in der organisatorischen Hülle ändern.

Das in Abb. 3.9 gezeigte Schema dient zur Verortung der Wechselwirkung: Sowohl die Hüllen ϕ_1 und ϕ_2, wie die Technik τ_1 und τ_2 im engeren Sinne der beiden Technologien T_1 und T_2 wechselwirken aufeinander zumindest für die Zeit ihrer parallelen Existenz, durch die hinterlassenen Nebenwirkungen möglicherweise auch noch etwas länger.

3.4.2 Die Wirkungen im Einzelnen

Im Folgenden seien einige Beispiele zusammengestellt, wie technische Einrichtungen und deren organisatorische Hülle entsprechend wechselwirken können, wenn sie parallel existieren.

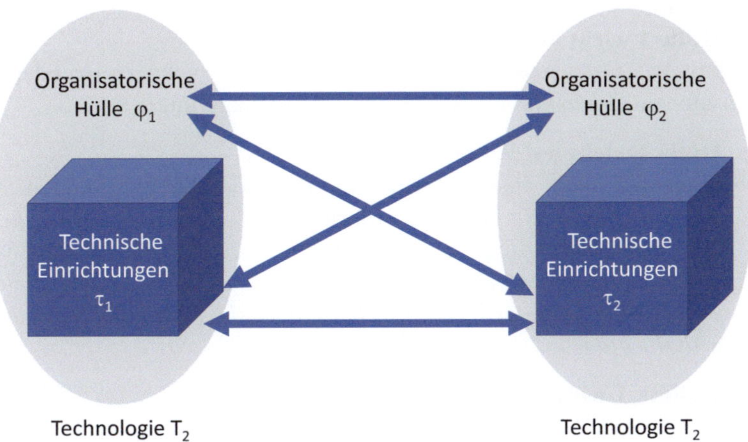

Abb. 3.9 Schema möglicher Wechselwirkungen

$\tau_1 \Leftrightarrow \phi_1$ Technik 1 wechselwirkt mit Hülle 1 und $\tau_2 \Leftrightarrow \phi_2$ Technik 2 mit Hülle 2
Zunächst ist es fast trivial, dass jede Technologie auf ihre eigene organisatorische Hülle wirkt und die Umkehrung ebenfalls gilt. Die neuen Möglichkeiten, die z. B. die Technologie der Smartphones eröffnet hat, hat unser Kommunikationsverhalten, aber auch das Konsumverhalten durch neue Dienstleistungen irreversibel verändert, es entstanden neue Netze und Infrastrukturen. Umgekehrt haben die veränderten Geschäftsmodelle der Mobilkommunikation zu technischen Veränderungen geführt wie z. B. Datenkompression, Übertragungsprotokolle, Streamingdienste oder Verschlüsselungstechniken. Man kann sich das auch an der Elektromobilität klar machen: Die Vorgabe der Dekarbonisierung des Verkehrs aus klimapolitischen Gründen führt zur Weiterentwicklung von Elektroantrieben, die wiederum Veränderungen beim Karosseriebau und der Batterietechnologie mit sich bringen. Umgekehrt verlangt die Elektromobilität den Aufbau einer Infrastruktur mit Ladesäulen mit einem stabilen Stromnetz und einem entsprechenden Bezahlungssystem. Technik im engeren Sinne (Geräte) und organisatorische Hülle passen sich wechselseitig an. Zuweilen gibt es auch Übergangstechnologien: Die Akustikkoppler in den 80er Jahren übertrugen digitale Signale als Tonhöhen über analoge Leitungen, der Hybridmotor (teils elektrischer, teils fossiler Antrieb) kann ebenfalls als Übergangstechnologie angesehen werden.

$\tau_1 \Rightarrow \tau_2$ Technik 1 wirkt auf Technik 2
Störende Wechselwirkungen sind denkbar bei Inkompatibilität (z. B. durch Veränderungen von Normen) zwischen der alten mit der neuen Technologie.

$\tau_2 \Rightarrow \tau_1$ Technik 2 wirkt auf Technik 1
Motoren und Gehäuse alter Bauart τ_1 sind z. B. beim Elektromotor τ_2 Schwingungen mit höheren Frequenzen ausgesetzt und müssten daher rekonfiguriert werden.

$\phi_1 \Rightarrow \phi_2$ Hülle 1 wirkt auf Hülle 2
Die Struktur des Gasversteilungsnetztes könnte z. B. wiederverwendet werden beim Einsatz von Green Gas (Wasserstoff + CO_2-Anlagerungen).

$\phi_2 \Rightarrow \phi_1$ Hülle 2 wirkt auf Hülle 1
Der Übergang auf nicht fossile Treibstoffe reduziert die Lieferketten von Öl, Kohle und Gas. Generell gilt bei der Einführung neuer Technologien T_2, die mit τ_2 die neuen Prozeduren ϕ_2 erfordern, dass die alten Prozeduren ϕ_2 verschwinden: "*If a new practice displaced an old one, specific steps needed to be taken to eliminate the old way of doing business – e.g., by eliminating the forms and procedures associated with the old way.*"[31]

$\tau_1 \Rightarrow \phi_2$ Technik 1 wirkt auf Hülle 2
Nachdem z. B. statt Akten (Papiertechnologie τ_1) eine Computertechnologie τ_2 mit entsprechenden Dateien eingerichtet wurde und diese Technologie zuverlässig Informationen liefert, könnten die alten manuellen Dateien eigentlich vernichtet

---

[31] Yin et al. (1978), S. viii.

werden. Wenn die manuellen Dateien nun immer noch parallel zum Computersystem weitergeführt werden dürfen, können sie zwar als Sicherungssysteme dienen, ihre Erhaltung bleibt aber auch wegen der Macht der Gewohnheit ein Hemmschuh für die Routinisierung ϕ_2 des neuen Computersystems τ_2.[32] Ein Beispiel wäre der zur Zeit diskutierte Übergang vom Arztbrief zu Patientenakte.

$\phi_2 \Rightarrow \tau_1$ Hülle 2 wirkt auf Technik 1

Die Veränderungen der Kommunikationsgewohnheiten oder auch der Arbeitsabläufe durch die Digitalisierung ϕ_2 zwingt z. B. die Papiertechnologie τ_1 zur Anpassung z. B. Einlesbarkeit von schriftlichen Überweisungen.

$\tau_2 \Rightarrow \phi_1$ Technik 2 wirkt auf Hülle 1

Die Technik des Autopiloten τ_2 wirkt sich aus auf die organisatorische Hülle der ersten Technologie ϕ_1, nämlich auf die Steuerung und Navigation „von Hand", sei dies beim Schiff oder beim Flugzeug. Denn es ist zu erwarten, dass der zunehmende Einsatz von Autopiloten und von automatischen Landessystemen beim Flugverkehr zu einer Devalidierung bestimmter Qualifikationen führen kann, was sich dann auch im Berufsbild, bei der Ausbildung und der Rekrutierung von Piloten oder Schiffsführern niederschlagen wird.[33] Dies wiederum erschwert die künftige Nutzung der dazu noch parallel existierenden Steuerung „von Hand". Analoges ist denkbar bei den vollautomatischen Assistenzsystemen in Autos.

$\phi_1 \Rightarrow \tau_2$ Hülle 2 wirkt auf Technik 1

Die vorhandene geographische Verteilstruktur von fossilen Kraftstoffen (alte Tankstellen) kann benutzt werden für Elektromobilität, wenn alle Tankstellen nun auch Ladestationen mit vergleichbarer Bereitstellung von Energie aufweisen. Diesen Übergang kann man zur Zeit beobachten.

Erweisen sich diese oben skizzierten Wechselwirkungen für eine oder beide beteiligten Technologien als störend oder dysfunktional, kann man versuchen, diese „Widersprüche" auch logisch zu analysieren. Einen Ansatz hierfür wird im letzten Kap. 5 vorgeschlagen.

Ein weiteres schlagendes Beispiel ist die Wechselwirkung zwischen Hardware und Software, die in Abschn. 3.3 als komplementär klassifiziert wurde. Neue Hardwaretechnologien ermöglichen neue Programmiermethoden, die die erweiterten Rechen- und Speicherkapazitäten ausnutzen können. Umgekehrt steigt der Ressourcenverbrauch durch Softwarenutzung: Ausgedehnte Programme beanspruchen energetische Kapazitäten wie durch Prozessorleistung, Speicher, Bandbereite im Netzwerk und Peripheriegeräte.[34] Die Hardwarekapazitäten müssen hergestellt und entsorgt werden, was ebenfalls zur Ressourcenbelastung führt.[35]

---

[32] Yin et al. (1978), S. 81.

[33] Kornwachs (2023a), dort Abschn. 5.5.

[34] Ressourcenverbrauch durch Softwarenutzung nach Hilty et al. (2017), S. 4.

[35] Nach einer Abschätzung des Borderstep Institute, Berlin benötigt der Betrieb des Internets zurzeit weltweit Energie zwischen 1100 bis 1300 Milliarden kWh/a. Bis 2030 wird der Anteil am Weltenergieverbrauch bei 13% liegen. Siehe Hintemann, Hinterholzer (2022).

3.4.3 Spezialfall: Leapfrogging

Man stelle sich vor, dass ein Entwicklungs- oder Schwellenland bei seiner Entwicklung der Mobilitätsinfrastruktur von der existierenden fossilen Antriebstechnik nicht etwa auf Elektromobilität wechselt, sondern sofort auf ein System mit grünem Wasserstoff und entsprechenden Treibstoffvarianten (Green Fuel) übergeht. Es würde dann den Entwicklungspfad der Elektromobilität, der zuweilen als Brückentechnologie und Zukunft der Mobilität schlechthin propagiert wird, gleich zugunsten der nächsten Technologie überspringen. Diesen Sprung von einer bestehenden Technologie unter Auslassung einer Brückentechnologie oder eines Zwischenschritts gleich zu einer neuen Technologie nennt man „leapfrogging", und gerade Schwellenländer wie Südafrika oder lateinamerikanische Länder wie Argentinien und Brasilien sehen generell darin Chancen für eine weitere Entwicklung.[36]

Leapfrogging bedeutet bei der Betrachtung paralleler Technologien, dass durch den Wegfall einer Zwischentechnologie die Parallelzeiten zwischen alter und ganz neuer Technologie sehr kurz werden können. Technisch wie organisatorisch bedeutet dies oftmals einen Sprung ins kalte Wasser mit entsprechenden möglichen Havarien, aber auch eine Chance zur eigenständigen Entwicklung existierender Zwischentechnologien, die dann unabhängig von Geberländern oder von Ländern wäre, von denen man sowieso abhängig war. Oftmals sind alte und ganz neue Technologien nicht kohärent miteinander, nicht inklusiv oder die Konvergenz ist gestört. Die dabei entstehenden Kosten müssen abgewogen werden nicht nur gegen die Kosten einer Übernahme der Zwischentechnologie und der ggf. entstehenden Abhängigkeiten, sondern auch gegen den möglichen Gewinn an technologischer und ökonomischer Souveränität.

So besteht die Frage, ob Schwellenländer den Sprung von einer agrarischen Subsistenzwirtschaft in eine voll maschinisierte und teildigitalisierte Landwirtschaft schaffen können, ohne dass dabei ein Zuviel an Anpassungskosten (Zeit, Personal, Material, Ausbildung) anfällt. Volkswirtschaften, die noch vom Erbe des Kolonialismus belastet sind, sollen nun gleich in eine Circular Economy einsteigen und dabei die Fehler der Zwischenstadien, welche die Industriestaaten durchlaufen haben, vermeiden. Diese Forderung würde auch bedeuten – so die Hoffnung –, dass solche Länder neoliberale Wirtschaftsstrukturen, und damit lediglich gewinnorientierte innovations- und Investitionsstrategien mit extrem auf Wettbewerb ausgerichtete Märkte vermeiden könnten.

Allerdings könnten sich die Anforderungen, die sich aus den westlichen Standards zu Umweltschutz, aus der Teilnahme an weltweiten Wertschöpfungsketten oder aus den technisch-organisatorischen Anforderungen, die sich z. B. durch Industrie 4.0 ergeben, als Überforderung erweisen.

---

[36]Mebratu (2019). So geht man dort z. B. nach einem schwachen und wenig effektiven Aufbau eines Festtelephonnetzes gleich zum raschen Aufbau eines Mobiltelephonnetzes über.

Deshalb scheint es in diesem Zusammenhang geboten, auch die Existenz
paralleler Technologien, die nicht inklusiv sind, so lange es geht, zuzulassen
oder gar möglich zu machen. Die Substitutionszeiten sind, wie oben erwähnt, in
solchen Ländern wesentlich länger, und das Ideal der erneuerbaren Energien
sollte Ländern, die nur einen sehr geringen Anteil an der Verursachung des
Klimawandels haben, nicht unter ungebührlichem Zeitdruck aufgedrängt werden.

3.5 Energiekrise und Digitalisierung

Das Auslaufenlassen bzw. die absichtsvolle Rücknahme einer Technologielinie
setzt die Existenz einer parallelen, zumindest funktional inklusiven Technologielinie voraus, wenn man keine funktionalen Einbußen oder externe Abhängigkeiten
hinnehmen will. Vorausschauende Technologiepolitik ist deshalb angehalten, die
Existenz von solchen supplementären Technologielinien rechtzeitig zu sichern.[37]
Wir diskutieren dies an zwei Beispielen, der Energiekrise und der Digitalisierung.

3.5.1 Kernenergie

Energiegewinnung aus Kernenergie begann in den 50er Jahren, in Deutschland
ging 1961 der erste Reaktor in Kahl ans Netz. Parallel dazu bestanden und bestehen noch heute Kohle- und Gasverstromung sowie Stromgewinnung aus
Wasserkraftwerken. Hinzu kamen die ersten Photovoltaikanlagen in den 90er Jahren[38] und Windkraftwerke.[39] Wir haben es also mit einer hohen Parallelität unterschiedlicher, aber funktional äquivalenter Technologien zu tun.

Die friedliche Nutzung der Kernenergie war bis in die späten 60er Jahre unstrittig, die ersten kritischen Stimmen ergaben sich in der Literatur nach 1965,[40]
diesen folgten Aktionen zivilen Ungehorsams und Platzbesetzungen, die mit den
Protestaktionen gegen das geplante Kernkraftwerk in Whyl 1974 begannen. Dies
gilt als Geburtsstunde der dann auch internationalen Protestbewegungen (Anti-
Atomkraft-Bewegung).

Ungeachtet dieser Proteste ging weltweit der Ausbau der Kernenergie zunächst
weiter. So bauten auch Schwellenländer wie Brasilien, Argentinien oder Südafrika
Atomkraftwerke, z. T. auch aus Prestigegründen. Der Substitutionsdruck, Kohlekraftwerke zu ersetzen, bestand z. B. in Südafrika darin, dass der Transport der
Kohle zu den Kohlekraftwerken wegen der Entfernungen und der mangelnden

---

[37] Dieser Aspekt wir nochmals vertieft in Kap. 4.

[38] Im September 1990 wurde von der deutschen Bundesregierung das „1000-Dächer-Photo-
voltaik-Programm" ausgerufen. Vgl. https://www.enerix.de/photovoltaiklexikon/geschichte-der-
photovoltaik/.

[39] Z. B. das erste Windparkprojekt Westküste. Vgl. Gasch, Twele (2005), S. 34 ff.

[40] In Deutschland Graeub (1972, engl. 1974), international eher Lovins, Price (1975, 1977).

Verbindungen zu teuer wurde, und sich die bestehenden Kohlekraftwerke bei dem sprunghaften Anstieg des Verbrauchs in der Elektrifizierungsphase um 1991 als zu klein erwiesen.[41] Der Effekt war die Abhängigkeit einer ganzen Region (Westcape) von der Zuverlässigkeit des einzigen Kernkraftwerks Koeberg nördlich von Kapstadt.[42] Man kann solche Strukturen auch in anderen Ländern finden.[43] Bei diesem, zugegebenermaßen recht anekdotisch herausgegriffenen Beispielen, kann man von ideologisch übersteigerter Innovationsfreude sprechen.

Der Rückgang der tatsächlichen Kapazitäten (Abb. 3.10) setzte etwa zeitgleich mit dem Reaktorunfall in Tschernobyl ein. Dies scheint aber eine Koinzidenz und kein direkter kausaler Effekt zu sein. Der Rückgang, wie er in Abb. 3.10 zu sehen ist, hatte schon vor 1986 ökonomische und technologische Gründe: Die Sicherheitsanforderungen für neue Reaktoren stiegen schon vor Tschernobyl an, sodass zumindest in den westlichen Ländern vermutlich auch aus Kostengründen weniger Reaktoren neu gebaut wurden als alte Reaktoren aus Altersgründen vom Netz gingen. Die Dynamik hierbei ist für verschiedene Länder sehr unterschiedlich, denn

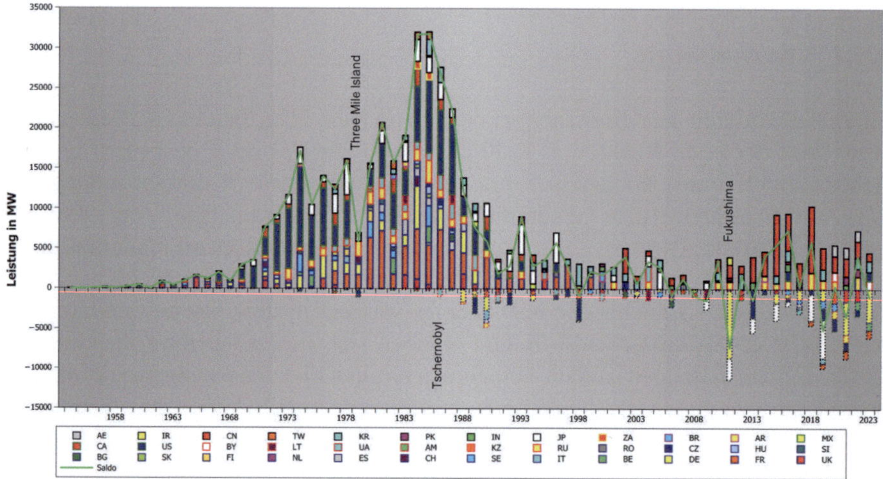

Abb. 3.10 Installationen und Deinstallationen von Kernenergieanlagen zur Stromerzeugung

---

[41] Prätorius (2000).

[42] Kernkraftwerk Koeberg am Melkbossstrand nördlich von Kapstadt, am Netz seit 1984, zwei Meiler à 360 MW mit schon lange bestehenden erheblichen Wartungsproblemen. Ein Meiler war im Jahr 2022 abgeschaltet, was zu regelmäßigem Lastabwurf (*load shedding*) in der Westcap Region führte.

[43] Ähnliches gilt für Argentinien: Während die beiden Blöcke des Kernkraftswerks Atucha I seit 1974 und Atucha II seit 2014 bei Buenos Aires sowie die beiden Blöcke der Anlage Embalse in Nordargentinien seit 1984 in Betrieb sind, wird das Werk CAREM seit 2014 noch gebaut. Atucha I und II liefern ca. 1 GW, Embalse liefert ca. 600 MW. Weitere Ausbaupläne von Atucha wurden 2018 gestoppt, für Atucha III wurde die Planung 2022 wieder aufgenommen.

die Zeitspanne von der Planung eines Kernkraftwerks bis zum Bau und Anschluss an das Netz kann, je nach Technologie, zwischen 10 bis 15 Jahren liegen.

Abb. 3.10 zeigt daher, dass trotz gegenwärtig gegenläufiger Tendenzen die Energiegewinnung mit Hilfe der Kernkrafttechnologie aller Voraussicht nach langfristig auf dem Rückzug sein wird.[44] Denn die Leistung aller neu installierten Kernkraftwerke (in Abb. 3.10 mit durchgezogenem Rahmen) geht auch durch den Wegfall aller zerstörten oder permanent stillgelegten Kernkraftwerke (gepunkteter Rahmen) im Gesamten zurück, wobei die Aufschlüsselung nach Ländern durchaus Unterschiede zeigen kann. Dabei ist es interessant zu sehen, dass gerade nach der Katastrophe von Fukushima, die im Jahr 2011 als auslösendes Ereignis für die Energiewende in Deutschland gilt, die Kapazitäten weltweit, vor allem durch den größeren Anteil von China, wieder leicht ansteigen, aber das Niveau vor Tschernobyl nicht wieder erreicht wird.

Wie lange dieser Anstieg anhalten wird, ist schlecht vorherzusagen, da gegenläufige Faktoren eine Rolle spielen: Die Dekarbonisierung und damit das Auslaufen der parallel genutzten fossilen Energieträger geschieht einerseits viel zu langsam, um die Klimaschutzziele zu erreichen. Andererseits steht dem aber ein viel zu langsamer Aufbau der erneuerbaren Energien gegenüber, so dass als Brückentechnologie eine parallel existierende Technologie gesucht werden muss. Dies ist ein beispielhafter Fall für verspätete Innovation. In Europa und besonders in Deutschland bestand die gesuchte Brückentechnologie in der Nutzung von Erdgas, weil dies in der konkreten politischen Situation billig und zuverlässig erschien, der Klimaeffekt etwas geringer als der bei Kohle und Erdöl eingeschätzt wurde und neue Kraftwerkstechnologien die Effizienz der Gasverstromung steigern konnten. Durch die politischen Ereignisse zu Beginn 2022 (Angriffskrieg Russlands gegen die Ukraine) bestand nun die Gefahr, dass die Verfügbarkeit dieser Brückentechnologe unter eine noch akzeptable politische wie ökonomische Grenze fallen könnte, und so kam die Wiederverwendung der Kernkraft in Form von noch bestehenden Meilern wieder ins Gespräch.

Abgesehen von ideologischen Auseinandersetzungen ist das Wiederanfahren von Kernkraftwerken nicht trivial und braucht eine entsprechende Vorlaufzeit, d. h. der Wechsel der Betriebszustände (Abschaltung zur Wartung, Wartestellung, Streckbetrieb, Volllast) ist gegenüber Gaskraftwerken sehr zeitaufwändig. Diese Systemträgheit kann auch durch Digitalisierung nicht überwunden werden, da sie in der physikalischen Natur der beteiligen Prozesse liegt. Ein weiteres Problem liegt im mittlerweile stattgefundenen Abbruch der Lieferkette des notwendigen Uranmaterials. Eine Wiederaufnahme der Lieferkette würde ebenfalls eine beträchtliche Vorlaufzeit benötigen.

Eine künftig anvisierte Technologie mit Minikernkraftwerken (*small modular reactor*) ist hinsichtlich ihres Erfolgs und künftiger Einsatzzeit noch schwerer

---

[44]Aktualisierte Abbildung (bis 2023) entnommen aus https://de.wikipedia.org/wiki/Kernenergie #/media/Datei:Kernenergie_nach_Jahren.svg. Weitere Erläuterungen dort.

abschätzbar und sowohl politisch, ökonomisch und technologisch (Sicherheit, Effizienz, Entsorgungsproblematik) umstritten.[45]

3.5.2   Energiewende als Dynamisierung der Substitution

Die Energiewende in Deutschland im Jahr 2011 war eine Folge von Ereignissen im In- und Ausland und politischen Entscheidungen, die wiederum auch als Reaktion auf den zunehmenden Widerstand gegen Kernenergie sowie dem wachsenden Bewusstsein der drohenden Veränderung des Klimas durch den CO_2-Anstieg zu sehen sind.

Frühere Störfälle wie die Kernschmelze im Kernkraftwerk Three Mile Island bei Harrisburg 1971,[46] sowie kritische Untersuchungen der Gefahren der Kernenergie[47] gaben den seit 1973 auch öffentlich sichtbaren Antiatomkraftbewegungen einen Aufschwung und die Ölkrise 1973 machte die Abhängigkeit der Wirtschaft von fossilen Brennstoffen deutlich.[48]

Die Katastrophe von Fukushima 2011 führte dann zu den Beschlüssen der sog. Energiewende der damaligen CDU/FDP Koalition; gefolgt von den Empfehlungen des Ethikrats und dem Beschluss des Deutschen Bundestags vom 6.11.2011, bis Ende 2022 alle noch verbleibenden Meiler abzuschalten.

Die Ereignisse im Februar 2022 und die dadurch kriegerisch bedingte Knappheit der als Brückentechnologe konzipierten Gasverstromung riefen die Befürchtung einer Energiekrise hervor. Für die drei noch laufende Kernkraftwerke in Deutschland wurde die vorgesehene Abschaltung auf den April 2023 verschoben.

Diese hier etwas ausführlicher geschilderte Dynamik zeigt auf, dass zwei gegenläufige Ausstiegsbestrebungen an der Wechselwirkung zweier parallel existierender Energietechnologien zumindest kollidierten, wenn nicht scheiterten: Der Ausstieg sowohl aus der fossilen wie aus der kerntechnischen Energieversorgung erlaubte keine gegenseitige Substitution. Dazu wäre eine dritte parallele Technologie notwendig

---

[45] Eher optimistisch: Engelbrecht (2019), einen eher kritischen Überblick bei Pistner et al. (2021).

[46] Weniger bekannt dürfte der Unfall im schweizerischen unterirdischen Versuchs-Kernkraftwerk Lucens im Kanton Waadt sein, bei dem 1969 eine partielle Kernschmelze auftrat. Die Anlage wurde daraufhin dekontaminiert und zubetoniert. Vgl. Wildi (2001), S. 421–436.

[47] Lovins, Price (1975), Lovins (1977), Krause et al. (1980).

[48] Die politischen Forderungen der Parteien nach dem Ausstieg aus der Kernenergie nahmen zu. Die Partei „Die GRÜNEN" erhoben diese Forderung zuerst 1983, erst recht nach der Havarie in Tschernobyl 1986, dann auch die SPD 1989. Dies lief parallel mit der Arbeit der Enquête-Kommission des Deutschen Bundestags zum Klimawandel (1987–1990). Es folgten das Energien-Einspeisegesetz der CDU/FDP Regierung von 1990 und die Festlegung des Ziels der Reduktion des CO_2 Ausstoßes auf 25 % im Jahr 1995. Das Kyoto-Protokoll beschloss 1997 die Ausstoßreduktion auf 21 %. Es folgten die Einführung der Ökosteuer (1999) und ein erweitertes Erneuerbare-Energie-Einspeisegesetz (EEG) im Jahr 2000. Gleichzeitig beschloss die damalige Regierung den Abbau der Förderung und den Atomausstieg (SPD/Grüne 2000/2002), was dann von der Nachfolgeregierung durch die Verlängerung der Laufzeiten (CDU/FDP) und der Modifikation des Energie-Einspeisegesetz 2010 hinausgeschoben werden sollte.

gewesen, hier die erneuerbaren Energien. Diese wurden aber, verglichen mit dem angestrebten Ausstiegstempo aus Kernkraft und fossiler Versorgung, nicht schnell genug entwickelt und zur Marktdiffusion gebracht, sodass nun die Ausstiegsdynamik aus dem fossilen Zweig bis heute verzögert werden muss. Dies bedeutet zum einen wirtschaftspolitisch chaotische Rahmenbedingungen für die Unternehmen einerseits und erzeugt zum anderen eine erhöhte Ungeduld derer, für die die Einhaltung der Klimaschutzziele oberste Priorität hat.

Von den klimapolitischen und technologischen Argumenten der Energiewende zu unterscheiden sind die vielfältigen politischen Motivationen. Die deutsche Energiewende strebte eine Substitution der nicht-nachhaltigen Nutzung von fossilen und nuklearen Energieträgern durch Technologien an, die erneuerbare Energien nutzen. Die „öffentlich" propagierten Triebkräfte der Energiewende waren: Klimaschutzziele, Ausstieg aus der Kernenergie in Europa aus Gründen mangelnder Betriebssicherheit und die ungelöste Entsorgung sowie Probleme bei der Proliferation von begrenzten Vorräten von Brennstoff (Uran). Das ausgegebene Ziel für 2050 war es, 50 % effizienter in der Energienutzung zu werden, die Energieversorgung zu 80 % aus erneuerbaren Energiequellen zu bewerkstelligen, um 90 % der Treibhausgase bis dahin zu reduzieren.

Politisch-ökonomische Motive für die Energiewende waren hingegen eine erhoffte Führerschaft in Technologien mit erneuerbarer Energie, eine erhoffte Führerschaft in nuklearen Entsorgungstechnologien, Impulse für Smart Grids und Speichertechnologien zum Export, die Unabhängigkeit von fossilen und nuklearen Energieträgern, und letztlich eine schon früher diskutierte gewisse Vorstellung von Autarkie. Hinzu kam die Aussicht auf die Entwicklung neuer Geschäftsmodelle.[49]

Die Energiewende wirkte sich verändernd auf die Entwicklung in anderen Schlüsseltechnologien aus. Eine erste Analyse ergibt, dass die zur Energiewende gehörenden Technologien jeweils zusammen genommen das größte Markt- und Jobpotential haben.[50] Zudem stehen die beteiligten Technologien so eng in Beziehung zueinander, dass jede beteiligte Technologie ein Ko-System einer anderen Technologie ist.

Die Technologie der erneuerbaren Energien (EE) durch Photovoltaik ist nach der experimentellen Entdeckung des photoelektrischen Effekts durch Alexandre E. Becquerel im Jahr 1839 im Prinzip schon alt. Die erste technische Anwendung wurde 1955 bei der Stromversorgung von Telefonverstärkern gefunden,[51] anfänglich kamen Solarzellen hauptsächlich zur Energieversorgung bei Satelliten zum

---

[49] Weizsäcker E. U. von (1997).

[50] Diese eigene ad hoc Analyse ergab sich aus einer Durchmusterung der Technologietabelle „15 Technologien, die über Deutschlands Wohlstand entscheiden: Ihr Markt- und Jobpotential," Spalte: Einfluss auf das (im Jahr 2025 geschätzte) Bruttosozialprodukt in %. In: WirtschaftsWoche vom 12.5.2014, Nr.20. Dies sind: Alternative Antriebe 2,6 %, Big Data 1,9 %, Saubere Energien 0,6 %, Energiespeicher 0,4 %, in Summe 5,5 %, während das Internet der Dinge (frühere Bezeichnung für Digitalisierung) zu 4,8 % einschätzt wurde.

[51] Fraas (2014).

Einsatz. Die Bedenken, die nach dem Unfall von Three Miles Island 1978 aufkamen, verstärkten die Bemühungen um einen kommerziellen und zivilen Einsatz von Solarmodulen – zum einen galten sie als umweltschonend und sicher,
zum anderen erlaubten sie in Entwicklungsländern auch abseits großer zentral gemanagter Stromnetze eine lokale Stromversorgung.

Ähnliches gilt für die Windkraft. Die Mühlen waren in Europa schon seit der
Antike durch Wasser,[52] seit dem Mittelalter auch durch Wind angetrieben. So hatten in den USA im 19. Jahrhundert fast alle Farmen auf dem flachen Land durch
Windräder angetriebene Brunnenpumpen, später wurden elektrische Generatoren
an die Windräder „angebaut". Das erste im großen Maßstab erbaute Windkraftwerk Growian ging 1983 in den Testbetrieb. Grobian war technologisch aber ein
Misserfolg und wurde lange Zeit zum Vorwand, die Entwicklung dieser Technologielinie zu bremsen.[53]

Dennoch ist der Anstieg der sog. Alternativen Energien schon vor Tschernobyl
erkennbar, wobei die Erkenntnisse der Klimaforschung und das Bewusstsein des
Klimawandels ab den 90er Jahren den politischen Druck auf die Förderung solcher
erneuerbarer, nachhaltiger Technologielinien erhöhten.

3.5.3 Die Digitalisierung der Energieversorgung

Der Zusammenhang mit der Digitalisierung ist offenkundig. Zur Zeit existieren
auf dem Gebiet der Energiebeschaffung und Energiewandlung folgende parallele
Technologien mit sich rasch ändernden Anteilen an Erzeugungsleistung:

- Verstromung durch Wasserkraft,
- Solarenergie (PV),
- Windenergie,
- Dieselverstromung (überwiegend Notstromversorgung),
- Kohleverstromung,
- Gasverstromung,
- Kernenergie und
- Erdwärme und Wärmepumpen in lokaler und kommunaler Versorgung.

Zur Lösung des Speicherproblems, nämlich die überschüssige erzeugte Wind-
und PV Energie für Zeiten von Windstille und mangelnder Sonneneinstrahlung
zu speichern, existieren ebenfalls parallele Technologien wie Pumpspeicherkraftwerke, Batterien (in allen Skalen), Wasserstoffgewinnung bis hin zu grünem Gas
und grünen Kraftstoffen sowie Thermospeichern. Anlagen mit Druckluftspeichern,
Auftriebsspeichern oder Rotationsmassen befinden sich eher noch im Versuchsstadium.

---

[52] Zur Antike und zur Nutzung im Berg- und Hüttenwesen vgl. Wilsdorf (1977).
[53] Vgl. Heymann (1995), insbesondere: Das Growian-Projekt, Abschn. 7.3.3, S. 369–382.

Regional, zum Teil national und international (z. B. EU) ist ein komplexes System entstanden, das man als Sektorenkopplung beschreiben kann:[54] In den Energieverbund und das Energieverteilungssystem einer Nationalökonomie gehen nicht nur die Stromnetze ein, die Verbraucher mit unterschiedlichen Stromerzeugungsquellen verbinden, sondern auch die Erzeugung, Transport und der Verbrauch von Wärme, sowie von Kraftstoffen und der Nutzen von Speichertechnologien.

Ob intelligente Stromnetze oder digital verbundene Gebäude, Wohnquartiere und Fabriken – Informations- und Kommunikationstechnologien (IKT) sind der Schlüssel für eine zunehmend energieeffiziente, dezentrale und flexible Energie-Infrastruktur. Die Digitalisierung kann in den Bereichen Verkehr, Industrie, Strom und Wärme dazu beitragen, natürliche Lebensgrundlagen zu sparen. Die Erwartungen an die Digitalisierung erstrecken sich aber nicht nur darauf, die Effizienz und das Zusammenspiel der bestehenden Technologien zu verbessern, sondern neue Strukturen zu schaffen, die ihrerseits wieder Innovationen bei den Teilkomponenten hervorbringen. Dies wurde aber erst möglich, als eine Steigerung der Rechenleistung, der Speicher- und Netzkapazitäten um mehrere Größenordnungen verfügbar war.

Erste Überlegungen gab es schon früher. Zwar war eine Steigerung der entsprechenden Rechnerleistung wegen des Mooreschen Gesetzes absehbar,[55] nicht aber die Vernetzungsmöglichkeiten und die Steigerung der Kapazitäten der Kommunikationskanäle.

Abb. 3.11 zeigt eine frühe Skizze der Idee eines Energieverbundes, der eine „friedliche Koexistenz" unterschiedlicher, parallel existierender Energieformen- und -technologien auf der Anbieterseite und eine entsprechende Verteilung auf der Nutzerseite beinhaltet.[56] Die seitherige Entwicklung hat diese Energieverbünde auf der Basis des Stromnetzes beibehalten, steuert dieses Netz jedoch „*so zentral wie notwendig und so dezentral wie möglich*".[57] Allerdings muss heute auch wieder daran erinnert werden, dass eine totale Elektrisierung in einigen Bereichen des Verkehrs (große Schiffe, Flugzeuge, Lastwagen und Raumfahrt), aber auch bei Bereichen der Wärmeversorgung nicht möglich ist, und die Sektoren daher gekoppelt werden müssen. Das könnte zum Beispiel durch eine zirkuläre Wasserstofftechnologie geschehen, die folgende Stufen enthält:

- Wasserstoffgewinnung aus erneuerbaren Energien,
- Herstellung von grünem Kraftstoff (Anlagerung von CO_2) zu Methan etc. oder flüssigem Kraftstoff,

---

[54] Acatech, Leopoldina, Akademienunion (2017): Appelrath et al. (2012).

[55] Das sowohl als Vorhersage wie als Roadmap alle 18 Monate eine Verdopplung der Leistung eines Chips propagierte.

[56] Bullinger, Kornwachs (1986).

[57] So die Formulierung in der Leopoldina, acatech, Union der Akademieunion (2020), Hansson (2020).

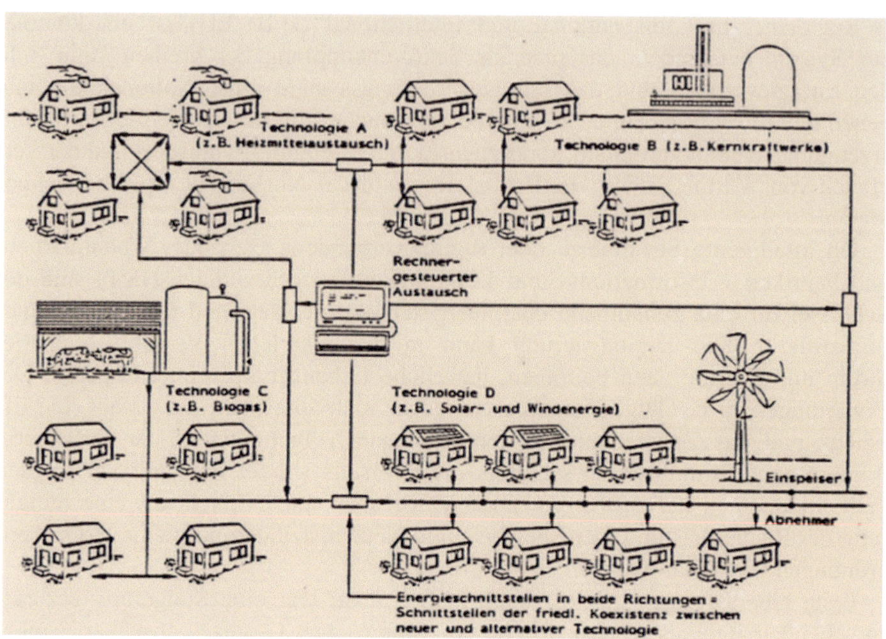

Abb. 3.11 Frühe Darstellung der Idee, unterschiedliche Energietechnologien miteinander zu vernetzen

- Heizung oder Verstromung von grünem Gas unter Nutzung bisheriger Gasspeicher-, Gasnetz- und Gaskraftswerkstechnologien.

Der Substitutionsdruck auf die bisher bestehenden alten Technologien scheint jedoch noch nicht hoch genug zu sein, da die Effizienz dieses Kreislaufs in kleinerem Maßstab (Anlagen bis 8 MW) noch unter 50 % liegt,[58] und eine Hochskalierung in den Terrawattbereich auf technische Probleme, z. B. Materialprobleme stößt, sodass eher eine stark dezentralisierte Lösung naheliegt. Eine zu starke Dezentralisierung liegt jedoch nicht im Interesse bisheriger oligopolartiger Strukturen bei den Energieversorgungsunternehmen. Allerdings ist eine gewisse Zentralisierung wegen der notwendigen Steuerung der Netzstabilität erforderlich.[59]

Neben der Lösung des Speicherproblems von Energie aus der volatilen, weil meteorologisch abhängigen Erzeugungsarten der erneuerbaren Energien und dem subsidiären Austarieren von dezentralen und zentralen Strukturen, muss auch

---

[58] Bei der Wasserstoffherstellung, -speicherung und anschließender Rückverstromung liegt der Wirkungsgrad derzeit (2013) bei maximal 43 %, bei der Methanisierung bei 39 %. (Quaschning (2013), S. 373. Batterien liegen hingegen bei ca. 90 % Wirkungsgrad.

[59] Leopoldina, acatech, Union der Akademieunion (2020).

genügend Rechenleistung jeweils vor Ort vorhanden sein, um die erforderliche hohe Parallelität von aufkommender dezentraler Wasserstofftechnologie, dem bisherigem Stromnetz und der vermutlich noch länger anhaltenden Energieversorgung fossiler oder nuklearer Art stabil zu managen.

Das dazugehörige Konzept der Smart Grids geht davon aus, dass dieses Management subsidiär erfolgen kann: Versorgung, Management, Probleme und Aufgaben werden möglichst auf der unteren Ebene gelöst, also da, wo sie auftreten und nur bei Unvermögen auf eine höhere Regulierungs- oder Netzebene delegiert. Gleichwohl kann man auch hier eine Parallelität beobachten: Das zentrale Stromversorgungssystem auf der Ebene von 400 kV–100 kV weist nur wenig Anschlusspunkte für die Einspeisung ins Netz auf und ist international verknüpft mit anderen zentralen Netzen. Wirtschaftlich agieren die Betreiber (einige 1000) nach den Regeln der Großhandelsmärkte.[60]

Alle dezentralen Energiesystemen agieren hingegen auf der Ebene von 20–0,4 kV. Dies ist interessant für viele kleinere und mittleren Unternehmen, deren Energie-Austausch untereinander neuer Regelungsmodelle und digitaler Erfassungs- und Steuerungstechnologie bedarf:

> *„Vor allem aufgrund der sehr großen Anzahl der Anlagen sowie aufgrund der zunehmenden Engpässe im Verteilnetz werden sich im Rahmen von Smart Grids und Smart Markets geeignete dezentrale Strukturen etablieren müssen, die einerseits die hohe Anzahl an Anlagen und Akteuren und andererseits die vielen unterschiedlichen lokalen Netzsituationen berücksichtigen können. Dies alles schafft zunehmend einen Bedarf an mehr dezentralen Geschäftsmodellen und Interaktionslogiken, welche dann z. B. die lokale Erzeugung, die lokale Speicherung, die lokale Nachfrage und die verfügbaren Netzkapazitäten zumindest teilweise in Einklang bringen.*
> *Ziel muss es sein, zentrale und dezentrale Bereiche intelligent miteinander zu vernetzen. Sonst entstehen unnötige Kosten, wodurch die Energiewende volkswirtschaftlich unbezahlbar wird.“*[61]

3.6 KI und parallele Technologien

Während der Erstellung dieses Aufsatzes begann im November 2022 der Hype um die Fähigkeiten des ChatGPT und seiner Nachfolgeversionen. Die Diskussion um den Stand der Entwicklung solcher Systeme ist mittlerweile ohne größeren Forschungsaufwand nicht mehr übersehbar. Trotzdem kann man aufgrund der vorgestellten Überlegungen einige Aussagen zur Parallelität von KI-unterstützten oder durch KI ersetzten Prozessen und herkömmlichen Prozessen machen.

So werden für einige Zeit die herkömmliche Suche mit Suchmaschinen und die Suche durch Fragen an ChatGPT Systeme (oder generell generative KI genannt) parallel vorkommen, wobei der Vorteil der KI-gestützten Recherche in

---

[60] Smart Grid Platform (2013).

[61] Smart Grid Platform (2013), S. 6.

der schon umgangssprachlich formulierten und strukturierten Antwort liegen dürfte. Allerdings ist dieser Komfort verführerisch, weil er die notwendige Nachkontrolle der so erzeugten Aussagen weniger dringend erscheinen lässt. Dies wiederum würde eine Nachrecherche auf herkömmliche Art erfordern. Insofern kann die KI, je nach Kriterium, zur Verbesserung aber auch zur Verschlechterung von Rechercheprozessen und daraus resultierender Wissensgewinnung führen. Im Falle widersprüchlicher Ergebnisse (z. B. bei Veränderung des Prompting) ist dann die parallel existierende Technologie der herkömmlichen Suchmaschine und ggf. eine weitere Recherche in Bibliotheken oder Archiven (mit deren Suchtechnologien) erforderlich. Deshalb wäre es klug, auf der Koexistenz von solchen parallelen Technologien zu bestehen.

Etwas Vergleichbares kann auch für die KI basierte Steuerung von technischen Prozessen gesagt werden. Die Trainingsmenge der KI für solche Prozesse stammt aus der Vorgeschichte solcher Prozesse, die Steuerungs- und Entscheidungsfähigkeit kann also nur so gut sein, wie die Trainingsmenge ist, d. h. die statistisch verwertbaren bisherigen Prozessverläufe. Diese enthalten jedoch auch misslungene oder weniger qualitativ gute Prozessverläufe. Diese müssten jedoch erkannt und entsprechend gekennzeichnet herausgefiltert werden. Nicht alle Prozessverläufe werden aber in einem vollautomatisierten Betrieb als weniger qualitativ befriedigend erkannt und gehen damit versteckt als „schlechte" Daten in die Trainingsmenge ein. Somit kann es durchaus sein, dass die KI als Fehlerverstärker wirken kann. Um dies zu verhindern, sind wiederum von der KI unabhängige Kontrollmechanismen erforderlich. Auch hier würde dies die Notwendigkeit einer parallelen Kontrolltechnologie bedeuten. Die alte Regel, dass Redundanz die Betriebssicherheit eines Systems erhöht, wird durch KI daher nicht außer Kraft gesetzt.

3.7   Zusammenfassung und Ausblick

Durch sich überschneidende Innovationen und Substitutionszyklen ergibt sich die Existenz zeitlich paralleler Technologien, die zum Teil funktional äquivalent sind und sich daher bei Ausfall oder erforderlicher Zurücknahme einer Technologie ersetzen oder ergänzen können. Parallele Technologien können nach ihrer funktionalen und organisatorischen Äquivalenz klassifiziert werden. Parallele und funktional vollinklusive Technologien sind die Voraussetzung für Konvergenz und Universalisierung von Technologien. Die Dauer der parallelen Existenz von funktional äquivalenten Technologien hängt auch von nicht-technischen Faktoren wie von kulturellen Unterschieden der Technikgestaltung und von ökonomischen Interessen und Machtverhältnissen ab. Man kann jedoch auf den ersten Blick vermuten, dass die Dauer der parallelen Existenz umso länger ist, je funktional äquivalenter die jeweiligen Technologien sind. Da bei einer Technologie T die Technik im engeren Sinnen τ und die organisatorische Hülle ϕ miteinander wechselwirken, sind auch Wechselwirkungen zwischen parallel existierenden Technologien zu erwarten. Diese Wechselwirkungen kann man schematisch klassifizieren und anhand von Beispielen deutlich machen.

Eine Diskussion der Entwicklung der Schlüsseltechnologien, die man mit dem Begriff der Energiewende zusammenfassen kann, und des Zusammenhangs mit der Digitalisierung zeigt auch, dass die Energiewende eine fortdauernde Existenz paralleler Technologien und deren digitale Koordinierung erforderlich macht. Dies wird durch eine Technologie geleistet, die zwar nicht funktional äquivalent ist, aber komplementär wirkt. Von einer Konvergenz von Energie- und Digitalisierungstechnologie zu sprechen, ist wohl verfehlt, weil Energie nicht durch Information substituiert werden kann, aber Information Energieflüsse strukturieren kann. Man kann jedoch als Bedingung formulieren, dass Energietechnologie und Digitalisierungstechnologie eine kohärente Technologie bilden müssen, wenn die Energieerzeugung und -versorgung erfolgreich digital gesteuert werden soll.

Dabei wird deutlich, dass eine gleichzeitige und schnelle Zurücknahme von zwei parallelen Energieversorgungstechnologien (nuklear und fossil) den rechtzeitigen Ausbau einer weiteren parallel existierenden Energietechnik (hier die der erneuerbaren Energien) erfordert hätte. Deren zu später Einsatz dürfte eine der Mitursachen der gegenwärtigen Energiekrise darstellen.

Vergleichbares gilt für die vorschnelle Rücknahme herkömmlicher Such – und Recherchemethoden oder der Steuerung zugunsten von KI – man beraubt sich einer Kontrollmöglichkeit und damit der notwendigen, qualitätssichernden Redundanz. KI wird viele Prozesse erfolgreich unterstützen und zum Teil ersetzen können, aber auch hier dürfte gelten: Vertrauen ist gut, Kontrolle ist besser. Diese Kontrolle bedarf der Parallelität ihrer technischen Möglichkeiten.

Verlassenes Dieselkraftwerk in Nordargentinien

4.1 Vorspiel

Am 29. Oktober 2018, während des Fluges JT 610 der indonesischen Lion Air, fielen die Computer kurz nach dem Start der Boeing 737 Max8 aus. Der Automatismus drückte das Flugzeug nach unten, weil das Programm aufgrund eines Sensorfehlers wahrscheinlich eine Luftstromablösung (sog. Stall) voraussah. Da das Flugzeug erst ca. 1700 m Höhe erreicht hatte, war es vermutlich zu spät, den

Autopiloten abzuschalten und ohne technische Unterstützung mit manueller Steuerung weiterzufliegen.[1]

Das Beispiel veranschaulicht paradigmatisch ein Hauptproblem des nachhaltigen Technologiedesigns: Was muss bei der Gestaltung von Technologie[2] oder ganzen Technologielinien berücksichtigt werden, so dass Produktion, Nutzung und Entsorgung von Technik keine denkbaren, unbeabsichtigten und langfristigen Nebenwirkungen mit sich bringen? Diese Nebenwirkungen können in ökologischen, ökonomischen, sozialen und politischen Bereichen auftreten. Zu den unerwünschten Nebenwirkungen kann auch gehören, dass eine Technologielinie nicht mehr ohne erhebliche Nachteile für die Betroffenen abgeschaltet, in kontrollierter Weise rückgängig gemacht oder aufgegeben werden kann.[3]

Es ist eine allgemeine Erfahrung: Wenn technische Entwicklungen erst einmal in der Welt sind, wird man sie schwer wieder los. Kernkraftwerke, Industrieanlagen, Chemikalien, alte Autos, technische Anlagen wie alte Netze etc. verschwinden nicht von allein, wenn sie nicht mehr gebraucht werden. Und sie können zur Belastung werden, sei es, dass sie teilweise doch noch in Betrieb sind, oder sei es, weil sie nicht verschrottet oder entsorgt werden. Könnte deshalb die Eigenschaft der Reversibilität ein allgemein anerkanntes Kriterium zur Technikbewertung werden?[4]

Grob gesprochen sind reversible Technologien technisch -organisatorische Systeme, deren Geräte, Einrichtungen, Hinterlassenschaften, aber auch Formen des Gebrauchs man zurücknehmen kann – sie können also abgeschaltet, abgebaut und ohne Schaden durch neue ersetzt werden. Reversible Technologie könnten damit zu einer Verringerung der technologischen und gesellschaftlichen Komplexität, zu einer besseren Beherrschbarkeit technologischer Risiken und Nebenwirkungen sowie zu einer nachhaltigeren Zivilisation beitragen. Irreversible Technologien hingegen verursachen nachhaltig Kosten und Schäden.

Es läuft also auf die Frage hinaus, ob und wie sich Technologien reversibel gestalten lassen?[5] Denn wenn man die Frage stellt, ob es eine Haftung für Langzeitfolgen von Technologien gibt, dann muss man auch diskutieren, ob Technologien mit unerwünschten Folgen nicht auch wieder zurückgenommen werden müssten. Offen bleibt allerdings, wer die Rücknahme entscheidet, ob dies der Gesetzgeber ist oder ob es in der „Macht des Verbrauchers" liegt, aus einer Technik auszusteigen, weil man sie nicht mehr braucht oder sie sich nicht mehr als brauchbar

---

[1] Komite Nasional (2018).

[2] Zur Definition des Sprachgebrauchs Technologie und Technologielinie siehe Abschn. 3.3.1 sowie Abschn. 4.3.2.

[3] Erste Überlegungen bei Kornwachs (2016a); (2016b, dort Abschn. 4.2.4); zur Problematik des Autopiloten siehe Schlönhardt (2009, 2008).

[4] Kornwachs (2022a).

[5] Dieser Aufsatz baut auf einem kurzen Beitrag in der Zeitschrift TaTuP (Kornwachs 2021) auf. Die vorliegende Fassung wurde völlig neu überarbeitet, aktualisiert und stark erweitert.

erweist. Es geht also letztlich darum, zu einem Prüfverfahren für die Frage beizutragen, ob wir die Technik haben, die wir brauchen und ob wir die Technik brauchen, die wir haben.

Zur Untersuchung dieser Fragen liegt es nahe, sich des Methodeninventars der Technikfolgenabschätzung zu bedienen.

4.2   Pfadabhängigkeit in der Technikfolgenabschätzung

Technikfolgenabschätzung ist eine interdisziplinäre Herangehensweise, Auswirkungen von bestehenden oder zukünftig denkbaren Technologien abzuschätzen und zu bewerten, und wird, sofern institutionalisiert, als Instrument zur Politikberatung eingesetzt. Dabei ist sie selbst eine Disziplin geworden.[6] Die Technikfolgenabschätzung verfolgt seit längerem das Konzept der Pfadabhängigkeit von technologiepolitischen Entscheidungen. Solche Pfade sind zum Beispiel durch die Energiewende in Deutschland oder durch die Präferenz der Elektromobilität eingeschlagen worden. Eine weitere Pfadabhängigkeit dürfte sich zumindest in Deutschland durch die nach der Covid-19 Sars Pandemie seit 2020 zum Teil überstürzte Digitalisierung ergeben, die in der Nachfolgezeit aber dann doch nur langsam in Schwung kam. Zumindest gibt es seit 2025 ein Digitalministerium.

4.2.1   Pfadabhängigkeiten

Phänomenologisch sind solche Abhängigkeiten *post hoc* dadurch sichtbar, dass es nach einer bestimmten Phase der Einführung einer Technologie „keine Alternative" mehr gibt. D. h., dass man gezwungen ist, solche eingeführten Techniklinien weiter zu nutzen, weil sie nicht durch parallel bestehende Technologien ersetzt werden können, die in etwa funktionsgleich wären.[7] Bei der Rücknahme einer solchen Technologie müsste man technische, wirtschaftliche oder gesellschaftliche Beeinträchtigungen in Kauf nehmen. Eine solche Alternativlosigkeit kann auch dadurch erzeugt werden, dass es versäumt wurde, zum Zeitpunkt des Pfadbeginns, also der Entscheidung, einen solchen Pfad einzuschlagen, keine annährend funktionsgleiche Technologien gepflegt oder zur Einsatzreife und Markteinsatz entwickelt zu haben – aus welchen Gründen auch immer.

Ein Technologiepfad zeichnet damit die vergangene oder prospektiv künftige Entwicklung von Technologien in einem definierten Funktions- und Nutzerkontext nach. Dazu drei Beispiele:

---

[6]Zu Geschichte und Stand der Technikfolgenschätzung siehe Grunwald (2010a), Banta (2009), Rip (2015).

[7]Zum Begriff parallele Technologien und deren Funktionsgleichheit siehe Kap. 3.

- Bei der Entscheidung zum Abbau der Kernenergie standen nur wenig und unzureichend technisch entwickelten nichtfossile Energieträger (Windkraftwerke, Photovoltaik, Speichermöglichkeiten) zur Verfügung und die Wasserstofftechnologien (einschließlich der Erzeugung grüner Kraftstoffe) wurden nur im geringen Maß öffentlich gefördert. Als Brückentechnologie wurde billiges Erdgas importiert, was sich nach dem Februar 2022, dem Beginn des Ukraine-Krieges, als eine technologiepolitische Fehlentscheidung herausstellte. Eine zumindest temporäre Zurücknahme des Pfades der Energiewende wurde in Deutschland etwa ab Sommer 2022 diskutiert. Diese temporäre Rücknahme bestand darin, die noch funktionsfähigen Kernkraftwerke entgegen den bisherigen Beschlüssen für eine befristete Zeit einige Monate weiter laufen zu lassen und vor allem den geplanten Kohleausstieg weiter zu verzögern. Mittlerweile sind alle Kernkraftwerke außer Betrieb und im Rückbau befindlich.

- Durch die Entscheidung, auf Elektromobilität zu setzen, wird die Entwicklung anderer, alternative Konzepte des Individualverkehrs zumindest erschwert. Zu diesen alternativen Konzepten gehören einerseits die technisch-organisatorischen Vorstellungen eines nicht proprietären Individualverkehrs, aufbauend auf CarSharing Modelle, Nahverkehrskonzepte und letztlich auf fahrerlose Transportsysteme. Andererseits ist die Weiterentwicklung von Antrieben auf Basis von Wasserstoff und oder grünem Kraftstoff in Entwicklung. Diese hat aber nach Ansicht der Protagonisten viel zu spät begonnen und erweist sich nicht so effizient wie gewünscht. Die ökonomischen Zwangsbedingungen (*constraints*) der fernöstlichen Absatzmärkte forcieren den Pfad der Elektromobilität. Aus diesem Pfad wird man später, wenn sich die Probleme der Rohstoffversorgung für die Massenproduktion und die Entsorgungsprobleme (z. B. Batterien) häufen werden, vermutlich nur unter großen Kosten wieder aussteigen können.

- Beim dritten Beispiel, der Digitalisierung, früher Informatisierung[8] genannt, werden Prozesse technischer oder organisatorischer Art[9] auf Modelle formal abgebildet und mit Hilfe eines aus dem Modell abgeleiteten Algorithmus durch Programmierung eines Computers gesteuert und in fortgeschrittenen Fällen auch durch Robotersysteme ersetzt.[10] Die dabei verwendeten Algorithmen sind nicht das Neue an der Technologie der Digitalisierung, sondern die um Größenordnungen besseren Rechen- und Speicherkapazitäten und neue Programmiertechniken wie Neuronale Netze, Big Data, und letztlich die neuen Programmiertechniken der Künstlichen Intelligenz. Die Pfadabhängigkeit ergibt sich aus zwei einfachen Tatsachen: Zu einen könnten wir ohne Computer und deren Vernetzung die gegenwärtige Zivilisation nicht aufrechterhalten.

---

[8] Zu den ersten Studien hierzu gehört Nora, Minc (1979).

[9] Dies können Prozesse in der Produktion, der Logistik oder bei der Verkehrsregelung, aber auch administrative Abläufe sein.

[10] Siehe hierzu die Analyse der Ersetzung von Arbeitsschritten durch Digitalisierung in Kornwachs (2023a), Abschn. 2.3.

Zum anderen führen modellbasierte Algorithmen zu Programmen, die oft undurchsichtig sind. Diese haben eine erhebliche Auswirkung auf unsere alltäglichen und beruflichen Prozesse und Strukturen und erzeugen, wenn sie einmal implementiert sind, Vorgaben und Rahmenbedingungen bis in den Alltag hinein, die sich dann nur noch schlecht verändern oder umgehen lassen. Solche Pfadabhängigkeiten scheinen sich bei der Entwicklung von Industrie 4.0 bereits abzuzeichnen.[11] Zu vermuten ist ebenfalls, dass sich durch die künftige breite Nutzung von KI-Systemen in institutionellen Bereichen wie Bildung, Verwaltung, Medien und am Arbeitsmarkt durch veränderte Geschäftsmodelle pfaddefinierende Veränderungen ergeben werden.[12]

Neben dieser globalen Aussage kann man in einzelnen Beispielen zeigen, dass in solchen Fällen der eingeschlagene Pfad einer Technikentwicklung nicht mehr verlassen werden kann: So kann z. B. bei der Optimierung von Materialflüssen in der Produktion vom Ergebnis einer lernenden KI nach einer gewissen Zeit nicht mehr abgewichen werden, weil ein anderes Optimum nicht bekannt ist oder nur auf andere Weise in einer Zeitspanne bestimmt werden kann, die durch ihrer erforderlichen Länge den ganzen Ablauf gefährden würde.

Man kann sich dies auch am Beispiel der zu Beginn der 90er Jahre heftig diskutierten Expertensysteme klar machen: Um ein Ergebnis auf eine „Frage" zu erhalten, führte ein solches System etwa 20.000 Schlussfolgerungen durch.[13] Die Korrektheit dieser Schlussfolgerungen nachzuprüfen, dürfte einen Zeitraum in Anspruch nehmen, der den ganzen Vorteil der Nutzung eines Expertensystems wieder aushebelt, nämlich den, schnell, aber nur zu einem gewissen Grad zuverlässige Informationen zu liefern.[14] Schnelligkeit und Zuverlässigkeit bleiben gegensätzliche Forderungen. Es wurde schon damals der Effekt diskutiert, ob man von einem Expertensystem abhängig wird, wenn man sich ihm anvertraut und dies zur Gewöhnung wird.

Das bisher Gesagte legt nahe, dass es schwieriger werden kann, irreversible Technologien zu vermeiden bzw. noch rücknehmbare Technologien innerhalb solcher Pfade zu entwickeln, nachdem die Entscheidung zu einem Pfad einer Technologienentwicklung getroffen worden ist, oder nachdem sich herausstellt, dass die Entscheidung zu einer Pfadabhängigkeit geführt hat.

---

[11] Hirsch-Kreinsen (2018).

[12] Ausführlicher in Kornwachs (2023a).

[13] Diese Angabe bezieht sich auf den damaligen Stand der Technik. Dabei finden sich neben deduktiven Schlüssen auch abduktive Schlüsse, die logisch, d. h. in einer endlichen Klassenlogik, nicht erlaubt sind und die deshalb dazu beitragen, dass die Ergebnisse nur bis auf Plausibilitäten zuverlässig sind. Expertensysteme arbeiteten zu dieser Zeit nicht statistisch, sondern logisch schlussfolgernd.

[14] Zur Kritik an den Expertensystem schon früh Bullinger, Kornwachs (1990), Coy, Bonsiepen (1989).

Einen globalisierten und sehr allgemeinen Begriff der Pfadabhängigkeit kann man in der neuen Sichtweise erkennen, die mit dem Wort Anthropozän umschrieben wird.[15] Gemeint ist damit die sichtbare Umgestaltung der Erde durch die menschliche Spezies, die als unumkehrbar angesehen wird. Menschlich erzeugte Nukleide, Industrieasche, Plastik und Carbonisotope gelten als irreversible Marker. Aggregiert man die weltweiten Trends der Entwicklung von 1750 bis 2010, dann sieht man an den Kurven durchweg Muster exponentieller Zunahmen: Genannt seien die Anstiege von Kohledioxid, Stickoxiden, Methan, stratosphärisches Ozon, Oberflächentemperatur, Säuregrad der Ozeane oder der zunehmende Verlust von tropischen Wäldern und die Degradation der Oberflächen-Biosphäre auf der Erdoberfläche.[16] Diese Dynamikgeht zwar nicht unbeschränkt weiter und flacht bei allen genannten Größen früher oder später ab, aber die Veränderungen sind meist nicht mehr oder nur sehr schwer rückgängig zu machen.

Wenn nun die Gefahr sichtbar wird, dass die durch bestimmte Technologien erzeugte, unerwünschten Folgen unserer Zivilisation schwer aus der Welt zu schaffen sind, dann liegt die Frage nahe, ob eben diese verursachenden Technologien in Zukunft nicht so gestaltet werden könnten, dass sie und ihre Hinterlassenschaften zurückgenommen werden könnten. Dies wären dann reversible Technologien.

4.2.2   Rücknehmbarkeit, Circular Economy und Exnovation

Überlegungen über Reversibilität von Technologien tauchten auf, als die Entsorgungsprobleme infolge der Nutzung der Kernenergie breiter bewusst und diskutiert wurden.[17] In diesem Zusammenhang wurden auch die (Ir-)Reversibilität von Entscheidungen, bestimmte Technologien zu übernehmen, sowohl technologiepolitisch[18] als auch ökonomisch[19] thematisiert. Hier standen vor allem die Kosten im Vordergrund der Betrachtungen.

Der hier vorgestellte Ansatz untersucht Technologien auf ihre genuine Eigenschaft hin, irreversibel oder reversibel zu sein. Dabei baut er auf der Analyse über parallele Technologien aus dem vorigen Kap. 3 auf und verwendet den von Günter Ropohl entwickelten Technikbegriff mittlerer Reichweite.[20]

---

[15] Der Ausdruck geht zurück auf Crutzen, Stoermer (2000).

[16] Steffen et al. (2015) zeigen global aggregierten Trends von Umwelt- und ökonomischen Indikatoren für den Zustand des Planeten Erde. So weisen auch Weltbevölkerung, Bruttosozialprodukt, Energieverbrauch, Düngerverbrauch, Papierproduktion, Transportaufkommen, Telekommunikation und internationaler Tourismus exponentiell ansteigende Verläufe auf.

[17] Bergen (2016a, b).

[18] Chulkov (2018).

[19] Pols, Romijn (2017).

[20] Siehe Abschn. 3.3.1 und Ropohl (2009).

Will man die Tragfähigkeit und die Konsequenzen des Ideals der nachhaltigen Technikgestaltung durch reversible Technologien untersuchen, fließen unvermeidlich Perspektiven und Erkenntnisse der Technikphilosophie,[21] der Ethik und der analytischen Systemtheorie[22] mit ein.

Wir gehen hier von der Hypothese aus, dass es reversible, also rücknehmbare Technologien, bereits gibt und solche Technologien auch entwickelt werden können. Diese rücknehmbare Technologien können prinzipiell und ohne großen Schaden, d. h. ohne funktionelle Störung der verbleibenden Technologien und bestehenden ökonomischen gesellschaftlichen Verhältnisse auch vor Ablauf ihrer „normalen" Lebensdauer[23] wieder „abgebaut" und gegebenenfalls durch andere, möglicherweise bessere, ersetzt werden. Sie können zu einer Verringerung der technologischen und gesellschaftlichen Komplexität sowie zu einer nachhaltigeren Zivilisation beitragen.

Reversibilität von Technologien kann sowohl als förderliche Voraussetzung wie auch als Bestandteil einer Circular Economy[24] verstanden werden. Dies bedeutet, dass man sowohl das Design, die Produktionsprozesse sowie die Entsorgungstechnologie so anlegt, dass der wiederverwendbare Anteil eines Produkts nach seiner Gebrauchsdauer (Lebenszeit) den „Wegwerfanteil" bei weitem übersteigt. Entsprechend versucht die Circular Economy passende Geschäftsmodelle hierfür zu entwickeln, die weiterhin das Bestreben unterstützen, den Ressourcenverbrauch vom wirtschaftlichen Wachstum zu entkoppeln und damit zu erreichen, *„menschliches Wohlbefinden und wirtschaftliche Aktivitäten von Umweltschäden zu entkoppeln".*[25]

Circular Economy als Kreislaufwirtschaft hat mehrere Bedeutungen: Zum einen meint man, dass Bestandteile von aus dem Verkehr gezogenen Produkten aus diesen extrahiert und so verarbeitet werden können, dass sie wiederum Bestandteile von neuen Produkten oder Ersatzteilen werden können. Dies kann auch branchenübergreifend gedacht werden: D. h. dass Bestandteile, die z. B. aus einer Plasmabehandlung von Plastikabfällen gewonnen werden können,[26] sowohl bei der Herstellung neuer Plastikprodukte eine Rolle spielen können, aber

---

[21] Zum *„empirical turn"* in der Philosophie der Technik siehe Mitcham (1994), Kroes, Mijers (2000). Zur philosophischen Position des Autors siehe Kornwachs (2013b).

[22] Der Begriff Systemtheorie bezieht sich hier nicht auf die soziologische Systemtheorie (z. B. Niclas Luhmann oder Talcott Parsons), sondern auf die analytische Systemtheorie, die mit mathematischen Methoden Modelle erstellt, siehe z. B. Zeigler (1978), Zeigler et al. (2000), Klir (1985), Ropohl (2009).

[23] Zur „normalen" Lebensdauer einer Technologie siehe Abschn. 4.5.1.

[24] European Investment Bank (2020).

[25] Z. B. für Batterien: Covertext aus: Circular Economy Initiative Deutschland, acatech (2020); generell zu den Geschäftsmodellen: Circular Economy Initiative Deutschland (2021).

[26] Durch neue Verfahren der energiegünstigen Spaltung von CO_2, das in Plastik gebunden ist, siehe Renninger et al. (2012), Lambarth et al. (2022).

auch anderweitig verwendet werden können, z. B. im Aufbau neuer Materialien.[27] Ähnliches gilt z. B. für das Recycling von Computerschrott, sofern die Materialen noch getrennt werden können.

Eine weitere Bedeutung der Circular Industry ist die integrierte Wiederverwertung von Produkten, die nach ihrer Obsoleszenz wieder repariert oder instandgesetzt werden können, z. B. durch Neubestückung von Ersatzteilen. Dies schiebt den Zeitpunkt einer endgültigen Entsorgung weiter nach hinten und kann so den Lifecycle von Technologien verlängern.[28]

Irreversible Technologien, deren Hinterlassenschaften nicht mehr ohne weiteres entsorgt werden können, stellen schon heute ein großes Belastungspotential für Gesellschaften, Ökonomie und Ökologie dar. Zwar kann man einerseits den Entsorgungsprozess zeitlich nach hinten verschieben, aber es wäre wünschenswert, dass man z. B. Produkte in jedem Stadium ihres Lebenszyklus „aus dem Verkehr ziehen" könnte. Das heißt nicht, dass das Produkt sofort final entsorgt werden muss, sondern in Teilen anderweitig verwendet werden kann, z. B. als Ersatzteillager für Wiederverwertung, wie es oben angedeutet wurde.

Pars pro toto seien Kosten und Probleme des Rückbaus der Nutzung der Kernenergie, der Entsorgung von chemisch toxischen Mülldeponien oder hoch diffusionsfähigen Mikroplastik oder der Entfernung von Weltraumschrott genannt. In all diesen Fällen ist nicht nur das Entsorgungsproblem offensichtlich, sondern auch der Umstand, dass die Kosten hierfür immens sind. Dasselbe gilt auch im Bereich der immateriellen Technologie: Eine veraltete Software „instand zu halten" ist oft schwieriger, als eine neue zu schreiben. Jeder Neuentwurf einer Software verändert aber die Organisationsformen und Abläufe in dem Bereich, für den sie geschrieben worden ist.[29] Diese Veränderungskosten liegen oftmals über den Erwartungen, sodass auch hier sich die Kosten der sog. Exnovation und der Innovation addieren.

Der Begriff Exnovation[30] bezeichnet den Prozess, bereits eingerichtete Technologien und Organisationsstrukturen, aber auch gewohnte Muster von gesellschaftlichen Prozessen und Governance zurückzunehmen, wenn sie sich nicht mehr als dienlich erweisen. Dieser Fall tritt ein, wenn die einsprechende Technologie ihre Lösungskraft verloren hat, oder unter veränderten Bedingungen und Erkenntnissen nicht mehr zielführend ist, oder bei den Nutzern massiv an Akzeptanz verloren hat.

Die Reversibilität von künftigen Technologien wäre deshalb eine Voraussetzung für die leichtere Machbarkeit ihrer gegebenenfalls später dann notwendigen Exnovation.

---

[27] Für Details zum Plasticrecycling siehe Knappich et al. (2019, 2018).

[28] Als Beispiel für Chemierecycling siehe Ecoloop GmbH (2020).

[29] Floyd, Züllighofen (1992).

[30] Nach Kimberly (1981), S. 91 f., Kimberly (2014).

4.3 Kann man technologisch den Spieß herumdrehen?

4.3.1 Reversible Prozesse

Es gibt zwei Bedeutungen des Begriffs von Reversibilität in der Technik.

Die erste Bedeutung des Begriffs Reversibilität besagt, dass Prozesse, die die Funktionalität eines Geräts bestimmen, zu einem bestimmten Grad umgekehrt werden können. So kann eine reversible Brennstoffzelle ihren energieliefernden Arbeitsprozess umkehren. Die technische Einheit, also das Gerät, kann in einem Betriebsmodus die chemische Bindungsenergie, die in den Brennstoffen, z. B. Wasserstoff, deponiert ist, in elektrische Energie umwandeln. Im anderen Betriebsmodus besteht die Umkehrung des Prozesses dann in der Umwandlung von elektrischer Energie in wieder speicherbare chemische Energie, z. B. durch die Elektrolyse von Wasser in Sauerstoff und Wasserstoff. Bei Festoxydbrennstoffzellen liegt der Wirkungsgrad bei 60–80 %.[31]

Ein ähnliches Muster zeigen Pumpspeicherkraftwerke, indem sie in der einen Richtung des Prozesses elektrische Energie aus der potentiellen Energie von höherliegenden Wasservorräten durch den Fall nach unten in kinetische Energie und durch den Dynamo in elektrische Energie umwandeln. Ist überflüssige elektrische Energie im Netz vorhanden, benutzt man den Generator als Pumpe, um das Wasser wieder in den höher gelegen Stausee zu befördern. Ein modernes Pumpspeicherkraftwerk hat einen Wirkungsgrad von 75–80 %. Das bedeutet, dass etwa 25 % der Energie als thermische Energie durch Strömungswiderstand des Wassers, durch die Wirkungsgrade von Pumpe und Generator, durch Trafoverluste und Eigenenergiebedarf des Pumpspeicherkraftwerks in die Umgebung abgegeben werden.

Bei beiden Beispielen kann man von einer Technologie sprechen, die reversible Prozesse nutzt. Ganz reversibel im obigen Sinne einer vollständigen Prozessumkehr sind diese beiden Prozesse der Energietransformation allerdings nicht, weil in beiden Richtungen ein Wirkungsgrad von weniger als 100 % vorliegt. Es geht also immer nutzbare Energie „verloren".[32] Dies gilt auch für das *reversible computing*, das jedoch den Energieverbrauch der Rechner erheblich senken könnte.[33]

Die zweite Bedeutung des Begriffs von Reversibilität besteht in der Rücknehmbarkeit von Technik selbst.

---

[31] Dresp et al. (2016).

[32] Der Begriff des Wirkungsgrades bezieht sich hier auf den Quotienten von nutzbarer Energie zur umgesetzten gesamten Energie. Energie ist in der Technologie immer positiv definit und wird als zeit- und zustandskontinuierliche Variable behandelt. Energie wird in der Technik also nicht erzeugt oder verbraucht, sondern immer nur umgewandelt.

[33] Frank (2017).

4.3.2 Technologie ist Technik im engeren Sinnen und deren organisatorische Hülle

Zunächst ist eine Vorbemerkung zum Sprachgebrauch angebracht.

Unter Technik verstehen wir nach der Erweiterung, die Günter Ropohl[34] eingeführt hat, zwei Begriffe: Formal ist damit das Können, der Trick gemeint, den jemand benutzt, um eine Handlung durchzuführen, es ist die Technik des Fußballspielers oder des Pianisten. Dieser Begriff ist hier nicht gemeint. Der materiale Begriff von Technik umfasst nach Ropohl die Geräte und Instrumente, die Menschen und die Handlungen, die sie mit, an und durch die Geräte und Instrumente durchführen. Dazu gehören dann auch die Organisation und zeitliche wie soziale Struktur der Prozesse, in der die Geräte und Handlungen ihre technische Funktionalität erfüllen. Mit dazu gehören die Ziele der Handlungen, die Störungseinflüsse, die Einwirkung auf die Umwelt des technischen Systems oder einer Technologie. Zu den technischen Handlungen gehören Erfindung, Konstruktion, Herstellung (Produktion), Gebrauch, Missbrauch, Modifikationen, Reparatur und Wartung bis hin zur Entsorgung oder Wiederverwendung.

Der Begriff der Technologie, der im angelsächsischen Sprachgebrauch ursprünglich handwerkliches Können und die dazu erforderlichen Gerätschaften meinte, bezieht sich im deutschen Sprachgebrauch und den romanischen Sprachen (z. B. Französisch, Italienisch, Spanisch) sowohl auf die Gesamtheit der Gerätschaften (*devices, des appareilles*), ihren Einsatz, das erforderliche Wissen und Können sowie die dazugehörenden organisatorischen und institutionellen Strukturen und Prozesse. Wir können auch so formulieren: Technik im engeren Sinne, also Geräte etc. bilden zusammen mit dem Wissen und Können der damit Handelnden und mit der organisatorischen Hülle in einem gegebenen funktionellen Gesamtrahmen eine Technologie.[35]

Der Begriff der organisatorischen Hülle lässt sich aus dem Umstand erklären, dass ein Gerät allein und isoliert seine ihm zugedachte technische Funktion nicht entfalten kann. Jede Technologie besteht aus zeitlich parallel miteinander verknüpften Teil-Technologien in einem abhängigen Funktionsumfang im Sinne von übergeordneten wie untergeordneten Technologien. Man kann in gewisser Weise eine Hierarchie angeben, welche Technologien in welcher Abhängigkeit zur Technologielinie gehören. Man kann sich dies an der GPS-Technologie klar machen,[36] die z. B. in die Technologien der Erdbebenüberwachungssysteme, der Schiffsnavigation, der Autos, bei Raketen und Satelliten enthalten bzw. eingebaut ist, und die wiederum aus Teiltechnologien besteht und mit anderen Technologien interagiert, ohne die ein GPS-System nicht funktionieren würde.

---

[34] Ropohl (2009).

[35] Zum besseren Verständnis hier nochmals aus Abschn. 3.3.1 wiedergegeben.

[36] Siehe Abb. 3.4.

Ein Gerät kann seine technische Funktion also nur entfalten, wenn die Gesamtheit der Ko-Systeme ebenfalls funktioniert. Beim Kühlschrank ist dies der banale Umstand, dass man seine Stromrechnung bezahlen muss, um die notwendige Energie für den Betrieb verfügbar zu haben. Beim Auto sind die Ko-Systeme schon vielfältiger: Straßen, Proliferation von Kraftstoff und Ersatzteilen, Verkehrsregel und Gesetzgebung, Schulung und vieles andere mehr. Diese Gesamtheit nennen wir hier die organisatorische Hülle einer Technik. Sie gehört dazu, und auf der Ebene des technischen Systems und dessen Funktionalität muss man sowohl das Gerät als auch dessen organisatorische Hülle betrachten.

Zum Funktionieren einer Technik gehört also die Organisation ihrer Nutzung notwendigerweise dazu. Nun ist der Begriff der Organisation mehrdeutig. Zum einen verstehen wir darunter einen Prozess, der Teilprozesse wie menschliche Tätigkeiten und maschinelles Funktionieren in eine gewünschte zeitliche wie räumliche Anordnung bringt. Zum anderen bezeichnen wir damit auch das Ergebnis dieses Prozesses, z. B. eine bestehende Aufbau- und Ablauforganisation. Weiter versteht man unter Organisation eine Institution im materialen Sinne (also mit Adresse und Ansprechpartner wie Vereine, NGOs, Firmen, Behörden etc.). Institutionen im formalen Sinn repräsentieren vergegenständlichte menschlichen Tätigkeiten (Habitualisierung) wie Ehe, Gerichtswesen, Parlamente etc.[37] Der Begriff der organisatorischen Hülle bezieht sich sowohl auf den Prozess der Organisation und dessen Ergebnis als auch auf materiale wie formale Institutionen.[38]

4.3.3   Parallele Technologien und ihre Beziehungen

Unterschiedliche Technologien haben unterschiedliche „Lebensdauern". Dies führt dazu, dass Technologien parallel existieren, obwohl sie ein vergleichbares Funktionsspektrum anbieten. Oftmals existieren Technologien aber noch eine Weile weiter, obwohl die sie ablösende Technologie schon besteht. Die Beziehungen zwischen solchen Technologien werden im Kap. 3 über Parallele Technologien näher untersucht, denn parallel existierende Technologien sind eine der Voraussetzungen, dass eine Technologie durch eine andere, schon bestehende ersetzt werden kann.[39]

Man kann für parallel existierende Technologien T_1 und T_2, die aus der Technik im engeren Sinne τ_1 resp. τ_2 und sowie den jeweiligen organisatorischen Hüllen ϕ_1 resp. ϕ_2 bestehen, folgende nützliche Unterscheidungen machen:[40]

---

[37] Berger, Luckmann (1966).

[38] Dies ist anschlussfähig an die systemtheoretische Beschreibung der Technik durch Ropohl (2009).

[39] Siehe Kornwachs (2023b).

[40] Übernommen aus Kornwachs (2023c), vgl. auch Kap. 3 in diesem Band.

Zwei Technologien T_1 und T_2 stehen bezüglich der Mengen ihrer technischen Funktionen $\{F_{tech}(T_A)\} = t_1$ resp. $\{F_{tech}(T_B)\} = t_2$, die sie erfüllen können, in disjunkter, inklusiver oder identischer Beziehung. Analoges gilt für ihre organisatorischen Hüllen $\{F_{org}(T_1)\} = \phi_1$ resp. $\{F_{org}(T_B)\} = \phi_2$.

Wir vereinfachen die generell möglichen ausführlichen Fallunterscheidung[41] und betrachten nur die Beziehungen zwischen den Technologien als Ganzes:

$$\text{funktionsungleich} \quad \{F(T_1)\} \neq \{F(T_2)\},$$

$$\text{funktionsenthaltend} \quad \{F(T_1)\} \supset \{F(T_2)\} \text{ oder } \{F(T_1)\} \subset \{F(T_2)\}$$

$$\text{funktionsgleich} \quad \{F(T_1)\} = \{F(T_2)\}$$

Dabei ist weiter zu unterscheiden, ob Technologien unabhängig voneinander entwickelt wurden, sukzessive auseinander hervorgingen und ob sie zu einem Zeitpunkt parallel existieren und genutzt werden.

Dass eine Technologie eine Komponente für eine andere Technologie sein kann,[42] setzt voraus, dass beide zumindest eine gemeinsame Funktion ins Werk setzen können. So ist der Anschluss eines elektrischen Gerätes an das Stromnetz trivialerweise nur durch ein, beiden gemeinsames Kabel möglich, das Strom leiten kann. Weniger trivial und meist normenabhängig sind z. B. erforderliche Kompatibilitäten, wenn zwei Softwarepakete miteinander interagieren sollen. Dies wird mit den gestuften Begriffen wie folgt ausgedrückt:

- **Kohärenz:** Zwei Technologien können miteinander funktional „zusammengeschaltet" werden,
- **Korrespondenz:** Eine neuere Technik enthält einen Teil der Funktionalitäten einer anderen, älteren Technik, und
- **Konvergenz:** zwei unabhängig voneinander entwickelte Technologien „verschmelzen" zu einer neuen Technologie mit neuen Funktionen.[43]

Es erweist sich, dass für die Rücknehmbarkeit von Technologien die Existenz von parallel existierenden Technologien, die zumindest funktionsenthaltend oder gar funktionsgleich sind, eine entscheidende Bedingung darstellt.

4.3.4 Rücknehmbarkeit

Eine Technik, eine Technologie oder Technologielinie ist schwach rücknehmbar, wenn sie oder deren Teilkomponenten durch eine andere Technik unter

---

[41] Kornwachs (2023c), und in Kap. 3 in diesem Band.

[42] Dies ist bei Enabler-Technologien oder bei Schlüsseltechnologien in der Regel der Fall. Vgl. Kap. 2.

[43] Näheres zu den Begriffen und Erklärung in Kornwachs (2012, 2007b) und in Abschn. 3.3.4.

Beibehaltung oder Verbesserung der Funktionalität ersetzt werden kann. Dabei soll gelten, dass diese Technik, d. h. in diesem Sinne Geräte (*hardware*) oder deren Teilkomponenten mit tolerablen Aufwänden entsorgt werden können. Eine Technik ist stark rücknehmbar, wenn sie oder Teile davon abgeschaltet, abgebaut und entsorgt werden können, ohne dass die Gesamtfunktionalität des Systems, indem diese Technik eingebettet war, dadurch wesentlich beeinträchtigt wird. Synonym kann man dann von schwacher resp. starker Reversibilität sprechen. Das bedeutet, dass wir Reversibilität und Rücknehmbarkeit synonym verwenden.

Das Problem beginnt mit der Einbettung der einen Technologie in eine andere, wie das Beispiel für die GPS-Technologie zeigt. Dabei kann man verallgemeinernd sagen: Je weiter eine Technologie von der hierarchischen Mitte hin zur Peripherie einer anderen Technologie entfernt liegt, umso eher ist sie ohne Schaden für diese höher gelegenen Technologien ersetzbar und ggf. sogar ganz wegnehmbar.

Das Abschalten eines Autopilotsystems zu jeder vom Piloten gewünschten Zeit wäre ein Beispiel für ein stark rücknehmbare Technik, da die Funktion vom Piloten übernommen werden kann.[44] Servolenksysteme, wie sie in Kampfjets eingebaut sind und den Piloten unterstützen, können hingegen nicht ohne ernste Konsequenzen abgeschaltet werden, da dies sonst zum Verlust der Steuerungsfähigkeit der Maschinen führen würde. Die obige Definition ist jedoch allgemeiner gemeint. Denn einer Rücknahme von Technologie ist immer eine Entscheidung vorgelagert, die die Entscheidung, diese Technologie einzuführen, revidiert:

"Reversibility describes the ability <u>in principle</u> to change or reverse decisions taken during the progressive implementation of a disposal system [...] The implementation of a reversible decision-making approach implies the willingness to question previous decisions in the light of new information, possibly leading to reversing or modifying them, and a decision-making culture that encourages such a questioning attitude"[45]

Im Fall der Entsorgungsproblematik bei der Kernenergie zeigt sich auch, dass die Wiederauffindbarkeit resp. Rückholbarkeit von bereits deponierten Abfällen ebenfalls zum Begriff der Reversibilität von Entscheidungen (hier zur Entsorgung) gehört:

"Retrievability in waste disposal is the ability <u>in principle</u> to recover waste or entire waste packages once they have been emplaced in a repository. Retrievability is the final element of a fully-applied reversibility strategy."[46]

---

[44] Schlönhard (2008, 2009).
[45] According to the NEA (2011, S. 23), emphasis in original. Siehe auch Bergen (2016b).
[46] Ebenda.

4.3.5 Eine Typologie der Rücknehmbarkeit resp. der Reversibilität

Wenn wir also von Technologie sprechen, müssen wir unterscheiden zwischen Komponenten (von Bauteilen, z. B. der Rechner beim Autopiloten) und Teilsystemen (z. B. ein Autopilot im Flugzeug). Wir können auch die hierarchische Einbettung heranziehen: Für eine Technologie sind die hierarchisch weiter unten angesiedelten Teiltechnologien jeweils Komponenten oder Subsysteme. Die oben diskutierte organisatorische Hülle bezieht sich beim Beispiel des Autopiloten auf Daten und die Anbindung an die Satellitennavigation und der Autopilot ist eingebettet in die gesamte Technologie, die Flugzeug + Besatzung + Flugplan + … umfasst. Dabei kann auch die angesprochene Gesamttechnik wiederum ein Teilsystem eines übergeordneten Systems sein, z. B. das Flugzeug als Teilsystems des Flugverkehrs. Was als gesamte Technologie angesehen und herausgegriffen wird, ist demnach immer nur perspektivisch aus der Sicht der Problembeschreibung zu verstehen.

In Tab. 4.1 wird eine Typologie der Reversibilität von Technologie vorgeschlagen. Die Rücknahme einer alten Technik T_{alt} differenziert sich von links nach rechts entweder durch Ersetzung durch eine neue Technik T_{neu}, wobei abgeschaltet, oder danach auch abgebaut oder danach auch zusätzlich entsorgt wird, oder durch Nichtersetzung, wobei wieder abgeschaltet, oder auch abgebaut oder auch zusätzlich entsorgt wird. Dabei bedeuten: T_{alt} = bestehende, alte Technologie, T_{neu} = ersetzende Technologie, T_{ex} = anderweitige, schon bestehende Technologie, die die Funktionalität der alten Technologie T_{alt} übernehmen kann.

Dabei wird unterschieden, ob nur Komponenten, Teilsysteme, die organisatorische Hülle oder das Gesamtsystem zurückgenommen werden. Der Grad der Reversibilität nimmt von links nach rechts und von oben nach unten zu, was durch die Tönung der Felder angedeutet werden soll. Die Ziffern […] in den Feldern der Tab. 4.1 referieren zu den nachfolgend diskutierten Beispielen von Technologien, die entweder bereits rückgenommen wurden, von bestehenden Technologien, deren Rücknehmbarkeit diskutiert werden sollte, und von prospektiven Technologien, die als reversible Technologien gestaltet werden sollten.

Tab. 4.1 Typologie der Reversibilität von Technologien

| T_{alt} | Rücknahme durch | | | | | |
| | Ersetzen durch T_{neu} | | | Nicht ersetzen, Übernahme durch T_{ex} | | |
	Abschalten	Abbauen	Entsorgen	Abschalten	Abbauen	Entsorgen
Komponenten	[1]	[2]	[3]	[4]	[5]	[6]
Teilsysteme	[7]	[8]	[9]	[10]	[11]	[12]
Organisat. Hülle	[13]	[14]	[15]	[16]	[17]	[18]
Gesamte Technologie	[19]	[20]	[21]	[22]	[23]	[24]

Man kann noch darüber diskutieren, inwiefern ein einfacher Rückzug vom Gebrauch einer Technologie, also Nichtgebrauch, in gewisser Weise dem Abschalten einer peripheren Komponente und damit eines Teils der organisatorischen Hülle für eine andere Technologie entspricht. Das Nichtnutzen einer bestimmten Technologie, die zur organisatorischen Hülle eines anderen technischen Systems gehört, kann funktional dem Abschalten dieses Systems entsprechen, da es dann seine technischen Funktionen nicht mehr voll entfalten kann. Ein Black-out der elektrischen Energieversorgung wäre ein Beispiel hierfür.

Mit Hilfe der Tab. 4.1 können wir die obige Definition erweitern: Wir definieren reversible Technologien mit einem schwachen Grad an Reversibilität als solche, deren Hardwarekomponenten abschaltbar [1], oder auch rückbaubar /abbaubar [2] oder auch entsorgbar [3] sind, wenn möglich zu ökonomisch akzeptablen Bedingungen [4,5,6]. Entsprechend gibt für einen mittleren Grad an Reversibilität für Teilsysteme, denen wir die Felder [7,8,9] zuordnen. Starke Reversibilität liegt dann vor, wenn auch die organisatorische Hülle [13,14,15] bzw. das Gesamtsystem ersetzbar ist [14–21]. Technologien, die durch nachfolgende Technologien schrittweise und kompatibel ersetzbar sind, können ebenfalls als reversibel aufgefasst werden, wobei die Beziehungen zwischen alter und neuer Technologie für die Substitution der einen durch die andere durch Kohärenz, Koexistenz und Konvergenz charakterisiert werden können.[47]

Unter Kohärenz versteht man die Möglichkeit des Zusammenwirkens von Technologielinien. Sinnfälliges Beispiel ist das Zusammenspiel von Mechanik und Elektrotechnik bei Turbinen, elektrischen Weckern oder bei in der Kfz-Elektrik. Unter Koexistenz versteht man das Funktionieren getrennt betriebener Technologielinien zur gleichen Zeit, die nicht miteinander wechselwirken (keine Kopplung), aber vergleichbare Funktionalitäten aufweisen.

Unter Konvergenz ist das Verschmelzen von zwei oder mehrere Technologielinien zu verstehen, wobei die Kerne dieser Technologien durch die Kerne der anderen Technologie funktionsgleich oder funktionsverbessernd substituiert werden.[48] Man sieht, dass Konvergenz vorherige Koexistenz und nachfolgend Kohärenz voraussetzt.[49]

Unter strukturflexiblen Technologien wollen wir solche verstehen, bei denen die Vernetzung zwischen den Komponenten oder Teilsystemen untereinander verändert oder getrennt werden kann, ohne dass die Hauptfunktion des

---

[47] Zur genaueren Definition siehe Kornwachs (2012), Kap. C, (2007) und Kornwachs (2023b) und Abschn. 3.3.4.

[48] Beispiel: Die Verschmelzung von Nachrichtentechnik (analoge Signale) und Computertechnik (digitale Signale) geschah durch die Ersetzung des analogen Kerns der Signalverarbeitung und Steuerung (Vermittlung), behielt aber die Peripherie bei (z. B. analoge Ansteuerung von Lautsprecher, Bildschirmen, Motorensteuerung etc.). Zur Konvergenz siehe Roco, Bainbridge (2002), Roco et al. (2013), Kornwachs (2007).

[49] Kornwachs (2012).

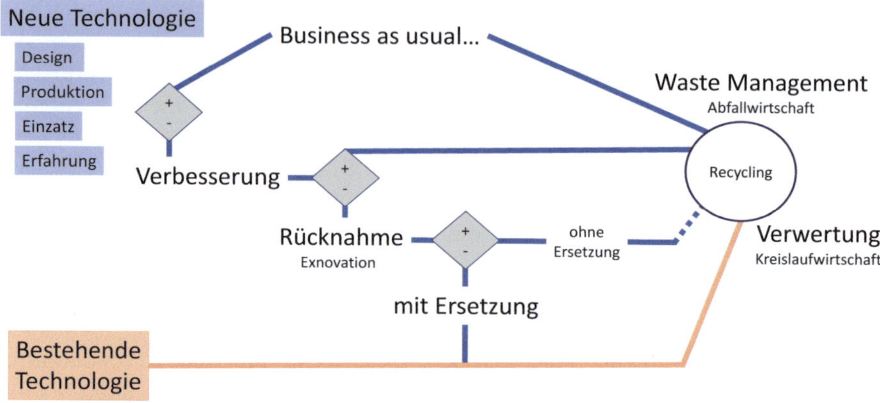

Abb. 4.1   Entscheidungssituationen im Lebenszyklus einer Technologie

Gesamtsystems beeinträchtigt wird. Beispiele für solche Systeme sind im Großen das Internet und auf der unteren Ebene Neuronale Netze.

Irreversible Technologien sind dann solche, deren Hardwarekomponenten oder Teilsysteme technisch nicht oder nicht mehr zu ökonomisch akzeptablen Bedingungen abschaltbar oder auch rückbaubar oder auch entsorgbar sind. Irreversible Technologien sind auch solche, die mit nachfolgenden Technologien nicht kompatibel gemacht werden können, also entweder keine Kohärenz, keine Koexistenz oder keine Konvergenz aufweisen. Dazu kommen strukturstarre Technologien, deren interne Vernetzung nicht verändert oder getrennt werden kann, ohne deren Hauptfunktion zu beeinträchtigen.

Technologien, die zu einem hohen Grad eine bestehende Technologie schon durchdrungen haben (z. B. die Informatisierung resp. Digitalisierung der Produktionstechnik), neigen zur Irreversibilität und widersetzen sich eher einer Exnovation als solche, die sich am Beginn der Diffusionskurve befinden.[50]

Die Entscheidungssituation kann verallgemeinert wie in Abb. 4.1 dargestellt werden: Wird eine neue Technologie eingeführt, besteht in der Regel bereits eine dazu parallele Technologie, die zumindest einige der vorgesehene Funktionen der neuen Technologie schon als Technologie enthält.[51] Mit dem Altern der Technologie (siehe nachfolgendes Kapitel) sind Verbesserungen (vom *face lifting* bis hin zu substantiellen Erweiterungen), Reparaturen etc. fällig, die dann letztlich zum Ausmustern oder dem Abbau einer Technologien zwingen. Sind keine Verbesserungen möglich, d. h. erweisen sich die infrastrukturellen, ökonomischen, sozialen oder auch politischen Aufwendungen für das weitere Betreiben als untragbar, muss die Technologie zurückgenommen werden, wobei sie durch eine

---

[50] Vgl. Abschn. 3.1 adaptiert aus Kornwachs (2023c).

[51] Ebenda.

bestehende parallel existierende Technologie substituiert werden kann – dies wird in Kap. 3 diskutiert. Auch wenn dies nicht der Fall ist, enden die Hardwarekomponenten einer Technologie im Recycling, wobei es darauf ankommt, was die Circular-Economy, also die Kreislaufwirtschaft übernimmt, und was in die endgültige Entsorgung geht.

Diese Darstellung ist zugegebenermaßen theoretisch ideal-naiv. Denn die Vorgaben, die auf gesetzlicher Ebene den Anteil dessen festlegen, was entsorgt und was recycelt werden sollte, greifen selten oder werden in der Praxis ignoriert.[52]

4.4 Einige Beispiele von Technologien mit unterschiedlicher (Ir-) Reversibilität

Abb 4.2 zeigt beispielhaft die Anordnung von einigen, derzeit existierenden Technologien, die nach unterschiedlichem Grad der Rücknehmbarkeit angeordnet sind.

Im Folgenden werden einige Technologien diskutiert und deren Rücknehmbarkeit abgeschätzt. Die eckigen Klammern […] verweisen auf die Nummern in Tab. 4.1.

4.4.1 Technik, die man nicht abbauen kann

Am auffälligsten wird das Problem der Irreversibilität von Technologien bei den sattsam bekannten Entsorgungsproblemen.

Giftmülldeponien können ca. 1000 Jahre danach noch ihre Wirkung entfalten, wenn man sie nicht „behandelt" [11,12].[53] Landminen wären vollständig in ca. 500 Jahre geräumt, wenn man mit der heutigen Räumungsgeschwindigkeit fortfahren würde [11,12].[54] Beim radioaktiven Müll mit Halbwertszeiten bis zu 20 000 Jahre ist das Problem hinlänglich diskutiert, aber längst nicht gelöst [22,23,24]. So besteht nach wie vor die Schwierigkeit, über extrem lange Zeitspannen hinweg die Tatsache der Lagerung und deren potentielle Gefährlichkeit

---

[52] Für Deutschland gilt: *„Die Abfallwirtschaft verwertet die gesammelten Kunststoffabfälle nahezu vollständig. Im Jahr 2023 hat sie knapp 38 Prozent aller gesammelten Kunststoffabfälle werkstofflich und 0,5 Prozent rohstofflich oder chemisch verwertet. 61 Prozent der Abfälle wurden energetisch verwertet."* Das bedeutet, dass sie verbrannt wurden. Vgl. https://www.umweltbundesamt.de/daten/ressourcen-abfall/verwertung-entsorgung-ausgewaehlter-abfallarten/kunststoffabfaelle.

[53] Zum Problem der Giftmülldeponien siehe Aldag (2020), der sich auf langlebige Giftstoffe (persistent organic pollutants (POPs) bezieht, die sogenannten „dirty dozen".

[54] Schätzungsweise sind 75 von 185 Nationen davon betroffen. *„In Afghanistan, approximately 25 sqkm of land is cleared annually by removing about 20,000 mines and many other kinds of unexploded ordnance (UXO). With an estimated 10,000,000 mines still in the ground, one might conclude that clearance may take 500 years."* Vgl. Trevelyan (1998).

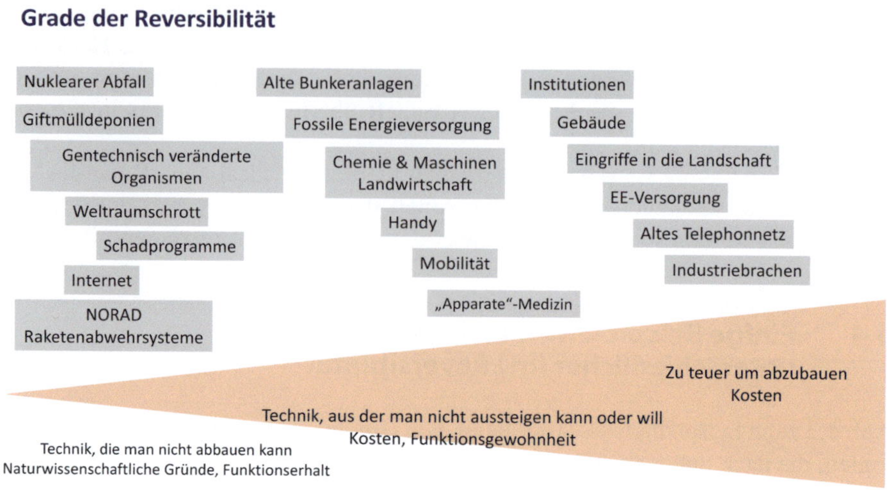

Grade der Reversibilität

Abb. 4.2 Grade der Reversibilität von bestehenden Technologien (von links nach rechts ansteigend)

an künftige Generationen zu kommunizieren.[55] Nach anfänglicher Euphorie haben die veränderten Kosten, Havarien wie Three Mile Islands, Harrisburg, Tschernobyl und zuletzt Fukushima die Einschätzungen des Risikos und des Kosten-Nutzen Verhältnisses verändert. Politische Bewegungen und Parteibildungen haben den Druck auf eine Veränderung der Einschätzung auch in der Bevölkerung verstärkt. Der Ausstiegsbeschluss im Rahmen der Energiewende 2011 hat die Problemlage der Entsorgung jedoch nicht verändert, geschweige denn gelöst.

Freigesetzte gentechnisch veränderte Organismen lassen sich in der Regel nicht wieder einfangen [10,11,12].[56] Das gefährdende Potential von Weltraumschrott [6],[57] die Dispersion von Plastik auf unserem Planeten [12][58] bis hin zum Computerschrott [5,6][59] zeigen uns die schwer beherrschbaren Folgen von Technologien.[60] In all diesen Fällen wird das Problem der Folgen nicht dadurch

---

[55] Zum nuklearen Abfall und dessen langfristiges Erbe siehe Berndes, Kornwachs (1996), Kornwachs (2010, 2015a), Kornwachs, Berndes (1999).

[56] Behringer (2002).

[57] Ein guter Überblick bietet https://en.wikipedia.org/wiki/Space_debris#cite_ref-149. Siehe auch Stokes et al. (2017).

[58] Richie, Roser (2018), Hopewell et al. (2009).

[59] Hwang (2002).

[60] Mit zu diesen Folgen gehört auch die ethisch begründbare Pflicht, die Nachwelt über diese Hinterlassenschaften zuverlässig zu informieren. Dem stehen technische Gründe wie mögliche künftige sozio-ökonomische und kulturelle Entwicklungen entgegen; Kornwachs, Berndes (1999), Kornwachs (2010, 2015a).

gelöst, dass man die jeweils erzeugende Technologie mit oder ohne Ersatz aus dem Verkehr zieht. Man erreicht nur, dass keine weiteren Folgen mehr entstehen, wird aber mit den schon vorliegenden kaum oder gar nicht fertig.

Etwas anders gelagert ist das Problem, wenn man an den schwierigen oder unmöglichen Abbau folgender „Technologien" denkt:

Die meisten Computerviren sind als Schadprogramme darauf angelegt, dass sie nicht oder nur sehr schwer entfernt werden können. Zu dieser Kategorie gehören auch vorinstallierte Malware bei Billighandys[61] oder hardwarebasierte Backdoors [19,20,21].[62]

Das Raketenabwehrsystem NORAD, das im Lauf des Kalten Krieges als Warn- und Responsesystem gegen nukleare Angriffe von den USA und der NATO entwickelt wurde, erfuhr im Laufe der Zeit Verbesserungen und Erweiterungen, die zusätzliche Funktionen ermöglichen oder alte Funktionen durch neue ersetzen sollten. Dabei zeigte sich ein typisches Beispiel von fortschreitend additiver Softwareentwicklung vor Ort: Um einen Kern herum entstehen Schalen neuer Programme unter Beibehaltung des Kerns. Je älter Programme sind, umso schwieriger ist es, deren Dokumentationen (falls es überhaupt welche gibt) und die Programme selbst nachzuvollziehen. Also baut man, statt den veralteten Kern zu substituieren,[63] um alte Programme neue Schalen herum, um nicht die Gesamtfunktionalität zu gefährden. Nach einer gewissen Zeit kann man nicht mehr einfach den Stecker ziehen und ein neues System bauen, zumal das alte ja – je nach Einsatzgebiet – jede Sekunde funktionsfähig sein muss. So enthielt das NORAD System Kerne, die zwar noch notwendig für das Funktionieren waren, die aber niemand mehr nachvollziehen konnte [16,22].[64]

Das Internet wurde als ARPANET unter der Vorgabe entwickelt, ein dezentrales Kommunikationsnetz für militärische Zwecke zur Verfügung zu haben, welches seine Funktionsfähigkeit auch dann aufrechterhält, wenn einige der Knoten des Netzes z. B. durch militärische Schläge ausfallen.[65]

Die zivile Variante, die von Physikern bei CERN auf den Weg gebracht wurde, hat nun zu einem weltumspannenden Netz geführt, das viele Ausfälle verkraften kann, aber auf dem sich nun ein großer Teil der gesamte weltweiten wie lokalen Kommunikation abspielt. Die Folgen einer „Rücknahme" der Hardwaretechnologie des Netzes (Leitungen, Funkstrecken, Glasfaser etc.) wären ebenso wenig denkbar wie die Folgen des Zusammenbruchs der Übertragungsprotokolle durch einen Computer- oder Netzvirus oder auch durch Sabotage [19,22].[66] Das Internet

---

[61] Als unbestätigtes Beispiel: https://www.zdnet.com/article/unremovable-malware-found-preinstalled-on-low-end-smartphone-sold-in-the-us/.

[62] Krieg et al. (2013).

[63] Crnkovic, Larsson (2003), S. 27 ff.

[64] House of Representatives (1981).

[65] Ryan (2010).

[66] Etwas populär dargestellt in Strickland (2010). Zu technischen Ausfällen und fehlender Redundanz siehe Borland (2008).

mit dem darauf laufenden World Wide Web erweist sich damit als eine stark irreversible Technologie.

Trivialerweise kann man sich vorstellen, dass das heutige Niveau der Energieversorgung ohne wirtschaftliche Schäden kaum heruntergefahren werden kann, die anvisierten Klimaziele aber eine Rücknahme der fossilen Energieträger und der Substitution durch erneuerbare Energien erfordern. Hier wäre eine Reversibilität unter Substitution gefordert, wobei die ursprünglichen Energietechnologien (einschließlich Kohle, Erdöl, Gas) alles andere als rückbaufreundlich konzipiert wurde. Man sieht das auch drastisch an den Problemen, die der Rückbau von Kernkraftwerken mit sich bringt [19–21].[67]

Als ein sinnfälliges Beispiel für nicht oder nur zu immensen Kosten rückbaubare Technologien haben sich Bunker erwiesen. Dazu gehören die großen Bunkeranlagen, die entweder stillgelegt, gesperrt oder umgewidmet worden sind – bauliche Saurier aus der Zeit des Kalten Krieges und der zwei Weltkriege.[68] Die Sprengung von Bunkern z. B. des Atlantikwalls an der Westküste Frankreichs und Belgiens schien sich nicht zu lohnen oder war technisch nur unter unerwünschten Nebenwirkungen möglich – so macht man aus der Not eine Tugend und aus Bunkern Touristenattraktionen [23,24].[69]

4.4.2 Alltags-Technik, aus der man nicht aussteigen kann

Wie schon beim Internet angedeutet, können wir heute kaum aus den installierten Informations- und Kommunikationstechniken aussteigen. Man denke, wie sich das Leben ohne Smart Phones, Soziale Netzwerke, Messenger-Dienste und E-Mail verändern würde. Das Argument, dass man früher auch ohne solche Kommunikationstechniken ausgekommen sei, berücksichtigt nicht, dass eben diese Kommunikationstechnologien die organisatorischen Strukturen bis hin zu den individuellen Gewohnheiten so verändert haben, dass ein Weg zurück mit erheblichen wirtschaftlichen und gesellschaftlichen Verwerfungen verbunden wäre. Ähnliches kann man mit hoher Wahrscheinlichkeit auch für die zukünftige Entwicklung der KI behaupten.

Auch gibt es hinter einem gewissen technologischen Stand der Ernährungstechnologie (Kochen – Düngen – Saatgut – Maschinisierung – Digitalisierung der Landwirtschaft) kein Zurück mehr. Schon Thomas R. Malthus hatte eine Steigerung der Produktionsmenge der Landwirtschaft als notwendig angemahnt, weil er einen exponentiellen Anstieg der Weltbevölkerung annahm. Diese erzeuge einen stetig steigenden Bedarf, der mit mehr Nahrungsmitteln gedeckt werden müsse.

---

[67] Vgl. die Tabelle: Dismantled or inactive nuclear reactors. In Wikipedia (2025), https://en.wikipedia.org/wiki/Nuclear_decommissioning.

[68] Eine Liste deutscher Bunker siehe: https://de.wikipedia.org/wiki/Liste_von_Bunkeranlagen.

[69] Zimmermann (1997).

Entlang der Zeitachse kreuzten sich bei Malthus diese beiden Kurven, sodass die Steigerung der landwirtschaftlichen Produktion nicht mehr allein mit der Ausweitung landwirtschaftlicher Fläche und einer intensiveren Nutzung des Bodens bewerkstelligt werden kann, sondern die Produktivität selbst gesteigert werden muss.[70] Malthus ließ die Fischwirtschaft noch außer Acht, gravierender aber war seine Fehlannahme eines nur linearen Wachstums der Nahrungsmittelproduktion. Das Dilemma heute ist, dass gerade die Landwirtschaft mit ihrer ungeheuren, aber notwendigen Produktivitätssteigerung zu einem großen Teil zur Umweltzerstörung und zum Klimawandel beiträgt. Sie kann jedoch durch Substitution nur auf der Ebene der Teilsysteme [8,9] verbessert werden, hingegen wäre das Gesamtsystem durch Konvergenz mit anderen Technologien verbesserbar.

Die Corona-Krise des Jahres 2020 ff. hat weltweit gezeigt, dass eine Reduzierung unserer Mobilität durchaus möglich wäre – allerdings unter jetzt noch nicht absehbare wirtschaftliche und psychosoziale Schäden, die Nationen, Branchen, Unternehmen, Konzerne und die verschiedenen Bevölkerungsschichten und Organisationen bis auf die individuelle Ebene in höchst unterschiedlicher Weise treffen. Auch hier ist das Gesamtsystem unserer Mobilitätstechnologien nicht ersetzbar [19–24], wohl aber sind intelligente Lösungen auf der Ebene der Teilsysteme [13,14,15] denkbar.

Bestimmte staatliche Organisationsformen und gesellschaftliche, soziale und ökonomische Institutionen kann man ebenfalls als *téchne* verstehen, also zu Strukturen geronnene instrumentale Handlungsmuster, die die Kunst des organisatorisch Möglichen[71] in Form von Regeln repräsentieren. Diese formalen Institutionen[72] sind Garant für eine prozessuale, soziale und psychologische Stabilität einer Gesellschaft. Ersetzungsversuche oder ihre Abschaffung haben sich, wie ein Blick in die Geschichte der Revolutionen zeigt, als schwierig und schmerzvoll erwiesen – Organisationsformen und formale wie materiale Institutionen haben eine gewisse Resilienz[73] und Trägheit gegenüber ihren Veränderungen, selbst dann, wenn sich die Umstände verändert haben und sie sich zunehmend als dysfunktional erweisen [13–15, 22–24].

4.4.3   Technik, die man abbauen kann

Der einfachste Fall besteht in der Ersetzung einer Komponente einer Technologie durch eine funktionsgleiche oder -verbesserte Komponente einer anderen, bestehenden Technologie [2].

---

[70] Malthus (1798).

[71] In Anlehnung an die Deutung von Technik als der Kunst des Möglichen; vgl. Hubig (2006 ff.).

[72] Berger, Luckmann (1966).

[73] Unter Resilienz versteht man die Fähigkeit von Systemen, ihre Funktionalität unter Stress und Belastung aufrecht zu erhalten bzw. kurzfristig wiederherzustellen; Definition siehe acatech (2014).

Die meisten Gebäude, die man bisher gebaut hat, kann man im Prinzip abbauen und dem Erdboden gleichmachen [9]. Dass man die Akropolis nicht abreißt, hat kulturelle, keine technischen Gründe, Mao Tse Dong hätte um ein Haar die Verbotene Stadt in Peking als „feudales Überbleibsel" zerstört, Zhou Enlai konnte ihn gerade noch daran hindern.[74]

Die mit viel Aufwand restaurierte und erhaltene Burgruinen erscheinen uns heute romantisch. Doch sie lieferten noch im 18. Jahrhundert Steine als Baumaterial für die umliegenden Dörfer. Der Recyclinggedanke ist also gar nicht so neu. Vielfach wurde in Europa auch Flächenversiegelung wieder beseitigt und Straßen dem Erdboden übergeben. Auch wurden Bahntrassen nach Streckenstilllegungen, vor allem in ländlichen Gebieten, abgetragen [9,12]. Ein weiteres Beispiel ist der Abbau von Wasserkanälen an der Oberfläche in Sydney.[75]

Bei bestimmten Formen der Energietechnik wie Stauseen und Pumpspeicherkraftwerken glaubte man abbauen zu müssen, bis die Energiewende ihnen wieder einen ökologischen und ökonomischen Sinn gab. Ein durch einen Staudamm unter Wasser gesetzte Tallandschaft wieder zu renaturieren, dürfte schwieriger sein, als Windräder, Photovoltaik oder Fossilkraftwerke dem Erdboden gleichzumachen [20,21]. Überlandstromleitungen können leicht aufgebaut und abgebaut werden, schwieriger wird es wiederum, wenn man die Trassen unterirdisch verlegt [2].

Der langfristige Rückgang der Kohle als Energieträger zeigt Wirkung: Vom Tagebau der Braunkohle verwüstete Landschaften werden renaturiert und in Seen und Erholungslandschaften verwandelt. Die Schürfmaschinen können verschrottet werden, die aufgerissenen Bohrlöcher geflutet und die umgebende Landschaft wieder aufgeforstet und renaturiert werden. Allerdings sind dies Maßnahmen, die zum Teil mehrere Jahrzehnte in Anspruch nehmen werden [23,24].[76] Bergwerke wurden stillgelegt oder anderweitig genutzt, Gaskessel wurden zu Kulturtempeln, Stromtrassen wurden verlegt oder kamen unter den Boden [19–21].

Die Felder [17] und [18] stellen einen Sonderfall dar. Unter der Annahme, dass bei einer Technologie die organisatorische Hülle nicht nur „abgeschaltet", sondern auch entfernt und entsorgt wird, und zwar ohne Ersatz durch eine neue Technologie, sind die Gerätschaften zwar noch vorhanden, können aber mangels geltender Regeln oder gesetzlicher Grundlage oder wegen mangelnder Kompetenz nicht mehr genutzt werden. Vorstellbar ist dies z. B. bei alten Dechiffriermaschinen, deren Codes nicht mehr genutzt werden, die aber sonst noch einsatzfähig wären. Vorstellbar ist ebenfalls die Situation eines Fahrverbots für Fahrzeuge mit Verbrennungsmotor mit fossilem Antrieb, die zwar noch funktionstüchtig wären, aber aufgrund von Gesetzen nicht mehr am Verkehr teilnehmen dürfen. In einer solchen Situation ist die potentielle Parallelität von zwei Technologien denkbar, die in eine aktuelle Parallelität umgewandelt werden könnte, wenn man z. B. für

---

[74] Halliday, Chan (2007), S. 677, Leese (2016), S. 50.
[75] Novalia et al. (2022).
[76] Hüttl, Klem, Weber (1999).

diese Verbrennungsmotoren grünen Kraftstoff (aus Wasserstoff oder Bioanlagen gewonnen) zulassen würde, sofern diese umrüstbar sind.

Im digitalen Bereich sind Programme vorstellbar, für die es geeignete Apps und Computer gibt, die aber aus Sicherheits- oder Datenschutzgründen nicht mehr genutzt werden dürfen.

4.4.4 Technik, die zu teuer ist, um sie abzubauen

Die alte Bundesrepublik Deutschland hatte fünf separate Telekommunikationsnetze: Das Telephonnetz der Deutschen Bundespost (Vorgängerin von Telekom), das Telephonnetz der Bundeswehr (einschließlich der Richtfunkstrecken), das Funknetz der Polizei, zusammen mit Rettungsdiensten, Technisches Hilfswerk und Feuerwehr, das ehemalige Fernschreibnetz (Telex-Netz), und das Fernmeldewesen der Bahn. Hinzu kam das 1982 eingeführte Breitband-Fernsehverteilnetz mit Kupferkoaxkabel ohne Rückkanal.[77]

Die Hardwareausrüstung dieser Netze ist längst zum Elektronikschrott gewandert [3], geblieben sind Kupferleitungen in den Kabelschächten, in die nun Schritt für Schritt Glasfaserkabel unterschiedlicher Anbieter z. T. parallel eingebaut werden. Die alten Leitungen lässt man zum Teil jedoch liegen, das Ausgraben und Entsorgen käme vermutlich zu teuer [1,7,13,19], zumal noch argumentiert wird, dass bis zur vollständigen Ersetzung viel Zeit vergehe und die Kupfertechnologie koexistent mit der Glasfaser bleiben müsse.[78]

In Industriebrachen (besonders in Entwicklungsländern) sieht man oft verlassene Fabriken und alte fossile Kraftwerke, die vor sich hin rosten, weil sie keiner abbaut und sich die Verschrottung unter den jeweiligen wirtschaftlichen Bedingungen nicht lohnt [4,10]. Die noch brauchbaren oder ohne großen Aufwand noch irgendwie verwertbare Teile verschwinden in der Regel dann schnell durch Diebstahl.[79]

4.5 Rücknahme wann?

4.5.1 Alternde Technik?

Zunächst ist festzustellen, dass alles altert, auch die Technik. Die Zuverlässigkeit eines technischen Geräts nimmt mit der Zeit ab und damit erhöht sich auch dessen Verletzlichkeit.[80] Man hat daher Methoden der präventiven Instandhaltung

---

[77] Vgl. Kubicek (1993). Damals war schon abzusehen, dass Kupferleitungen den Anforderungen der Zukunft nicht gerecht werden können. Siehe auch NN (1983).

[78] Diese Koexistenz ist wiederum ein Beispiel für parallele Technologien; siehe Kap. 3.

[79] Siehe die Abbildung zu Beginn dieses Kapitels.

[80] Kornwachs (1996).

entwickelt, um den späteren Aufwand für notwendige Reparaturen zu verringern.[81] Dabei gilt: Je höherenergetisch ein Prozess ist, umso schwerer (im Sinnen von teurer und aufwändiger) ist er ab- und wieder anzuschalten. Deshalb ist es im Sinne einer Energie- und Ressourceneffizienz, z. B. Hochöfen nur dann abzuschalten, wenn es unbedingt notwendig ist, und sie auf Betriebstemperatur zu lassen, auch wenn man sie über gewisse Zeit nicht nutzt.

Es gilt auch eine phänomenologische Regel aus der Erfahrung: Was lange nicht wieder angeschaltet oder in Betrieb genommen wurde, „verkommt". Auch IT-Systeme altern. Dies gilt sowohl für die Hardware (z. B. Brüche in Leiterbahnen, Leckströme, Korrosion etc.), als auch für die Software. So sind digitale Kopien von Software und Daten theoretisch gesehen zwar fehlerfrei, in der Praxis gibt es dennoch hardwarebedingte Fehler beim Kopierprozess[82] mit relativ geringen Wahrscheinlichkeiten oder bei der Übertragung im Netz mit etwas höheren Wahrscheinlichkeiten.[83] Diese Wahrscheinlichkeiten können sich jedoch bei häufigen Kopierprozessen über sehr lange Zeit akkumulieren und wirken sich dann massiv aus.

Zum Altern der Technik gehört auch das Altern ihrer organisatorischen Hülle dazu. So hinkt z. B. die Gesetzgebung auf dem Gebiet der Anwendung von Technik in der Regel dem Stand der Technik hinterher und verschläft sie manchmal. Wir sprechen dann von veralteten Gesetzen.[84] Zu diesem Altern der organisatorischen Hülle technischer Systeme resp. Technologien zählen Prozesse und Umstände bei wie z. B.:

- Patentinhaberschaft in prohibitiver Absicht,[85]
- das Vergessen von Passwörtern und damit Nutzungsausfall,
- später nicht mehr nachvollziehbare Dokumentationen von Softwarepaketen, wenn die Urheber nicht mehr erreichbar sind,
- nicht mehr bewältigbare Datenfülle,
- veränderte oder verspätete Gesetzgebung,
- Veränderungen von technischen Normen, die Geräte untereinander inkompatibel machen,
- Veränderungen von Protokollen bei der Datenübertragung, die dort zu Kompatibilitätsproblemen führen,
- inkompatible Sukzessionen von Betriebssystemen,
- Unterbrechung von Lieferketten (Bauteile, Auslaufen von Ersatzteilen),
- Mangel an Instandhaltung,
- Fachkräftemangel resp. Qualifizierungsdefizite.

---

[81] Levitt (2011), Wiethoff (1994).

[82] Kornwachs (2010).

[83] Siehe Lehrbücher der digitalen Kommunikationstechnologien, z. B. Speidel (2019).

[84] Dazu kommt, dass die Denkweisen von Ingenieuren und Juristen nicht immer kompatibel sind.

[85] Das bedeutet, dass Patente angemeldet werden, damit die Konkurrenten keine Patente diesbezüglich anmelden können: sie werden in der Folgezeit aber nicht genutzt oder umgesetzt und veralten daher.

Komplex ist ein Prozess dann, wenn die Zeit, um ihn zu verstehen, länger dauert, als der Prozess selbst. Deshalb ist man bemüht, sowohl die technischen Systeme wie deren organisatorische Hülle zu modularisieren. Komplexe Probleme löst man durch Zerlegung; *divide et impera* heißt dann die Devise. Aber auch modularisierte Organisationsformen altern – durch Gewohnheit und Routine, Erstarrung, Trägheit, Beharrung. Aufbau- und Ablauforganisation werden dysfunktional und müssen neu errichtet werden. Dies ist ein schmerzlicher Vorgang, den man beim Einzug des Computers in die Produktion und in den Bürobereich der Unternehmen in den 80er Jahren beobachten konnte.

Generell gilt: Alternde Technik, die „schwächelt", d. h. deren Zuverlässigkeit unter ein noch tolerierbares Maß fällt, deren Instandsetzungsaufwand über einer kritischen Grenze liegt, und deren Kohärenz mit anderen Techniklinien nicht mehr gesichert ist, müsste durch eine neue Technik ersetzt werden. Die Substitutionskosten, in die man auch die Entwicklungskosten und Anpassungskosten (z. B. Schulung) einrechnen muss, müssten jedoch niedriger sein als die abgeschätzten Verluste (einschließlich der Entsorgungskosten) durch die Schwäche des alten Systems. Erst dann baut sich ein genügender Substitutionsdruck auf, der zur Rücknahme einer alten Technik zwingt.

Rücknahme bedeutet demnach nicht nur Abbau alter materieller Strukturen (Geräte, Bauten etc.), sondern auch die Rücknahme der dazu gehörenden organisatorischen Hülle. Damit beginnen die Schwierigkeiten.

4.5.2   Gründe für eine Rücknahme einer Technologie

In den üblichen Darstellungen der Diffusion neuer Technologien wird davon ausgegangen, dass die Adoptoren, also derjenigen, die eine Technologie in gewisser Weise sich zu eigen machen und sie dann in ihre Verfügung übernehmen (leihen, kaufen, mieten) und nutzen, gute Gründe hierfür haben. Ihr Kauf- oder Nutzerverhalten bestimmt die Marktanteile. Die kumulative Anzahl der Nutzer verläuft dann, je nach Modellvorstellung, nach einer logistischen Kurve, die Anzahl der Adoptoren, die sich pro Zeiteinheit einer Technik annehmen, ergibt eine Glockenkurve.[86]

Die Dynamik der beiden Adoptorenkurven wird von Faktoren bestimmt, die sich neben dem Bedarf, die Technik für eine bestimmte Problemlösung zu verwenden, auf die Akzeptanz und die ökonomischen wie psychologischen Motivationen sowie auf die Eigenschaften der in Frage kommenden Technologie beziehen. Wir verwenden eine in der Literatur vorliegende Zusammenstellung solcher Faktoren[87] und bestimmen daraus qualitativ die Inversion; d. h. wir suchen nach Faktoren, die dazu führen, dass Betreiber und Nutzer einer Technologie den

---

[86]Ausführlicher siehe Abschn. 3.1, dort Abb. 3.1.

[87]Valentowitsch (2019), S. 28, Tab. 2.

Betrieb resp. die Nutzung einstellen, *bevor* der Zeitpunkt gekommen ist (siehe roter Punkt in Abb. 4.3), eine Technologie aus Altersgründen oder aus Gründen ihrer mangelnden Konkurrenzfähigkeit aus dem Verkehr zu ziehen. Hier interessieren die Verläufe nach dem *„last order"*, die im Allgemeinen in der Literatur und den Lehrbüchern weniger betrachtet werden:

- **Abbruchzeitpunkt:** Es wird keine neue Technik mehr ausgeliefert, kann aber noch benutzt werden,
- **Abschaltzeitpunkt:** Keine Nutzung mehr möglich,
- **Zeitraum zwischen Abbruch- und Abschaltzeitpunkt:** Hier fällt die Adoptorenkurve auf null, es gibt auch keine Marktzuwächse und Verkäufe mehr.

In Abb. 4.3 ist die gelbe Kurve (Marktanteile) unter der Annahme gezeichnet, dass eine Technologie zurückgenommen wird, bevor der Markt gesättigt ist. Die Marktanteile, die zu dieser Zeit bei x% liegen mögen, stagnieren, da keine weiteren Ausrüstungen, Komponenten und Geräte mehr proliferiert werden. Dann nutzen die verbleibenden Nutzer die Technik noch eine Weile, aber es kommen keine neuen Nutzer mehr dazu. Der Cash Flow für den Anbieter oder Investor bricht ab und die Kosten für die Entsorgung in Form von Rücknahme oder Recycling beginnen die Kurve umzudrehen, sofern nicht schon beim Design des Produkts darauf geachtet wurde, dass das Produkt entsorgungs- resp. recyclinggerecht hergestellt wird.

Die möglichen Typen der Dynamik des Ausstiegs sind: Träges Auslaufen, Zerfall des Marktes nach Entscheidung, schneller Zerfall, abruptes Ende durch Verbot der Nutzung. Adoptoren steigen meist verzögert aus einer Technik aus (z. B. die bekannten Szenarien wie „Ausstieg aus dem Ausstieg"), manche nutzen noch

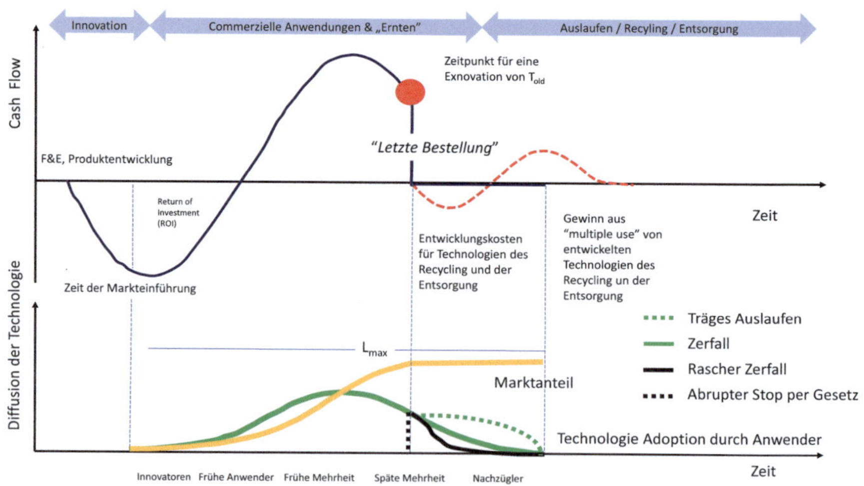

Abb. 4.3 Unterschiedliche Dynamiken des Ausstieges / Rücknahme einer Technologie

die verbliebenen, aber nicht mehr gewarteten Komponenten, so lange es geht. Ein linearer Ausstieg bedeutet, dass kontinuierlich immer mehr Nutzer aus der Technik aussteigen. Der exponentielle Zerfall liegt meist vor, wenn schlagartig der Ausstieg kommuniziert wird, gefolgt von einem panikartigen Ausstieg aus der Nutzung. Voraussetzung ist aber, dass eine parallel nutzbare funktionsäquivalente Technologie vorhanden ist. Dies ist auch der Fall beim sogenannten trägen Ausstieg: Adoptoren steigen erst allmählich, und dann vermehrt aus, induziert durch Imitations- und Nachzieheffekte. Ein abrupter Ausstieg liegt dann vor, wenn vom Ausstiegsdatum an keine Nutzung mehr aus technischen oder gesetzlichen Gründen möglich ist. Es wäre interessant, hier das tatsächliche Verhalten und damit die statistische Verteilung zwischen diesen Möglichkeiten empirisch zu erfassen.

4.5.3   Nochmals: Exnovation

Gründe für eine Exnovation[88] können dann vorliegen, wenn Handlungen mit einer Technologie nur einen geringen Mehrwert bringen, immer kostspieliger werden und die verwendeten Methoden und Technologien veraltet sind und im schlimmsten Fall gefährlich werden könnten.[89] Als Beispiel seien operative Techniken in der Chirurgie genannt. Es geht Kimberly als Gesundheitsökonom eher um die Routinen und Prozeduren, weniger um die Gerätetechnik, wenn er schreibt:

> *"While we tend to focus on what is new and sexy, and while we praise the innovators, the truth is that for new programs, technologies, and products to be embraced, old ones often need to be discarded. The conundrum is that they are often not discarded ... Habits and routines become ingrained, often subconsciously, and we come to rely on them, they become instinctual, and are locked in".*[90]

Die Diffusionsforschung hat oftmals einen Innovation-Bias, der schon bei den ursprünglichen Untersuchungen zu Innovationszyklen und Adoptorenverhalten angelegt war.[91] Die Einteilung in *innovators, early adopters* und *laggards* (Nachzügler) hatte geradezu normativen Charakter, denn wer will sich schon dem Fortschritt verschließen und ein Nachzügler oder gar Technikverweigerer sein?

Die Diffusionsforschung ist mittlerweile sehr intensiv, wächst selbst exponentiell in der Literatur,[92] da sie in der Praxis dazu dient, Marktdynamiken für Produkte und Technologen abzuschätzen oder gar vorherzusagen. So steht die Durchsetzung einer

---

[88] Zur Beziehung zwischen Innovation und Exnovation siehe Arnold et al. (2015).

[89] Kimberly (2014).

[90] Ebenda.

[91] Rogers et al. (2009).

[92] Ein Überblick gibt Palm (2022).

Innovation, also die linke Seite der Abbildungen der Diffusionskurve in Abb. 4.3 im Vordergrund des Interesses, um dann die „Markteroberung" einer Technologie nach dem Markteintritt zu beobachten bzw. vorherzusagen. Die Beobachtung resp. Prognose aufgrund des Modelles und der vorliegenden Marktdaten endet dann mit der Marktsättigung und dem rechten Teil der Kurven.

> *„… Exnovation [meint] das beabsichtigte Aus-der-Welt-Schaffen von materialisierter Praxis und sozialen Praktiken. Die Exnovation ist die stets mitgeführte, aber oftmals nicht thematisierte, unsichtbare zweite Seite der Innovation. Wer innoviert, der exnoviert – und wer exnovieren will, muss in gewisser Weise auch innovieren, denn das Alte, das beseitigt werden soll, muss in irgendeiner Weise mit etwas anderem ersetzt werden. Die Elektromobilisten thematisieren permanent in ihrer Praxis das Alte, das verschwinden soll. Sie sind nicht nur für, sondern auch gegen etwas: Unter Exnovation verstehe ich also das beabsichtigte Bemühen von individuellen oder kollektiven Akteur/-innen, das ehemals Innovative und gegenwärtig Bestehende wieder aus der Welt zu schaffen"*[93]

4.5.4 Gründe für einen Ausstieg

Wir betrachten im Folgenden Gründe anhand von Indikatoren, die zu einer De-Adoptoren Haltung führen könnten, d. h. wir betrachten den Fall, dass man eine bisherige Technologie nicht auslaufen lässt und parallel zur neuen verwendet,[94] sondern sich entscheidet, sie zurückzunehmen und entweder auf die Technologie ganz zu verzichten oder eine schon bestehende, aber funktionsärmere Ersatztechnologie zu nutzen. Denn eine eventuell noch in Entwicklung befindliche funktionsgleiche oder gar funktionsreichere Technologie käme in diesem Fall zu spät.

Dazu verwenden wir das Verfahren der Inversion von positiven Faktoren für die Adoptoren, wie sie aus der Literatur bekannt sind.[95] Das bedeutet, dass wir das Gegenteil oder die Negation dieser Faktoren zum Ausgangspunkt nehmen, nach solchen Gründen für eine Exnovation zu suchen. Diese Exnovation heißt hier nicht Abbruch einer Innovation gleich zu Beginn des Prozesses oder nicht geleistete, unterlassene Innovation,[96] sondern der Abbruch des Lebenszyklus eines Produkts oder einer Technologie vor dem ursprünglich vorgesehenen *„last order"*, also der letzten Auslieferung oder Installation oder Inbetriebnahme. Die ist die Position des roten Punkts in Abb. 4.3.

In Bezug auf Eigenschaften der in Frage stehenden Technologie können folgende Gründe für eine Rücknahme bestehen:

---

[93] Stock (2018), S. 176 f. bezieht sich auf eine Definition von Fichter (2010), S. 181.

[94] Wie in Kap. 3 diskutiert.

[95] Siehe z. B. Valentowitsch (2019), Tab. 2, S. 28.

[96] Zu solchen Faktoren, die zu einer verzögerten oder blockierten Innovationsdynamik führen, siehe Pihlajamaa, Patana et al (2013), Tab. 2.

- Der Vorteil einer Linie, d. h. der Technologie oder des Produkts oder damit zusammenhängenden technisch vermittelten Dienstleistungen (kurz T_{alt} genannt) wird nicht mehr gesehen.
- Durch veränderte Rahmenbedingungen erweist sich T_{alt} als nicht mehr kompatibel mit dem bestehenden. Dazu gehören z. B.: Steigende Preise für Rohstoffe, Veränderung der Gesetze, veränderte Standards und Normen, Veränderung der Dual-use-Verwendung durch politische Veränderungen, Veränderung der Akzeptanz.
- Durch das Wachsen der organisatorischen Hülle erweist sich die Technologie als zu komplex und nicht mehr beherrschbar.
- Die alte Technik T_{alt} ist noch nicht genügend erprobt oder lässt sich vor der Einführung nicht vor Ort testen (Großprojekte im Bauwesen wie Brücken etc.).
- Die Eigenschaften von T_{alt} sind nicht mehr transparent /beobachtbar.
- Die Existenz paralleler Technologie legt nahe, auf T_{alt} zu verzichten.
- Die Bedienung wird sukzessive zu kompliziert, z. B. vom analogen Festnetz-Telephon zum Smart Phone.
- Die Technik erlangt während ihrer Präsenz am Markt keinen befriedigenden Reifegrad (sog. Kinderkrankheiten).
- Angst vor Techniknutzung durch andere – z. B. vor Überwachung oder Entprivatisierung.

In Bezug auf die Einschätzung durch Adoptoren, invariant davon, ob ihre Einschätzung zutrifft oder nicht, können folgende Faktoren eine Rolle spielen:

- Die Technik wird immer mehr als Hochrisikotechnologie eingeschätzt.
- Technik wird auf die Dauer für Betreiber oder Nutzer objektiv zu teuer (direkte und indirekte Kosten).
- Die Technik erweist sich als diskriminierend hinsichtlich Alter, Geschlecht, Bildungsstand, Einkommen, Herkunft, Wohnort, Sprache etc.
- Verändertes Konsumverhalten nach Einschätzung der Kassenlage und Einkommensverhältnisse, d. h. die Technik wird subjektiv zu teuer.
- Risikoaverse Einstellung, skeptische Zukunftssicht.
- Konformität, Mitzieheffekt, Imitationsbereitschaft; es kann zur Modeerscheinung führen, eine Technologie nicht mehr zu nutzen.
- Niedrige kognitive Leistungsfähigkeit und wenig Lernbereitschaft resp. geringe Qualifizierbarkeit: Die Maschine wird als zu klug empfunden.

Möglich sind auch sozio-ökonomische Faktoren wie

- Besteuerung der Nutzung einer Technologie führt zu einer veränderten Kosten/ Nutzen Einschätzung,
- Rezession, Konsumzurückhaltung, Platzen von Blasen an Märkten,
- Gesetzliche Veränderungen wie Einschränkungen, Verbote (DDT, FCKW), Zwang zum Ausweichen auf andere Technologien.

4.5.5 Möglichkeiten eines Ausstiegs aus der Nutzung einer bereits installierten Technologie

Hier wird die Irreversibilität der Nutzung von Technik angesprochen. Idealerweise sollte die Entscheidung, ob eine bestimmte Technologie genutzt wird oder nicht, zunächst dem freien Willen der Nutzer überlassen werden. Diese Sichtweise birgt jedoch die Gefahr, die Bedingungen der jeweiligen Situation, in der sich die Nutzer befinden, zu negieren.[97] In praktischer Hinsicht ist der Rückzug aus einer Nutzung mit einem Funktionsverzicht verbunden, der jedoch dadurch kompensiert werden kann, dass entweder auf äquivalente (funktionsgleiche oder zumindest inklusive) parallel existierender Technologien zugegriffen werden kann, oder der Vorteil der Einsparung durch Nichtnutzung den Nachteil eines Funktionsausfalls überwiegt. Ein besonderer Fall liegt dann vor, wenn sich die Rahmenbedingungen so geändert haben, dass die Nutzung nicht mehr gebraucht wird. Ein Beispiel wäre – hypothetisch – eine zufrieden stellende Struktur einer Öffentlichen Nahverkehrsversorgung z. B. im ländlichen Raum. Dann würde sich die Nutzung eines privaten PKWs erübrigen. In einigen Großstädten ist dies annähernd schon der Fall, in ländlichen Gebieten hingegen durchgehend nicht.

Als freie Entscheidung sollte aus ethischer Sicht der Unterschied zwischen Nutzung und Nichtnutzung nicht zu sozialen oder wirtschaftlichen Nachteilen führen. Diese Forderung ist jedoch angesichts der bereits installierten Technologien und ihrer organisatorischen Hüllen naiv. Es ist daher interessant zu sehen, welche bereits installierten Technologien zu Dilemmata geführt haben und noch führen.[98] Denn dann wäre ein Rückzug aus der Nutzung einer bestimmten Technologie auch mit der Aufhebung des damit verursachten Dilemmas verbunden. Die Tab. 4.2 zeigt einige Beispiele.

Auch ist es sowohl ökonomisch wie wirtschaftsethisch von Interesse, inwieweit die Situation, in der man wählen kann, ob eine bestimmte Technologie eingesetzt wird oder nicht, wirklich frei ist. Solche Möglichkeiten der freien Wahl sollten bei der künftigen Gestaltung berücksichtigt werden. Außerdem muss das oben diskutierte Problem der Pfadabhängigkeit bei Entwicklungsentscheidungen berücksichtigt werden:[99] Oftmals ergeben sich erkennbare Zwangssituationen erst später, wenn die Pfade schon irreversibel eingeschlagen worden sind.

Aus systemtheoretischer Sicht ist es schließlich interessant zu sehen, welche Zeithorizonte für solche Entscheidungen bleiben, einen Pfad einzuschlagen bzw. diese Entscheidung zu revidieren. Für die Piloten einer Boeing 737 Max8 in Indonesien war der Zeithorizont zu kurz, um von automatischer auf manuelle Steuerung umzuschalten – dies hatte tödliche Folgen.[100]

---

[97] Grunwald (2010b, 2011).

[98] Kornwachs (2000, 2016a, 2016b).

[99] Am Beispiel der Energiepolitik diskutiert durch Fischedick, Grunwald (2017).

[100] Absturz der Indonesia Airlines JT 620 am 29. Oktober 2018; siehe Komite Nasional (2018), kurz diskutiert in Kornwachs (2021); siehe auch Abschn. 4.1.

Tab. 4.2 Beispiele von Technologien und den mit ihrem Nutzen einhergehenden Dilemmata

Technologie	Dilemma der Nutzung	Ethischer Hintergrund Verletzung von Werten / Prinzipien
Autonome Waffensysteme	Effizienz und Präzision versus Diffusion der Verantwortung	Keine verantwortliche Entscheidung mehr möglich, Irreversibilität beim Einsatz
Altenpflege und Betreuung durch Roboter	Ökonomische Effizienz versus Mangel an Zuwendung und Humanität	Mangelnde Anerkennung Zuwendungssurrogate
KI-unterstütztes Human Ressource Management	Effizienz und Objektivierung versus Gefühl des Ausgeliefertseins und Intransparenz der Entscheidungen	Mangelnde Anerkennung der Person im Verfahren
High Frequency Trading Hochgeschwindigkeitshandel an der Börse	Kurzfristiger Vorteil versus Gefahr der Blasenbildung und Systemresonanzen	Keine hinreichende Information zur Entscheidung, Entscheidungen nicht mehr nachvollziehbar

Die Entscheidung zur Energiewende 2011 aufgrund des Fukushima Ereignisses kam ebenfalls zu kurzfristig, da der dafür notwendige Ausbau der regenerativen Energien nicht weit genug fortgeschritten war und die Brückentechnologie mit Erdgas zu einer hohen Abhängigkeit von externer Proliferation durch ein politisch prekäres Partnerland führte. Die massive Förderung der Entwicklung der Wasserstofftechnologie wurde ebenfalls zu spät gestartet, was zur Pfadabhängigkeit der Elektromobilität führte. Die verspätete Digitalisierung bei Verwaltung und im Erziehungswesen machte sich drastisch bei der Pandemie in den Jahren 2020–2022 bemerkbar.

Aus diesem Grund müssten die entsprechenden Zeithorizonte für die Entwicklung für zukünftige Technologien mit vergleichbaren Strukturen berücksichtigt werden, wenn vorhandene Technologien ersetzt oder rückgenommen werden müssen oder sollen.

4.5.6 Folgen eines Ausstiegs

Die Folgen eines Ausstiegs aus einer Technologie, sei dies vorzeitig oder auch aus Gründen des Auslaufens einer Technologie, kann man an drei Beispielen studieren, bei denen der Ausstieg bereits vollendet resp. verzögert im Gang ist. Tab. 4.3 zeigt die Folgen, aufgeschlüsselt nach Funktionsausfall bzw. Funktionslücke, nach Funktionseinschränkung, nach Kosten im Vergleich gegenüber dem Nichtausstieg und nach der Veränderung der organisatorischen Hülle. Als Beispiele dienen der Ausstieg aus der Kernenergie, der aufgrund gesetzlicher Regelungen erzwungenen Ausstieg aus der Verwendung des Pflanzenschutzmittels DDT und des Kühlmittels FCKW sowie die Rücknahme der BTX-Technologie (Bildschirmtext) durch die Betreiber aufgrund des mangelnden Erfolgs am deutschen Markt.

Tab. 4.3 Folgen eines Ausstiegs aus einer Technologie. T_p steht als Statthalter für Brückentechnologien

Folgen		z. B. bei den Technologien		
	Durch …	**KKWs $(= T_{alt})$** $T_p =$ Erdgas $T_{neu} =$ Erneuerbare Energien (EE)	**DDT / FCKW$(= T_{alt})$** $T_p =$ keine $T_{neu} =$ Ersatzstoffe	**BTX$(= T_{alt})$** $T_p =$ ISDN $T_{neu} =$ Internet
Funktions-ausfall/-lücke	Abschalten vom Netz / Stilllegung von T_{alt}	Stromausfall, Gefährdung der Versorgungssicherheit	Wegfall des Einsatzes von DDT durch Verbot 1972, für FCKW von 1991–1994	Auslaufen, weil Flop am Markt, Übertragungssystem noch auf analoger Basis
	Zu späte Einsetzung durch T_{neu}	Kohlewiedereinstieg durch KKW Ausstieg	Neue Ersatzstoffe kommen zögerlich	Adiabatische Ersetzung durch Internet und WWW
	Zu späte Einführung von T_p	Gaserzeugung kommt zu spät, EEs sind zu wenig ausgebaut	Es gab keine parallelen Ersatzstoffe	Problem des sich Gewöhnens an das Internet? Bedienung wird komplexer
Funktionsein-schränkung	T_{neu} oder T_p funktioniert, aber mit $F(T_p$ oder $T_{neu}) < F(T_{alt})$	Stromausfälle möglich	Neue Kühlungsmittel, neue Kühlschränke erforderlich	Keine, sondern Funktionserweiterung
Kosten	Cash Flow	Ansteigende Strompreise	Niedrigere Ernteerträge	Anbieter bot den Übergang als Dienstleistung an
	Entsorgung / Recycling	Entsorgung noch nicht gelöst	Recycling alter Kühlschränke teuer	Btx Geräte als Anfang des Computerschrotts
	Hochfahren von T_{neu} oder T_p	Kosten für neue Gaskraftwerke, Aufschieben des Kohleausstiegs	Erzeugen von Ersatzstoffen	Investitionen zum Anschluss an Internet von Anbieterseite noch hoch
Veränderung der organisatorischen Hülle	Regulierung	Marktregulierung – *„first merit principle"*	Verbote des Einsatzes mit Fristen	BTX klares, aber teures Gebührenmodell, gefolgt von unklar regulierter Internetökonomie
	Co-Systeme	Stromtrassen fehlen	Veränderung der Zulassungsverfahren für Ersatzstoffe	WWW und Internet als weltweites System auf digitaler Basis
	Sub-/Supersysteme	Speicherkapazität fehlt, Smart Grids kommen zu langsam Zentrale Stabilisierung der Netzfrequenz ungeklärt	Neue Proliferationsketten zum Hersteller von Kühlschränken	PC/ Laptop / Tablet / Smartphone

Man sieht, dass die Folgen davon abhängen, ob eine Paralleltechnologie existiert und wie schnell eine neue, substituierende Technologie entwickelt worden ist. Die Abschaltung und Stilllegung von Kernkraftwerken sowie der Einsatz von DDT resp. FCKW geschah durch gesetzliche Grundlage, nicht durch die Hersteller oder Betreiber dieser Technologien. BTX (Bildschirmtext, ein Vorläufer des Internets) wurde durch die Deutsche Bundespost 1983 eingeführt und floppte am deutschen Markt, während es in Frankreich, dort bekannt als Minitel, außerordentlich beliebt war.[101] 2001 wurde der Dienst eingestellt, da er sich gegen das Internet nicht behaupten konnte. Der Grund für die schwache Marktlage von Anfang an ist eher in den unterschiedlichen Gewohnheiten des Wohnens zu suchen: In Frankreich war es üblich, dass Telephone lange Leitungen hatten und man den Telephonapparat genau dahin stellen konnte, wo man ihn gerade brauchte, sei es am Schreibtisch, in der Küche oder am Bett. Die Standardgeräte in Deutschland waren mit kurzen Leitungsverbindungen von Dose zu Gerät ausgestattet und standen daher meist unbeweglich im Flur der Wohnung auf einem kleinen Sideboard. Das Bedienen des Btx- Geräts mit Tastatur und Bildschirm ging aber nur an einem Tisch oder Schreibtisch. Hinzu kam, dass die Deutsche Bundespost eine restriktive Vertrags- und Gebührenpolitik betrieb, was nur die Nutzung der von der Post zugelassenen Hardware ermöglichte; der Anschluss eines Heimcomputers war anfänglich nicht gestattet.

4.6   Was wäre, wenn?

4.6.1   Abfolgen von Substitutionen

Die Geschichte der Technik zeigt neben den Abfolgen von Innovationen und Rücknahmen von Technologien, die für viele Zeitgenossen in der jeweiligen Situation als überraschend oder als disruptiv empfunden wurden, auch viele Übergänge, bei denen die alte wie die neue Technologie lange Zeit parallel existierten und benutzt wurden. Dabei zeigen die Abfolgen der Substitutionen von Technologien bei den technischen, ökonomischen, umweltrelevanten und politischen Gründen ein vielfältiges Muster, das aber eine Gemeinsamkeit aufweist: Die neue Technologie enthält die alte Funktionalität, erweitert sie und erweist sich damit als ökonomisch günstiger. Zum anderen erweisen sich die alten Technologien zum Teil als schädlich für die Umwelt oder fallen unter gesetzliche Verbote.

Der Beginn der optischen Telegraphie durch die visuelle Übermittlung von Zeigerständen (Flaggen, Positionen in einem der Uhr ähnlichen Kreisblatt mit

---

[101] Im Jahr 2002 waren es in Frankreich noch neun Millionen Terminals von Minitel in Betrieb. In Deutschland waren es um 1992 kaum eine Million Nutzer. Vgl https://www.heise.de/newsticker/meldung/Frankreichs-Internet-Vorgaenger-Minitel-geht-vom-Netz-1629657.html.

Winkeln, Winkelstellung von Balken)[102] wurde durch deren militärische Tauglichkeit befördert. Sie wurden erst nach 1838 durch die Erfindung des elektrischen Telegraphen durch Samuel Morse allmählich bis 1881 abgelöst. Die Gründe für die Ersetzung lagen in der höheren Geschwindigkeit der Signalübertragung, wenn auch zu Beginn die Reichweite weitaus geringer als die der optischen Stationen war. Der Abbau der materialaufwändigen Signalmasten und Türme war unproblematisch, die Verlegung elektrischer Leitungen hingegen aufwändig. Gegen Ende des 19. Jahrhunderts kam durch Experimente von Guglielmo Marconi und Ferdinand Braun die Möglichkeit der Übertragung durch elektromagnetische Wellen hinzu, was letztlich dazu führte, dass selbst bis 1992 noch Kommunikation über Telegraphie betrieben wurde.

Die Erfindungsgeschichte des Telephons, die viele Protagonisten aufweist,[103] zeigt zu Beginn eine eher zögerliche Diffusion, da die Morsetechnik ausgereift erschien. Der Weg zu einem weltweiten Telephonnetz war neben den Leitungen, Knoten und Unterseekabeln letztlich nur durch die Weiterentwicklung der Funktechnik möglich. Der Grund für die Substitution der Telegraphie durch die Telephonie bestand in der immensen Funktionserweiterung, die menschliche Stimme zu hören, statt nur Zeichen zu übertragen. Die lang andauernde Parallelität beider Technologien lag wohl daran, dass die Telegraphie zum Zeitpunkt der Einführung der Telephonie schon sehr ausgereift war. Zudem war der technische Aufwand des Telephons hinsichtlich der Endgeräte, der Übertragungsqualität und der Vermittlung wesentlich höher.

Die Konvergenz von analoger Nachrichtentechnik und Digitaltechnik führte letztlich zur Konvergenz von sprachlicher, visueller und datenbasierter Kommunikation zum Internet, das all diese Kommunikationsformen auf Datenbasis vereinigt. Technisch gesehen überwand man damit die Störanfälligkeit, die geringe Übertragungsqualität, die geringe Bandbreite und Abhörsicherheit sowie den langsamen Vermittlungsaufbau. Gegenwärtig beobachten wir, wie die Festnetztelephonie schrittweise zurückgenommen wird. Dafür handeln wir uns beim *Ubiquitous Computing*, dem Internet der Dinge und der Vernetzung von allem mit allem neue Probleme ein. So ergeben sich beispielsweise Probleme bei der Sicherheit der Systeme (Vulnerabilität), beim möglichen Missbrauch der Kontroll- und Überwachungsfunktionen und letztlich lässt sich ein kontinuierlich ansteigender Energiebedarf kaum vermeiden.

Die Ersetzung des heutigen Internets wäre – als Spekulation – denkbar durch eine Technologie, die eine direkte Schnittstelle zwischen dem menschlichen neuronalen Netz und den globalen Kommunikationsnetzen ermöglicht. Dies könnte den Energieverbrauch und Materialverbrauch senken, hätte aber die Probleme, die mit

---

[102] Vergleichsweise unabhängig voneinander entwickelt durch Claude Chappe (1763–1805) und Abraham Niclas Edelcrantz (1754–1821). Zur Geschichte siehe Holzmann, Pehrson (1994).
[103] Coe (1995), Becker (1994).

Tab. 4.4 Folgen von substituierten und substituierenden Technologien in der Energieversorgung

Technologien	Substituierte Technologie	Substituierende Technologie	Nachfolgende substituierende Technologie	Zukünftige Technologie
Gründen für die Zurücknahme	Fossile Kraftwerke	Kernkraftwerke	Erneuerbare Energien (Wind, Photovoltaik)	Kernfusion (Utopie?)
Technische	Es müssten bei neuen Kohlekraftwerken aus Gründen der Luftreinheit 300 m hohe schlanke Kamine gebaut werden[104]	Fehlende Lagerstätten für nuklearen Abfall; Qualität und Risiko des laufenden Betriebs	Volatile Energiebereit-stellung, Speicherprobleme,[105] zu wenig und zu späte Produktionskapazität, zu wenig Platz in dichtbesiedelten Gebieten	Permanente Energiequelle, D und Li praktisch unbegrenzt, geringer nuklearer Abfall, hohe Betriebssicherheit. Aber: Aufwände für Instandhaltung unklar,
Ökonomische	Kosten für den Transport der Kohle zu den Kraftwerken sind zu hoch Die Kohle-/Dieselkraftwerke sind zu klein	Kosten des Stromausfalls durch mangelnde Zuverlässigkeit der KKWs Billigere Stromerzeugung als durch KKWs möglich	Zwar billig und im Prinzip schnell zu installieren, aber zu wenig Produktionskapazität und Kapitalisierung	Entwicklung erst nach 30 Jahren erwartet; Bau und Unterhalt wahrscheinlich sehr teuer
Umweltbezogene	Kohle-/Gasverstromung produzieren zu viel CO_2	Nicht akzeptables Risiko der Verstrahlung bei Unfällen, Entsorgung nicht gelöst	Abfallmanagement von PV und Windkraftwerken ist nicht trivial, ebenso das der elektrischen Speicher (Batterien); Beeinträchtigung der Landschaft durch Windmühlen, PV-Flächen und Stromtrassen	Geringe Umweltbeeinträchtigungen erwartet

(Fortsetzung)

---

[104] Beispiel Südafrika: Dies wird bei der Diskussion in der Tagespresse als Begründung für den Bau des Kernkraftwerks Koebe nördlich von Kapstadt angegeben. Vgl. die Ausrüstung des Duvha Kraftwerks in Mpumalanga, South Africa, siehe https://en.wikipedia.org/wiki/Duvha_Power_Station.

[105] Das Speicherproblem volatiler Energien wäre mit einer Wasserstoffkreislauftechnologie (Elektrolyse von $2H_2O$ zu $2H_2$ und O_2, Anlagerung von CO, grünes Gas, grüner Kraftstoff, Verstromung) im Prinzip lösbar, jedoch weist diese Technik bei der Aufwärtsskaliierung einen noch zu geringen Wirkungsgrad auf. Zum Vergleich: Pumpspeicher ca. 75–80 %, Wasserstofftechnologie mit Brennstoffzelle ca. 50–60 %, großtechnisch wesentlich geringer. Dies sind allerdings nur Schätzungen; siehe Geitmann, Augsten (2022).

Tab. 4.4 (Fortsetzung)

Technologien	Substituierte Technologie	Substituierende Technologie	Nachfolgende substituierende Technologie	Zukünftige Technologie
Politische	Climate Agreement Paris (12/2015) erzwingt eine Veränderung (Einhaltung der Klimaziele)	Als Brückentechnologie umstritten, Interessen der Betreiber und Shareholder konfligieren mit öffentlicher Akzeptanz	Widerstand gegen Landschaftsbeeinträchtigung	Noch eher Prestige- als ökonomisches Projekt der beteiligten Länder

dem Begriff der totalen Kommunikation verbunden sind. Dafür werden Gegensätze deutlich wie Transparenz versus Privatheit, Öffentlichkeit versus Intimität, persönliche Integrität versus Schnelligkeit und Effizienz der Informationsübertragung.

Um die Darstellung kurz zu halten, sind beispielhaft für die Abfolgen von Energietechnologien, die sukzessive zurückgenommen werden, die Gründe für die Substitution in Tab. 4.4 stichwortartig zusammengestellt: Energiegewinnung aus Kohle wird durch Kernenergie, diese durch erneuerbare Energien ersetzt, gefolgt von der Noch-Utopie der Energiegewinnung aus Kernfusion. Beschrieben werden die technischen, ökonomischen, umweltbezogenen und politischen Gründe, die zu einer Substitution führen können.

4.6.2 Hypothesen über die Folgen einer Rücknahme einiger bestehender Technologien

Die in Abb. 4.2 und dem obigen Abschn. 4.5 diskutierten Technologen sind zwar nur bedingt, d. h. nur zu verschiedenen Graden rücknehmbar. Wir können trotzdem diskutieren, was geschähe und welche Auswirkungen und Kosten es hätte, wenn diese Technologien zurückgenommen würden. Dabei können auch die potentiell substituierenden Technologien und ihre Auswirkungen auf die Ökonomie und die Gesellschaft in den Blick genommen werden.

Um auch hier die Diskussion kurz zu halten, sind in der Darstellung in Tab. 4.5 einige existierende Technologien und ggf. deren Hinterlassenschaften analysiert; angegeben wird der Grad der Rücknehmbarkeit nach der Fallunterscheidung in Tab. 4.1. Angegeben werden jeweils bei einer (hypothetischen) Rücknahme die in Frage kommenden ersetzenden, nachfolgenden oder alternativen Technologien, die Kosten der Rücknahme sowie die potentiellen Auswirkungen auf die Ökonomie und auf die Gesellschaft.

Die Tab. 4.5 wurde gegenüber den in Abb. 4.1 genannten Technologien um die Technologielinien Kernwaffen und Elektromobilität ergänzt.

Tab. 4.5 Existierende Technologien, Hinterlassenschaften und Substitutionsmöglichkeiten

Existierende Technologien und deren Hinterlassenschaften	Fall in Tab. 1	Keyword	Kosten einer Rücknahme	Substituiert/ gefolgt von	Auswirkung auf die Ökonomie	Auswirkungen auf die Gesellschaft
Kernwaffen und ihr nuklearer Abfall	10, 11, 12	Abrüstung als politische Aufgabe erwünscht	Kosten einer sicheren Verschrottung[106]	Biologische /Chemische Waffen (automatisierte) Cyber-Waffen	Proliferation von Plutonium für zivile Kernkraftwerke	Verminderung der Gefahr einer Massenvernichtung
Kernkraftwerke und ihr nuklearer Abfall (siehe auch Tab. 4.4)	19–21, 22–24	Endlagerung technisch- organisatorisch nicht gelöst	Abbau und Entsorgung sehr teuer und langwierig Langzeit-Markierung der Lager erforderlich	Klimaneutrale erneuerbare Energien Speichertechnologie Energiewende	Kompensation für die Betreiber? Innovationsdruck	Höhere Sicherheit, geringere Allgemeinkosten
Genetisch veränderte Organismen	10–12	Irreversible Diffusion in die Umwelt	Dokumentation der Veränderungen über hunderte von Jahren erforderlich	„Natürliche" Zuchtmethoden?	Einschränkungen in Landwirtschaft und Gesundheitssystem	Weniger Gesundheit
Internet	19, 22	Zusammenbruch der Zivilisation	Nicht abschätzbar	Nicht absehbar Lokale Subsistenzwirtschaft	Zusammenbruch der Kommunikation und Weltwirtschaft	Zusammenbruch der Lieferketten, Hungersnöte, Versorgungslücken

(Fortsetzung)

[106]Nach der Auflösung des Warschauer Militärpakts und erfolgreichen Abrüstungsabkommen begann man mit der Verschrottung von nuklearen Waffen. Vgl. Hippel, Miller et al. (1993). Mittlerweile sind die Arsenale geringer geworden, aber beinhalten modernisierte Gefechtsköpfe. Übersicht siehe SIPRI (2020).

Tab. 4.5 (Fortsetzung)

Existierende Technologien und deren Hinterlassenschaften	Fall in Tab. 1	Keyword	Kosten einer Rücknahme	Substituiert/ gefolgt von	Auswirkung auf die Ökonomie	Auswirkungen auf die Gesellschaft
NORAD Missile Defense System	16, 22	Kann nicht abgeschaltet werden Militärische Sicherheit	Nur nach Aufbau eines kompletten neuen Systems Extrem hoch	In Politik eingebettete Abrüstungskontrolle statt Abschreckung Vertrauen statt absolutem Schutz, keine gesicherte Zweitschlagskapazität	Vertrauensbildende Maßnahmen sind billiger als Aufrüstung	Politik wird möglicherweise erpressbar bei Asymmetrie der Machtverhältnisse
Bemannte Raumfahrt, Weltraummüll	20, 21 6	Roboter statt Menschen Einsammeln von gefährdenden Teilen	Kostenersparnis immens	Technologie des Einsammelns noch nicht genügend entwickelt	Vielleicht weniger *spin offs*	Hat an Faszination ohnehin verloren, Akzeptanz gering
Computer und Netz Malware	19–21	Teil hybrider militärischer wie ökonomischer Kriegsführung	Wegen irreversibler Diffusion, „Hase- und-Igel"-Spiel	Automatisierte Virenabwehr (*advanced firewalls*)	Sicherheitstechnik verteuert Hard- und Software	Erhöhung der Sicherheit
Giftmülldeponien, Plastik *hot spots*	3, 11, 12	Sanierung und Vermeidung	Aufarbeiten alter Gifte und Vermeiden neuer Gifte durch Ersatzstoffe ist teurer als nur das Deponieren	Recycling Entwickeln nichttoxischer, organischer oder hybrid abbaubarer Stoffe	Aufwände für Forschung und Entwicklung (Beispiel DDT)	Gesündere Umwelt

(Fortsetzung)

Tab. 4.5 (Fortsetzung)

Existierende Technologien und deren Hinterlassenschaften	Fall in Tab. 1	Keyword	Kosten einer Rücknahme	Substituiert/ gefolgt von	Auswirkung auf die Ökonomie	Auswirkungen auf die Gesellschaft
Technologisch bestimmte Medizin (Apparatemedizin)	2, 3 8, 9	Komplementäre oder alternative Heilmethoden	Kostenersparnis, Rückgang der Gesundheit, des Wohlstands und der Lebenserwartung	Alternative oder ganzheitliche (holistische) Medizin, Naturalheilverfahren	Nicht kommerzialisierbares Gesundheitssystem mit erheblichen Risiken	Fragwürdig
Chemische und Maschinelle Landwirtschaft	8, 9	Subsistenz- Landwirtschaft ist weltweit nicht ausrechend	Steigende Kosten für weniger landwirtschaftliche Erträge	Naturdünger und Bewirtschaftung von Hand	Zusammenbruch der Ernährungsindustrie	Weniger Nahrung für jeden
Cell phone system Mobilfunk	17, 18	Zusammenbruch der Wirtschaft und der Gesellschaft	Recycling, Weiterverwendung und Entsorgung der Geräte, Frequenzen und Einrichtungen[107]	Neue körpernahe oder integrierte Systeme Revival von analogen Technologien denkbar Lokale Netze	Ohne Ersatztechnologie Reduktion des Bruttosozialprodukts	Verlangsamen und oder örtliche Begrenzung von Kommunikation

(Fortsetzung)

---

[107] Das C-Netz war in Deutschland, Portugal und Südafrika in Betrieb. In Deutschland wurde Ende 2000 das noch auf halb-analoger Basis arbeitende C-Netz (sog. Autotelephon seit 1985) abgeschaltet. Die Endgeräte waren damit unbrauchbar und mussten verschrottet werden.

Tab. 4.5 (Fortsetzung)

Existierende Technologien und deren Hinterlassenschaften	Fall in Tab. 1	Keyword	Kosten einer Rücknahme	Substituiert/ gefolgt von	Auswirkung auf die Ökonomie	Auswirkungen auf die Gesellschaft
Fossile Energietechnik Siehe auch Tab. 4.4	13–15	Rücknahme geschieht angesichts des Klimawandels zu langsam	Renaturierung von Braunkohlehalden und Steinkohleabbau Abbau von Kohle- und Gaskraftwerken Rücknahme der Kraftstoffinfrastruktur (Ölförderung, Raffinerien, Verteilung)	Erneuerbaren Energien (Wind, Photovoltaik, Wasserstofftechnologie)	Wachstumsmarkt möglich, wenn verspätet, ist die Versorgungssicherheit gefährdet	Umstellung der Gewohnheiten der Energienutzung
Individuelle Mobilität	17, 18 19–24	Das Elend der öffentlichen Verkehrssysteme	Verschrotten von Autos, Umstellung der Produktions- und Entwicklungskosten	Automatisiertes Carsharing System (fahrerlos), Antrieb mit erneuerbaren Energien, Speichertechnologien Öffentliche Transportsysteme	Langsame Substitution, Pfadabhängigkeit E-Mobilität	Umweltfreundlich, aber Veränderungen des *Way of life* bei der Mobilität Klimaneutrale Entschleunigung des öffentlichen Lebens
Alte Bunker- und Militäranlagen	23, 24	Denkmal, Touristenattraktion, Vergessen	Kosten für Abbruch höher als für Denkmalpflege	Neue Bunkeranlagen?	Nicht erheblich	Gesellschaftliches Gedächtnis
Eingriffe in die Landschaft, Industriebrachen	23, 24	Renaturierung von Bergbaufolgelandschaften, Straßen, Industrie- und Schienenbau	Fluten von Bohrlöchern, Uferbefestigungen, Anpflanzungen	Erholungs-, Naturschutz- oder Wohngebiete	Wegfall von kommerziell nutzbaren Flächen, Geschäftsmodelle der Landschaftspflege	Erhöhung der Lebensqualität

(Fortsetzung)

Tab. 4.5 (Fortsetzung)

Existierende Technologien und deren Hinterlassenschaften	Fall in Tab. 1	Keyword	Kosten einer Rücknahme	Substituiert/ gefolgt von	Auswirkung auf die Ökonomie	Auswirkungen auf die Gesellschaft
Gebäude und Strukturen	4, 19 9, 12, 20, 21	Nach 70–500 Jahren danach	Abriss, Entsorgung	Neue Gebäude oder Grünfläche Neue Bautechnologien – *let it grow*	Wenn Kosten für Abriss, Neubau < als Gewinn aus Nutzung Neubau	*Quality of life*
Alte Telephonnetzwerke	1, 7 13, 19	Konzentration auf ein Netz	Entsorgung Kupferkabel, Geräteentsorgung	Neuverlegung Glasfaser, Neue Geräte, Universelle Kommunikation	Verkauf Neugeräte wird erzwungen	Veränderung des Kommunikationsverhaltens
Überwachungstechnologien	4, 10, 16	Institutionen geben ungern Macht aus der Hand	Entsorgung und Missbrauchskontrolle	Wenn man den Wegfall wünscht, keine	Geringere Sicherheit	Geringere Sicherheit, mehr Freiheit
Elektromobilität	13–15, 17, 18	Probleme der Entsorgung, der Infrastruktur und des Energieverbrauchs	Abbau der Infrastruktur, erneuter Wechsel der Antriebstechnologie	Wasserstofftechnologie, grüne Kraftstoffe	Wiederaufbau der Infrastruktur für Kraftstoffversorgung	Veränderung der Mobilitätsgewohnheiten

4.7   Reversibilität als Kriterium der Technikbewertung

Jede Technikfolgenabschätzung beinhaltet als Arbeitsschritt auch die Bewertung der Folgen einer existierenden oder denkbaren künftigen Technologie. Diese Bewertung erfolgt aufgrund von Werten, deren Inhalte und Interpretationen durchaus kontrovers sein können. Gleichwohl kommt man ohne Werte nicht aus, und die Frage, ob ein Wert durch eine Technologie mehr oder weniger erfüllt wird, kann nach der Festlegung entsprechender Kriterien durch die Prüfung beantwortet werden, ob dazu passende Indikatoren gefunden und geprüft werden können.

Um die Frage zu diskutieren, ob Reversibilität als ein solcher Indikator für die Erfüllung gewisser Werte bei der Technikbewertung dienen kann, beziehen wir uns auf das sog. Werteoktogon, das vom Verein der Deutschen Ingenieure hierfür entwickelt wurde.

4.7.1   Zum Werteoktogon der Technikbewertung

Die vom Verein Deutscher Ingenieure veröffentlichte Richtlinie zur Technikbewertung[108] enthielt das sog. Werteoktogon, also acht voneinander unabhängige[109] Werte, aus denen sich in gewisser Weise Kriterien der Bewertung einer vorliegenden oder prospektiven Technologie entwickeln lassen. Dies gilt auch für abgeschätzte oder in Szenarien angedachte Folgen von Technologien.[110]

Diese Werte lauten in alphabetischer Reihenfolge:

- Funktionsfähigkeit,
- Gesellschaftsqualität,
- Gesundheit,
- Persönlichkeitsentwicklung,
- Sicherheit,
- Umweltqualität,
- Wirtschaftlichkeit und
- Wohlstand.

Diese Werte und ihre Interpretationen sind vielfach diskutiert worden. Sie stehen untereinander in Konfliktbeziehung, was in den meisten Entscheidungsfällen zu einer Priorisierung von Werten zwingt. Diese Priorisierungen sind kultur- und eben auch interesseabhängig und stellen das meistdiskutierte Konfliktpotential in

---

[108] VDI (1991).

[109] Das bedeutet, dass sich die Werte nicht auseinander ableiten lassen oder implizit ein Wert in einem anderen enthalten wäre. Trotzdem bestehen Abhängigkeiten und vor allem Konfliktbeziehungen.

[110] Zur operationalen Umsetzung von Bewertungen aufgrund von Werten, Kriterien und Indikatoren Kornwachs, Niemeyer (1991), Kornwachs (1999).

der ethischen Debatte um Technologien dar.[111] Man kann in der Tat anhand dieser Konfliktbeziehungen zwischen diesen Werten fast alle Erscheinungen der Auseinandersetzung in der Technologiepolitik, der Technikkritik oder des öffentlichen Widerstands gegen bestimmte Technologien verorten. Es gab weniger erfolgreiche Versuche, die Zahl zu reduzieren, was die Unabhängigkeit der Werte untereinander unterstreicht. Es gab aber auch Versuche, diesen Wertekatalog zu erweitern; einer dieser Versuche war, die sogenannte Fehlerfreundlichkeit als Bewertungskriterium zusätzlich einzuführen.[112]

Auf den ersten Blick ist der Wert der Sicherheit zumindest ähnlich mit dem der Fehlerfreundlichkeit. Sicherheit bezieht sich sowohl auf die persönliche Unversehrtheit der mit dieser Technik handelnden Menschen wie auch auf die Minimierung ihres Risikos. Ebenso muss ein möglicher Missbrauch mitbedacht werden. Fehlerfreundlichkeit und Sicherheit sind jedoch nicht gleichzusetzen, wenngleich Fehlerfreundlichkeit zu einer höheren Sicherheit führen kann. Die Umkehrung gilt nicht ohne weiteres.

Allerdings hat nach dem Beginn des russischen Angriffskriegs auf die Ukraine im Februar 2022 ein neues Nachdenken über diese Werte und die dazu gehörigen Kriterien zu ihrer Erfüllung eingesetzt. So sind die Beziehungen zwischen Sicherheit und Resilienz einer Technologie neu zu bestimmen. Wenn Sicherheit einen Zustand bezeichnet, in welchem das verbleibende Risiko geringer ist als das akzeptable Risiko,[113] dann kann eine Technologie nur dann unter einem zumindest gleichbleibenden Risiko zurückgenommen werden, wenn ihr Wegfall ein bestehendes Risiko verringert oder zumindest nicht erhöht. Dies kann sich bei der Definition des Risikos als dem Produkt aus der zu erwartenden Schadenshöhe und ihrer Eintretenswahrscheinlichkeit dann sowohl auf beide Faktoren beziehen. Da Wahrscheinlichkeiten schlecht abzuschätzen sind, wäre es einfacher, die erwartete Schadenshöhe durch Wegnahme einer Technologie zu minimieren. Das ist jedoch nur sinnvoll, wenn die wegzunehmende Technologie durch ihre Nutzung eine Gefährdung verursacht und damit mehr Schaden anrichtet als ihre Nichtnutzung. Deshalb ist z. B. im militärischen Bereich nur eine mutuell und synchron durchgeführte Abrüstung sinnvoll.

Acatech definiert Resilienz folgendermaßen:

„Resilienz ist die Fähigkeit, tatsächlich oder potenziell widrige Ereignisse vorherzusehen und einzukalkulieren, ihr Auftreten frühzeitig zu erkennen und deren Entstehen zu verhindern, ihre Intensität abzumildern, ihre Schäden zu dämpfen, sich schnell davon zu erholen und sich ihnen erfolgreich anzupassen und daraus zu lernen.“[114]

---

[111] Kornwachs (2000).

[112] Kornwachs (2000).

[113] Wörner, Schmidt (2022).

[114] Ebenda. „Widrige Ereignisse" werden in der Zukunftsforschung als *wild cards*, populär als Schwarze Schwäne bezeichnet; dies sind Naturkatastrophen, technisch-organisatorische Havarien (Three Mile Island, Tschernobyl, Bhopal, Fukushima, etc.), oder politisch militärische Ereignisse wie induzierte Hungersnöte, willentlich provozierte Migrationsströme und bewaffnete Konflikte.

Resilienz bedeutet dann, vorausschauend technologiepolitische Entscheidungen zu treffen, die eine Rücknahme gefährdender Technologien, aber auch eine Einführung sicherheitserhöhender Technologien beinhalten können. Dabei wird eine Technologie, die fehlerfreundlich ist, eher zur Resilienz beitragen als eine solche, die keine Fehler „verzeiht".

4.7.2   Fehlerfreundliche Technik

Der Begriff der Fehlerfreundlichkeit stammt aus der biologischen Systemtheorie.[115] Er bedeutet, dass eine Veränderung der Umwelt, die ursprünglich als Fehler „interpretiert" werden könnte, gerade die Überlebensfähigkeit eines Organismus (phänotypischen), einer Spezies (genotypisch) oder das den Organismus einbettende Ökosystem eher garantiert als gefährdet. Dies kann, muss aber nicht der Fall sein, wenn die Entwicklung für die besagte Spezies auf die Bildung einer ökologischen Nische hinausläuft.[116] Hier führt die Veränderung der Umwelt gerade dazu, dass sich Bereiche bilden, in denen eine sonst außerhalb dieser Bereiche nicht mehr angepasste Spezies überleben kann. Man könnte auch von der Resilienz des Lebendigen sprechen.

Für die Entwicklung von Techniklinien würde die Anwendung dieser Evolutionsmetapher bedeuten: Der Begriff der Umwelt wird übertragen auf ein technisches System. Die Umwelt für ein technisches System besteht aus der Gesamtheit der Einflüsse, denen es ausgesetzt ist. Dazu gehört auch der Modus des Bedienens durch den Nutzer und dessen Variationen auf unterschiedlichen, durchaus hierarchisch geordneten Ebenen. Das heißt, dass man neben der Betrachtung der individuellen Nutzerebene auch die Betrachtung des makroökonomischen Verhaltens berücksichtigen kann. Fehlerfreundlichkeit wäre dann hier zu definieren als die Robustheit gegen Fehlbedienung oder gegen ein teilweises Versagen der organisatorischen Hülle. Man spricht dann gerne von idiotensicherer Auslegung. Da heißt, dass das System dann in bestimmten Bereichen der Variation der Fehlbedienung oder des Versagens umgebender Ko-Systeme trotzdem funktionsfähig bleibt.

Robustheit bedeutet hier keine oder unwesentliche Beeinträchtigung der Funktionsfähigkeit sowie die Aufrechterhaltung einer gewissen Integrität der technischen Einrichtung (Unversehrtheit) unter Stress. Die Robustheit eines Gesamtsystems meint auch die Immunität gegen ansteckende Havarien. Dieser von Charles Perrow entlehnte Begriff bezieht sich auf die Beobachtung, dass technische Fehler an Teilsystemen oder Komponenten bei den Bemühungen,

---

[115] Weizsäcker, E.U. von (1984).

[116] In der Evolutionstheorie ist diese Isolation der dritte fundamentale Mechanismus neben Mutation und Selektion. D. h., die Evolution nimmt zum Teil auch suboptimale Spezies mit, die der Selektion durch Bildung einer ökologischen Nische entgehen können.

sie zu beheben, organisatorische Fehler, meistens beschrieben als menschliches Versagen, nach sich ziehen. Dies wiederum kann zum Versagen weiterer technischer Komponenten führen und so fort.[117] Diese häufig in der Presse in der Berichterstattung über Katastrophen als „Verkettung unglücklicher Umstände" bezeichnete Struktur entspricht dem Sandwichmodell von Perrow: Der Ablauf von technischen, dann organisatorischen, dann wieder technischen, dann wieder organisatorischen bzw. menschlichen Fehlfunktionen, charakterisiert die „Ansteckung" des Gesamtsystems und die Fortpflanzung des Schadens durch einen Initialfehler.

Bei einem fehlerfreundlichen System erzeugt eine Fehlfunktion von Komponenten daher nur kleinskalige und damit eher behebbare resp. kompensierbare Schäden und damit geringere Kosten.

Daher erhöht die Reversibilität von Komponenten resp. Teilsystemen der alten Technologie T_{alt} (siehe Tab. 4.1) die Fehlerfreundlichkeit von Teilsystemen resp. einer Gesamttechnologie einschließlich deren organisatorischer Hülle. Damit kann sie auch zur Resilienz beitragen.

Die Idealvorstellung eines fehlerfreundlichen Systems ist dessen Funktionstüchtigkeit bei starker Varianz der Rahmenbedingungen. Dies kann man auch Fehlertoleranz nennen. Dann kann man auch die Forderung einschließen, fehlerfreundliche Technik kulturinvariant zu entwerfen, aufzubauen und zu betreiben. Das bedeutet, dass z. B. Unterschiede in Sprache, Überzeugungen, Qualifikationen, kulturellen Hintergründen und Gewohnheiten der bedienenden Nutzer keine Rolle spielen dürften. Dies ist freilich eine nur in Annährung erfüllbare Idealvorstellung. Dennoch könnte sie als leitende Idee dienen.

Das folgende kleine Beispiel soll die Abb. 4.4 illustrieren: Es gibt zwei Möglichkeiten, dieselbe technische Funktion des Türöffnens zu verwirklichen: Links die Türklinke, die eher in Europa beheimatet ist, und rechts der Türknauf, den man eher im anglo-amerikanischen Bereich findet. In anglo-amerikanischen Häusern findet man überwiegend den Türknauf, in europäischen Türen die Klinke. Bei der Klinke bleibt man bei langem Ärmel hängen, allerding kann man bei vollen Händen noch die Klinke drücken, was beim Knauf nicht geht, dafür bleibt man nicht hängen. Über die historische Entwicklung kann man nur mutmaßen, sicherlich haben aber die kulturellen Gegebenheiten kontinentaler und angelsächsischer resp. amerikanischer Tradition eine Rolle gespielt. Physikalisch ist der Türgriff, -klinke oder -schnalle einfacher und daher älter, es soll ihn schon in einfachster Form als Riegel seit 5000 Jahren geben. Bis etwa 1830 wurden Türgriffen in der westlichen Welt fast ausschließlich in Europa hergestellt. Danach expandierte die Herstellung von Türgriffen in den USA und seit dieser Zeit sollen mehr als 100 Patente für Verbesserungen an Türgriffen und vor allem Türknöpfen angemeldet worden sein.[118]

---

[117] Perrow (1999).

[118] Quelle: Gemeinfrei https://wiki.edu.vn/wiki12/2020/12/24/turgriff-wikipedia/.

Aufnahme Autor

Schnittstelle: Drücken

https://pixabay.com/de/photos/t%c3%bcrknauf-t%c3%bcrgriffe-t%c3%bcr-mond-2614505/

Schnittstelle: Drehen

Abb. 4.4 Türklinke und Türknopf

4.7.3 Gestaltung fehlerfreundlicher Technik

Nach der Diskussion über reversible und irreversible Technologien wird klar, dass reversible Systeme fehlerfreundlicher als irreversible sind, und dass fehlerfreundliche Systeme einen höheren Grad an Resilienz haben und damit zur Sicherheit beitragen. Die Umkehrung gilt nicht unbedingt: Vergleichsweise sichere Systeme können durchaus irreversibel sein, wenn man z. B. an Bunker oder militärische Systeme gegenseitiger Abschreckung denkt. Aus der Fehlerfreundlichkeit allein folgt ebenfalls noch keine Reversibilität von Technik. So sind Computer und bestimmte zugehörige Programme heute vergleichsweise fehlerfreundlich gegenüber Bedienungsfehlern. Computer und ihr Einsatz sind aber deswegen nicht notwendigerweise reversibel.

Maßnahmen zur Stärkung der Resilienz bestehen klassischerweise darin, die Prävention zu stärken, Systeme robuster zu machen und Reparatur wie Restauration bei Beeinträchtigungen zu erleichtern. Dazu gehören Monitoring, Qualifizierung für Notfallregelungen, Diversifizierung, Dezentralisierung, Aufbau von Redundanzpfaden und Pufferbildung durch Ressourceneffizienz.[119]

Maßnahmen der Fehlerfreundlichkeit unterstützen diese Stärkung der Resilienz, indem durch die Erleichterung der Ersetzung eine Prävention früher möglich wird. Flexibilität in örtlicher, zeitlicher und struktureller Hinsicht machen Systeme robuster, Kompatibilität mit anderen Technologien erniedrigt die Fehlerrate.

Entsprechend einer allgemeinen ökologisch orientierten Grundüberzeugung solle man Dezentralität *per se* bevorzugen. Dies kann jedoch pauschal so nicht gesagt werden – eher gilt: Dezentralität so viel wie möglich, Zentralität so viel

---

[119] Renn (2017), acatech (2014).

wie nötig. Dies kann man bei der Diskussion um Energieverteilungssysteme,[120] insbesondere bei dem Design von Smart Grids,[121] sehen. Denn je dezentraler ein System organisiert und verteilt ist, desto eher können die Komponenten reversibel gestaltet werden.

Davon ist die Kompartmentierbarkeit von Technik zu unterscheiden, d. h. das Zusammenfassen resp. Aufteilen von Komponenten in Teilsysteme. Auch hier gilt wieder: *divide et impera.*[122]

Eine weitere Strategie, die Fehlerfreundlichkeit zu erhöhen, liegt in der Entnetzung, und zwar überall da, wo es möglich und sinnvoll ist. Diese Forderung ist gänzlich gegen den gegenwärtigen technologischen Zeitgeist, sie ist systemtheoretisch trotzdem richtig. So zeigte die überstürzte Einführung der Voice-over-IP in das bisherige ISDN-Netz in Deutschland die Fehleranfälligkeit des Vorgehens, alle Eier (sprich Teilsysteme) in einen „technologischen" Korb zu legen: Fällt das Internet aus, kann man nicht mehr telephonieren, fällt das Festnetz-Telephon aus, gibt es keine Internetverbindung mehr. Parallelität ist teuer, sichert aber Redundanz.

Hinzu kommen Sicherheitsbedenken. Aus der Zuverlässigkeitstheorie kann man bei gekoppelten, also vermaschten Systemen bei viralen Attacken die Wahrscheinlichkeit ausrechnen, dass bei der Infektion eines Teilsystems weitere Teilsysteme infiziert werden. *„Vernetzung ist aus der Sicherheitsperspektive immer eine schlechte Idee."*[123] Dies gilt insbesondere für kritische Strukturen, denn nach einer Zuverlässigkeitsanalyse haben *„kritische Strukturen (…) am Internet nichts verloren."*[124]

Sicher ist es eine gute, wenngleich auch noch näher zu untersuchende Idee, den Entwurf fehlerfreundlicher Systeme durch sog. Gebrauchs-Assessment zu unterstützen. Drunter kann man die Abschätzung der Gebrauchsqualität einer Technologie unter variierenden Bedingungen verstehen. Dies kann durch Partizipation künftiger Benutzer beim Design geschehen, wie man es zum Beispiel bei Living Labs versucht[125] und durch Anwendung von *Design Thinking* als Modellierungsmethode des künftigen Gebrauchs.[126] Diese Vorgehensweise ist seit langem Bestandteil der partizipativen Technikfolgenabschätzung.

---

[120] Hanson (2020), Leopoldina, Acatech (2020).

[121] Appelrath et al. (2012).

[122] Lat.; „teile und herrsche".

[123] Gaycken (2012), S. 234 f.

[124] Ebenda, S. 236.

[125] Eine frühe Definition bei Almirall, Wareham (2011), für deutsche Living Labs siehe Kornwachs (2015b).

[126] Curedale (2012).

4.8 Gestalten reversibler Technik

Somit ergibt sich die Empfehlung, in Zukunft fehlerfreundliche Systeme anzustreben, indem versucht wird, sie reversibel zu gestalten.

4.8.1 Konfliktbeziehungen des Wertes der Reversibilität mit anderen Werten

Um die Darstellung kurz zu halten, stellt Tab. 4.6 diese Konfliktbeziehungen kurz dar.

Wir subsumieren an dieser Stelle die Werte Resilienz unter Sicherheit und unter Umweltqualität. Nachhaltigkeit erscheint hier nicht als eigenständiger Werte, weil man diese als Eigenschaft sowohl der Umweltqualität, der Gesundheit, der Mikro- wie Makroökonomie wie auch der Gesellschaftsqualität zuordnen kann. Resilienz

Tab. 4.6 Beziehungen des Wertes „Reversibilität" (R) zu anderen Werten des VDI-Werte-Oktogons

Werte aus dem Werteoktogon	Reversibilität (R)	
	Ermöglicht	**Steht im Konflikt durch**
Funktionsfähigkeit	Ermöglicht Beendigung mangelnder funktionsfähiger Technik	Wegfall, reduziert bisherige Funktionalitäten
Gesellschaftsqualität	Erhöhten Innovationsdruck	Wegfall, devalidiert vorhandene Qualifikationen, verändert Institutionen
Gesundheit	Beendigung gesundheitsgefährdender Technik	Gefährdung wegen vorübergehender Nichtverfügbarkeit
Persönlichkeitsentwicklung	Entlastung	Wegfall, beeinträchtigt Gewohnheiten
Sicherheit	Erhöhte Sicherheit	Wegfall; Sicherheitssysteme müssen immer parallel und unmittelbar substituierbar sein
Umweltqualität	Erhöhte Umweltqualität	Nicht zirkuläre Abfallwirtschaft
Wirtschaftlichkeit (Mikroökonomie)	Entlastung von Langzeitverantwortung	Individuelle Wirtschaftlichkeit (Umstellungskosten, Amortisationskosten, ROI)
Gesamtgesellschaftlicher Wohlstand (Makroökonomie)	Reduzierung von langfristigen Folgekosten	Substitutionskosten
Fehlerfreundlichkeit (F)	F als Voraussetzung für R	Aus R allein folgt noch nicht F

erweist sich als unabdingbar für Sicherheit und Wohlstand auf der mikro- wie makroökonomischen Ebene.

4.8.2 Schritte zur Gestaltung

Dabei ist auch zu überlegen, ob man eine bereits bestehende Technologie, die sich als irreversibel erweist, durch Umgestaltung reversibel machen kann. Dabei kann man sich zwei Prüffragen vorstellen, die bei vorausschauender Gestaltung wie bei Umgestaltung von Technik im vorab schon diskutiert werden müssten:

- In welchen Fällen könnte ein Rückzug von der Nutzung einer bereits installierten Technologie („Verzicht auf die Nutzung") möglich sein?
- Wie können Technologien, die unter den Gesichtspunkten der Sicherheit und der sozialen Verträglichkeit in einem künftigen Stadium nicht mehr angemessen betrieben werden sollten, doch noch weiterbetrieben werden? Unter welchen Bedingungen können oder dürfen sie abgeschaltet, abgebaut, wiederverwendet, ersetzt und/oder entsorgt werden?

Technik reversibel zu gestalten, bedeutet in einem ersten Schritt, dass man vom Ende her denkt und schon am Anfang entsorgungsgerecht zu konstruieren versucht. Dieses Anliegen fand schon früh in der Forderung nach recyclinggerechtem Konstruieren (*Design for Recycling*) seinen Ausdruck.[127] In diesem Zusammenhang steht die Maßgabe, Gesamtsysteme zu modularisieren und bei der Montage die Demontage mit zu bedenken. D. h., dass es der Be-stückungsmaschine entsprechend auch eine „Ent-stückungsmaschine" geben muss und die zugehörige Information hierzu auch langfristig verfügbar ist.[128]

Reversibilität bedeutet aber noch mehr als das Denken an Entsorgung und an Kreislaufwirtschaft.[129] Reversible Technik sollte auf – und abwärtskompatibel mit bestehender Technik sein, sodass bei Rücknahme diese Nachbartechnologien „einspringen" können.[130]

Eine gewisse Kompatibilitätsforderung ist auch hinsichtlich unterschiedlicher Qualifikationen, Sprachen, Kulturen und Bildungsstandards zu bedenken – nicht der Benutzer muss sich in Sprache und Gewohnheit an die Technik anpassen, sondern die Technik an den Benutzer. Ist dies nicht möglich, müsste sie über kurz oder lang zurückgenommen und ersetzt werden können.

---

[130] Zu diesen Nachbartechnologien gehören dann auch die parallelen Technologien; siehe Kap. 3.

[129] Weber, Stuchtey (2019).

[128] Siehe Internationales Demontage- Informations-System (IDIS) (International De-Assembly Information-System); in: www.idis2.com.

[127] Jorden, Weege (1979); Weege (1981), VDI-Richtlinie 2243 von 1991, revidiert 2000, Wiethoff (1994).

Nicht nur Sicherheitsüberlegungen und Analysen zur Resilienz legen eine Flexibilisierung der Vernetzung nahe: Eine solche Flexibilität ist eine notwenige, wenn auch nicht hinreichende Voraussetzung für eine auswirkungsarme Rücknahme von dysfunktionalen Komponenten und Teilsystemen. Deshalb ist es immer besser, statt des Menschen die Organisation zu flexibilisieren.

Schließlich könnte man noch sinnfällig fordern, dass jede Automatik im Prinzip abschaltbar sein sollte, um dann durch menschliche Steuerung, ggf. auch nur kurzfristig, übernommen zu werden. Die Reichweite einer solchen Forderung wäre vor allem im Hinblick auf den künftigen Einsatz von intelligenten Objekten und der Robotik näher zu erforschen. Zur Diskussion über Reversibilität gehören auch die Geschäftsmodelle, die bei der Installation von KI- Komponenten und -Systemen zugunsten der Anbieter und Betreiber auf künftige Unverzichtbarkeit oder gefühlte Unentbehrlichkeit beim Nutzer angelegt sind.[131]

Eine Technikfolgenabschätzung, die sich prospektiv versteht, d. h., die Folgen von denkbaren oder erst in der Entwicklung befindlichen Technologielinien erforscht und bewertet, sollte daher auch den Begriff der Reversibilität in ihr Repertoire aufnehmen.

4.9   Hypothetische Bemerkungen zur Reversibilität zukünftiger Technologien

Keine Technologiepolitik kommt letztlich ohne die Abschätzung aus, welche Techniklinien sich in Zukunft weiter entwickeln werden. Dass solche Abschätzung laufend überschrieben werden müssen, versteht sich von selbst.

Seit den letzten 50 Jahren sind Methoden für solche Abschätzungen und Prognosen entwickelt worden, wobei sich die pure Extrapolation aufgrund von Indikatoren wie Patentanmeldungen, R&D-Budgets bei Firmen und der öffentlichen Hand, Publikationen etc. als beschränkt erwiesen hat. Deshalb denkt man eher in Szenarien und spricht über Technikzukünfte im Plural, indem man bestimmte Entwicklungskorridore unter Berücksichtigung von bekannten Pfadabhängigkeiten abschätzt. Eine andere Methode besteht in der Befragung von Experten auf ihren Gebieten, wobei in diese Einschätzungen freilich auch Wünschbarkeiten eingehen.[132] Da in der Tat viele Prognosen in der Vergangenheit eher Road Maps[133] waren, haben sie die Entwicklung, die sie vorhersagen sollten, selbst auch beeinflusst.

Wir greifen an dieser Stelle das sog. Technologieradar auf und dessen Einschätzung der Technikentwicklung nach eingeschätzter Wichtigkeit (im Sinne

---

[131] Kornwachs (2019).

[132] Sog. Delphi-Methode, vgl. Gracht, von der (2008).

[133] Also Voraussagen, die eher den Willen ausdrücken, was man technologisch in einem bestimmten Zeitraum erreichen möchte, als das, was man abschätzen kann.

einer erwarteten Problemlösungsfähigkeit einer Technologie) und beurteilen zwei der dort höchst gerankten Technologielinien[134] nach ihrer Rücknehmbarkeit.

Angenommen, die Technologien, die aufgrund dieses Rankings gefördert und weiterentwickelt werden sollen, werden tatsächlich realisiert und eingeführt. Welche Umstände und Gründe könnte dann dafürsprechen, sie wieder zurückzunehmen? Wir versuchen diese Frage zu beantworten, indem wir die Technologien und die Ziele des Einsatzes der Technologie skizzieren, dann die Wirkung ihrer Einführung in (+) erwünschte und (−) unerwünschte Gründe rubrizieren. Danach diskutieren wir die möglichen Folgen einer denkbaren Zurücknahme.

4.9.1   Digitalisierung unter Berücksichtigung der Nachhaltigkeit

Digitalisierung ist eine typische Bezeichnung für ein Querschnittstechnologie, die sich auch als eine Enabler-Technologie (ET) erwiesen hat. D. h. dass deren Geräte, besonders hier Roboter, Computer, Netze etc. und Verfahren resp. Prozesse wie Algorithmen, Programme zur Steuerung etc. in vielen anderen Technologien zum Teil ersetzend und ergänzend zum Einsatz kommen. Charakteristisch für künftige Digitalisierung könnte sein:

- Kleine Systemeinheiten,
- erhöhte Energieeffizienz der Prozesse,
- andere als siliziumbasierte Materialien,
- solar betriebene, vernetzte Computer,
- verteiltes Rechnen,
- neue Formen der Dezentralisierung und
- Weiterentwicklung der Quantenrechner.

Die Frage besteht also, ob man durch Digitalisierung Ressourcen schonen kann. Freilich gibt es neben den erwartbaren positiven Folgen (+) wie

+ Vorläufige Reduktion des energetischen Fußabdrucks bei digitalisierten Prozessen,
+ Low Budget für Niedriglohnländer,
+ Vereinfachung und organisatorische Effizienzsteigerung der Prozesse,

aber auch unerwünschte Auswirkungen (−)wie

---

[134] Die deutsche Akademie für Technikwissenschaften (acatech) hat im Juli 2022 eine Liste von Technologien bzw. technischen Themen vorgeschlagen, und die Mitglieder von acatech wurden gebeten, die Liste nach ihrer Bedeutung als Zukunftstechnologien und mit den effektivsten Auswirkungen auf Wirtschaft und zukünftige Entwicklungen zu ordnen. Siehe acatech (2022).

- zur Zentralisierung neigende Vernetzung von Großspeichern und Großrechnern,
- steigender Energieverbrauch und
- Verlangsamung der Kommunikation durch zu geringe Netzkapazitäten.

Betrachtet man die Gründe für die Einführung z. B. von Industrie 4.0 als dem Flaggschiff der Digitalisierung, so werden neben den Veränderungen der Produkte und der Dienstleistungen auch die Veränderungen der Organisation genannt. Ein Beispiel für die erstrebte Dematerialisierung ist das papierlose Büro, das die Substitution des Infoträgers Papier durch die Speicherkapazität im Computer anstrebt. Es ist unstrittig, dass dieses Konzept

+ die Information Retrieval Prozesse effektiver macht,
+ zu Einsparung von Material (Holz), Raum (Archiv, Büro) und Energieeinsparung (Herstellung, Transport) führt,

aber es erhöht aber auf der anderen Seite die

- Verletzlichkeit der ICT-Systeme und eine gewisse Abhängigkeit vom gesicherten Betrieb solcher Systeme,
- führt zu einer steigenden Komplexität der Archivierung und
- zeigt letztlich auch Reboundeffekte.[135]

Die angestrebte Flexibilisierung der Produktion führt zu einem schnelleren Ausgleich von Angebot und Nachfrage durch eine angestrebte Produktionsstruktur, die eine fast beliebig Variantenvielfalt von Produkten herstellen soll – man spricht von Losgröße 1. Sie führt zur Plattformökonomie mit den bekannten Effekten der Ausbildung weniger Monopole, allerdings eben auch zu einer Flexibilisierung des konsumptiven Verhaltens. Angestrebt wird immer noch die Verkürzung von Lieferketten. Angestrebt wird die weltweite Optimierung von Wertschöpfungsketten, die sich aus Lernprozessen durch KI ergeben sollen. Dies führt einerseits zu einer Erhöhung der Produktvielfalt und ihrer Funktionalität, andererseits aber auch zu negativen Entwicklungen. Dazu gehören u. a.:

- Erhöhung des Ressourcenverbrauchs, sofern die Kopplung von Wirtschaftswachstum und Ressourcenverbrauch nicht vollständig ist und damit zu
- einer hohen Wegwerfquote führt, und
- das mögliche Entstehen einer konsumistischen Ideologie.

---

[135] Vgl. Haan de et al. (2015). Der Papierverbrauch in den Büros ist nach der Einführung des PCs mit Drucker angestiegen; ebenda, S. 66.

So kann man sich durchaus Gründe vorstellen, Maß und Tempo der Digitalisierung als durchdringende Querschnittstechnologie zumindest graduell zurückzunehmen. Kursorisch seien einige solcher Gründe genannt, die auf Befürchtungen beruhen:

- Dezentralisierte, crowd-Rechenleistungen erweisen sich als ökonomisch und auch politisch nicht mehr kontrollierbar.
- Die Resilienz insgesamt kann unter eine kritische Größe fallen und damit kann die Vulnerabilität ansteigen.[136]
- Es können noch mehr informale kriminelle Netze und rechtsfreie Räume entstehen.
- Monopolisierungstendenzen können sich durch technologischen Imperialismus (Veränderung der Geschäftsmodelle) ergeben.
- Überbordender Konsum, Verteilungskämpfe, Vergrößerung der Armutsschere, Ressourcenknappheit und Arbeitslosigkeit mindern die Lebensqualität einer Gesellschaft.
- In der Gesamtbilanz wird eine erhöhte Umweltbelastung durch erhöhte Energienutzung und erhöhte Entsorgungslasten (Elektronik – und Computerschrott) gesehen.

Eine mögliche Rücknahme der Digitalisierung ist zwar nicht vorstellbar, aber Geschwindigkeit und Durchdringungsgrad der Digitalisierung könnten reduziert werden und bestimmte, z. B. sicherheitsrelevante Bereiche könnten wieder entnetzt und parallel betrieben werden. Der Bezug wäre bei den Feldern [4, 10 und 16] in Tab. 4.1 zu finden unter der Voraussetzung, dass parallel verfügbare Technologien als funktionale Alternative zur Verfügung stehen. Diese Voraussetzung ist nicht selbstverständlich und deren Realisierung würde neue technologische Ideen erfordern.

Mögliche Folgen einer denkbaren Zurücknahme wären, je nach Stärke der Rücknahme:

- Ein Oszillieren zwischen Re-zentralisierung von Prozessen und Lokalisierung der Produktion,
- eine zunehmende zentrale politische Kontrolle mit strengen Rahmenbedingungen für die Betreiber- und Anbieterseite,
- eine bessere Sicherheit der eher autarken Prozesssteuerung vor Ort und Erhöhung der Resilienz,
- ein höherer Energieverbrauch bei den Prozessen, geringerer Umweltverbrauch durch Wegfall der Geräte,
- eine Reduktion der Produktevielfalt,

---

[136]Z. B. die Gefahr des Informationsverlusts durch Havarien, Terror, Stromausfall, Hacking, Archiv- und Kopierfehler und kulturelles Vergessen. Siehe hierzu Kornwachs, Berndes (1999), allgemeiner Townsend (2016), Chap. 9, 10 und 14.

- der Abbau von Industrien, die die Stoffe herstellen, die bei der Dematerialisierung der Technik weggefallen sind,
- eine Verlangsamung der Kommunikation,
- Wachstumseinbußen, Konsumeinschränkung und erneute Verzichtsdebatten, sowie vielleicht
- eine „Rückbesinnung" resp. ein „Ideologieswitch".

Der spekulative Charakter dieser Aufzählung muss wohl nicht eigens betont werden, zeigt aber den faktisch hohen Irreversibilitätsgrad der digitalen Durchdringung deutlich auf.

4.9.2　Hochautomatisierte Industriesysteme – Industrie 4.0

Wir diskutieren an dieser Stelle noch weiter vertiefend einige Folgen für einen besonderen Anwendungsbereich der Digitalisierung, das Konzept Industrie 4.0

Die Protagonisten der Industrie 4.0 Technologie streben nach eigenen Aussagen ökologisch und energetisch effiziente Produktion an, die selbst wiederum ressourcenschonende, umweltfreundliche und energieeffiziente Produkte herstellt, die einen nachhaltigen Produktlebenszyklus haben sollen. Diese Ziele sollen erreicht werden durch die Entwicklung von selbstoptimierender Steuerung von Prozessen bis hin zu Wertschöpfungsketten mittels lernender KI-Systeme, wobei die materiellen Aufgaben in der Produktion weitgehend von Robotersystemen im Sinn einer fast vollständigen Automatisierung übernommen werden. Begleitet wird diese neue Produktionstechnologie durch die Entwicklung und Synthese neuer Materialien und Werkstoffe (*light weight design* – Leichtgewichte), wobei Rohstoffe, Teile, Komponenten und Module (*re-usability*) wiederverwendbar sein sollen.

Diese Technologielinie hat jetzt schon zu Veränderungen der Qualifikationsanforderungen, zu Veränderung auf den Arbeitsmärkten, zu Jobverlusten wie zur Entstehung neuer Jobs geführt und wird dies in Zukunft noch in weit größerem Ausmaß tun.[137] Es sind jedoch auch andere Auswirkungen, positive (+) wie negative (−) zu nennen:

- + Verbot des *built in obsolescence*,[138] damit haltbarere Materialien, schadfreiere Stoffe und Produkt-Kontrolle,
- + Renaissance von langlebigen, dauerhaften Produkten, Steuerung in Richtung einer *circular economy* unter Einschluss der Entsorgung technisch machbar, Ziel: *zero-impact production,*

---

[137] Ausführlicher siehe Kornwachs (2023a).

[138] Damit ist der konstruktiv beabsichtigte, eingebaute „Verschleiß" zur Erhöhung des Absatzes gemeint.

+ das Aufkommen von neuen Reparaturwerkstätten als Gegenbewegung zu einer Wegwerfmentalität,
− erwartbaren Verteuerung der Produktionskosten durch lange Amortisationszeiten, da die Installation der neuen Technologie sehr kostenaufwändig ist,
− Intransparenten Prozessteuerungen durch die Autonomisierung der Optimierungskriterien durch maschinelles Lernen.

Darüber hinaus wird die Gefahr gesehen, dass intelligente Roboter entscheidungsersetzend nicht nur in rein technischen Bereichen, sondern auch bei ökonomischen und unternehmerischen Fragestellungen eingesetzt werden könnten.

Gründe, eine solche Technologielinie zurückzunehmen bzw. Restriktion bei ihrem Einsatz zu überlegen, könnte in den folgenden Umständen gegeben sein:

Es könnte sich herausstellen, dass die Umbrüche am Arbeitsmarkt politisch nicht beherrschbar sind und andererseits die Qualifikationsanforderungen an die Arbeit mit diesen Systemen so hoch sind, dass eine Nachqualifizierung bei bestehenden Arbeitskräften nicht schnell genug möglich ist. Das würde bedeuten, dass nur die nachfolgende Generation die besser qualifizierten Jobs bekommen kann und die aktuelle Generation ihre Jobs verliert. Dies würde die Wiedereinführung einfacher Jobs[139] erforderlich machen, um soziale Unruhen zu vermeiden. Das bedeutet, dass man nicht alle Aufgaben in Produktion und Dienstleistung automatisieren sollte. Ob die Erfüllung des Wunschs nach einfachen Produkten und Low-Tech-Jobs das Qualifizierungsproblem, den Expertenmangel und die Arbeitslosigkeit beheben kann, ist umstritten.

Ein weiteres Problem besteht in der Intransparenz der gebildeten Optimierungskriterien bei der Steuerung von Produktionsprozessen bis hin zu den Wertschöpfungsketten. Das Nicht-passen (*mismatch*) zu anderen Systemen, falsche Lernstrategie, schlechte Trainingsmengen, mangelnde Transparenz der gelernten Kriterien durch KI und das daraus resultierende Kontrollproblem können hinzukommen.

Die Folgen einer Reduzierung oder gar teilweise Rücknahme von Industrie 4.0 Systemen würde zu einer Wiederregionalisierung von Wertschöpfungsketten, zu einer Relokalisierung der Produktion bis hin zu einem Rückfall in Subsistenzwirtschaft führen. Dann wäre zu erwarten, dass vor Ort die Prosumer-Modelle zu dominieren beginnen und die Selbstversorgung eine neue Mikroökonomie etabliert. Auch wäre zu erwarten, dass die Roboter „zurück an die Leine oder in den Käfig" müssen und wieder lokal und nicht netzübergreifend gesteuert werden. Die Entnetzung der Produktion würde auch zu einer Umgestaltung der Produktionsprozesse nach anderen Kriterien führen.

---

[139] Hirsch-Kreinsen (2008) nennt dies Low Tech Innovation.

4.9.3 Resiliente Leistungs-/ und Mikroelektronik

Wie schon angedeutet, reduzieren sich auch die Reichweiten von Wertschöpfungsketten, und zwar aktuell durch die Reduktion der Globalisierung infolge von Ex- und Importbeschränkungen, Nationalisierung der Märkte und der Unterbrechung von Lieferketten durch Maßnahmen infolge von Pandemien oder gar kriegerische und terroristische Ereignisse.[140] Dazu gehören auch neuerlich Handelskriege. Das bedeutet, dass man veränderte Eigenschaften von Produkten in einer solch veränderten Produktionswelt anstrebt. Hierzu gehört auch die Ausstattung von Produkten mit intelligenter Elektronik, womit auch eine langfristige Ressourcenschonung erreicht werden soll.

In Hochlohnländern stellt man zunehmend Produkte mit intelligenter Elektronik mit Hilfe autonomer Steuerungen her (Industrie 4.0. Ansatz). Niedriglohnländer können sich dies noch nicht leisten, da sie der Aufbau eines modernen resilienten Produktionssystems, das Komponenten autonom agierender und sich selbst monitorierender Teilsysteme enthält, überfordern würde. Dies führt zu einer Zwei-Klassen Technologie, zum einen einer hoch resilienten, teuren Technologie für Industrie- und ggf. Schwellenländer, und zum anderen zu einer angreifbaren, und damit von außen potentiell kontrollierbaren, Leistungs- und Mikroelektronik für Entwicklungsländer. Das bedeutet auch, dass dann solche Billigvarianten möglicherweise unbemerkt sog. *backdoors* enthalten und damit einer elektronischen Kolonialisierung der Niedriglohnländer durch High-Tech Länder weiteren Vorschub leisten könnten.

Gerechtigkeitsgründe legen nahe, dass solche Verhältnisse zwar ökonomisch vorteilhaft sein mögen, aber ethisch nicht vertretbar sind. Zu erwarten wären auch Dysfunktionalitäten bei geringer Wartung in den *low-wage* Ländern und eine schwindende Akzeptanz der elektronischen Kolonialisierung.

Strebt man eine Aufhebung von asymmetrischen technischen und damit immer auch ökonomischen Strukturen an, müsste man die Standards angleichen, und entweder den technologischen Level der eigenen Produktion und Produkte reduzieren oder den Level in den Schwellen- und Entwicklungsländern anheben. In beiden Fällen wäre eine Reduktion der Gewinne nur auf Seiten der Hochlohnländer zu erwarten.

Hier besteht ein Dilemma: Entwicklungs- und Schwellenländern entwickeln eine Low Technologie, die sich als flexibler und rücknehmbarer und damit nachhaltiger erweist als die Hochtechnologie der Industrieländer. Dafür sind sie aber nicht konkurrenzfähig auf dem Weltmarkt. Die Übernahme hochstehender Technologie aus den Industrieländern ist zwar möglich, macht aber die Entwicklungs- und Schwellenländer eben von den Industrieländern abhängig.

---

[140] Acatech (2014).

4.10 Zusammenfassung und Ausblick

Die Wissenschafts- und Technikphilosophie, die manchmal auch als Philosophie der Technik bezeichnet wird, hat zwei Ansätze, um über Technik und Ingenieurwesen nachzudenken: Der eine Weg ist die Frage nach den Beziehungen zwischen Natur und Technik und zwischen Naturwissenschaften und Technik. Der andere Weg ist die Suche nach Beziehungen zwischen den Auswirkungen von Technologien auf unsere sozialen und kulturellen Lebensbedingungen und der Frage, wie die Entwicklung von Technologien durch kulturelle, wirtschaftliche und kognitive Zwänge vorangetrieben wird. Die Technikfolgenabschätzung als Disziplin versucht, diese Auswirkungen für bestehende und auch für zukünftige Technologien zu analysieren. Wenn man es als die derzeit wichtigste Aufgabe von Wissenschaft und Technik ansieht, das Überleben der Menschheit zu sichern, dann wird dies nicht ohne Weiterentwicklung von Technologien möglich sein. Doch was passiert eigentlich, wenn Technologien in eine Sackgasse führen oder durch ein Zuviel des Guten sich gegenseitig blockieren? Wenn es solche Technologien gibt, wäre es besser, die eine oder andere behutsam zu beseitigen. Dies führte zu der Frage der reversiblen Technologien.

Reversible Technologien sind solche, die zurückgenommen werden können, d. h. sie können abgeschaltet, abgebaut und gegebenenfalls durch vorhandene neue Technologien ersetzt werden. Irreversible Technologien stellen sich zunehmend als Belastung heraus. Um in Kap. 4 eine Typologie der Reversibilität weiterentwickeln zu können, war es notwendig, die Beziehungen zwischen Paralleltechnologien in Kap. 3 genauer zu betrachten und die Wechselwirkungen zwischen ihnen zu analysieren, da sich überlappende Innovationszyklen zu Paralleltechnologien mit vergleichbaren Funktionalitäten führen. Am Beispiel der Energiewende und der Digitalisierung lässt sich zeigen, dass Energietechnologien und Digitalisierung eine kohärente Technologie bilden müssen, wenn die Energieversorgung beherrschbar bleiben soll. Ein zu schneller Rückzug zweier Paralleltechnologien in der Energieversorgung hätte den rechtzeitigen Ausbau einer weiteren Paralleltechnologie, hier der erneuerbaren Energietechnologien, erforderlich gemacht. Der verspätete und nicht digitalisierte Einsatz dieser Technologien dürfte eine der Ursachen für die derzeitige Energiekrise in Europa und anderswo sein.

Die Typologie der Reversibilität ergibt, dass fehlerfreundliche, dezentrale Systeme eher zurücknehmbar sind als große technisch-organisatorische Systeme. Die Diskussion um möglichen Folgen eines Ausstiegs zeigt, dass die meisten der heute betriebenen Technologien nur schwer reversible sind, weil es mühevoll ist, Gewohnheiten zu verändern. Und dies erschwert einen Umstieg auf eine entweder neue oder schon bestehende, parallel existierende Technologie. Dies gilt vor allem für den schon jetzt erreichten Stand der digitalen Durchdringung.

Es wird daher vorgeschlagen, die Eigenschaft der Reversibilität als ein Wertkriterium für die Technologiebewertung aufzunehmen. Einige Überlegungen zur

Gestaltung reversibler Technologien legen nahe, dass es gerade für Entwicklungsländer unter Umständen vorteilhafter sein könnte, aus einer bestehenden *low-tech*
Kultur eine Technologie weiter zu entwickeln, die flexibler und besser rücknehmbar ist, als gleich die Nachahmung der Hochtechnologie der Industrieländer anzustreben.

Vom Widerspruch in der Maschine: Die Parapraxie

Paradigmatische Darstellung eines „unmöglichen Objekts"

> *„Dialektisches Denken schreitet durch auftretende Widersprüche im Sachverhalt eines Denkens fort. Aber ein Mensch, der sich dauernd widerspricht, ist dadurch noch kein Dialektiker, nur ein Fasler."*
>
> *Ernst Bloch (1963), S. 186*

Um ein besseres Verständnis dafür zu entwickeln, weshalb der Begriff des Widerspruchs auch in einer Untersuchung zu Technologien und ihren Wechselwirkungen Sinn macht, gehen wir in zwei Schritten vor. Der Abschn. 5.1 ist eine Einführung in unterschiedliche Widerspruchsbegriffe, wie sie in der Logik, der Semantik und der Pragmatik von formal beschrieben Systemen eine Rolle spielen und ist deshalb selbst etwas formal und abstrakt. Er kann beim ersten Lesen überschlagen werden, ist aber für ein tieferes Verständnis des nachfolgenden Textes über Widersprüche in der Technik und zwischen Technologien beim zweiten Lesen vielleicht doch hilfreich. In den Abschn. 5.2 und 5.3 werden wir dann auf technologische Widersprüche zu sprechen kommen, wie sie in Technologien selbst als auch bei der Wechselwirkung zwischen parallel existierenden Technologien auftreten können. Dabei können auch

K. Kornwachs, *Techno-Konflikte*, Anthropologie – Technikphilosophie – Gesellschaft, https://doi.org/10.1007/978-3-662-72105-6_5

Schlüsseltechnologien, die für eine Gruppe von Technologien essentiell zur Weiterentwicklung oder zur Funktionalität sind, durchaus in Widersprüche mit anderen Technologien geraten. Der Text ist als Propädeutikum zum Durchmustern von Konflikten zwischen existierenden und denkbaren, prospektiven Technologien gedacht und soll damit auch ein Beitrag zur theoretischen Weiterentwicklung der Technikfolgenabschätzung darstellen.

5.1 Einleitung: Formallogische Präliminarien zum Widerspruch

In Gegensätzen zu denken, ist eine gewagte und dennoch alltäglich gewohnte Sache. Man handelt sich damit Widersprüche ein – in dem Sinne, dass jemand dem Sprechenden widerspricht, d. h. etwas entgegensetzt und ein Gegenargument hat. Aber es tauchen auch Widersprüche im Sinne der Logik auf – ein Satz steht gegen („wider") den anderen. Gegensatzdenken scheint sich gleichwohl einerseits durch die Strategie der Vermeidung von Widersprüchen und andererseits durch das bewusste Benutzen von Widersprüchen zu vollziehen – wie ist das möglich? Gegensätze finden ihren sprachlichen Ausdruck eben im „Wider"-Spruch" – es wird widersprochen – und schon der Unterschied bei den beiden Wortstämme Gegen *satz* und Wider *spruch* kann dazu anregen, beide Begriffe in unterschiedlichen Bereichen zu verorten. Uns interessiert hier, durch welche Widersprüche welche Gegensätze zum Ausdruck, also zur Sprache und in den Disput gebracht werden.

Der Begriff des Widerspruchs ist einer der wirkmächtigsten Begriffe der Philosophie und der aus ihr letztlich hervorgehenden Wissenschaften, der überwiegend negativ bestimmt zu sein scheint: Widersprüche sind zu vermeiden, aufzuheben,[1] auszuschließen, zu kompensieren, zu kaschieren – wie auch immer. Hingegen haben von Beginn an Philosophen, Religionsstifter, wie auch Mystiker und Spirituelle den Widerspruch als Ausdruck eines Gegensatzes produktiv zu nutzen versucht: pólemos (gr.: der Streit) ist bei Heraklit Vater aller Dinge,[2] die Widersprüche erzeugende und aufhebende Zeit bei Aristoteles,[3] die Verwendung widersprüchlicher

---

[1] Im sattsam bekannte dreifachen Hegelschen Sinne: eliminieren, bewahren, auf eine höhere Ebene bringen. „Aufheben hat in der Sprache den gedoppelten Sinn, daß es soviel als aufbewahren, erhalten bedeutet und zugleich soviel als aufhören lassen, ein Ende machen. Das Aufbewahren selbst schließt schon das Negative in sich, daß etwas seiner Unmittelbarkeit und damit einem den äußerlichen Einwirkungen offenen Dasein entnommen wird, um es zu erhalten. – So ist das Aufgehobene ein zugleich Aufbewahrtes, das nur seine Unmittelbarkeit verloren hat, aber darum nicht vernichtet ist." Vgl. Hegel (1999), Bd. 3, Wissenschaft der Logik, Erster Band, Die objektive Logik, S. 94, Anmerkung 19–24.

[2] Vgl. Heraklit, Fragment 29 fr.53 in Capelle (1963), S. 135.

[3] Aristoteles Physik Buch IV (Δ), cap. 13, 222a5.

Sätze im Buddhismus zur Reinigung der Gedanken,[4] bis hin zu Hegel, der meinte, den Widerspruch in seiner Dialektik zum *agens movens* aller denkbaren Systeme erheben zu müssen.[5]

Mathematiker sehen ihr Berufsziel darin, in Aussagenformen, die sie in mathematischen Theorien verwenden, den Widerspruch als formalen Widerspruch zu vermeiden, benutzen ihn aber gerne in indirekten Beweisen: Voraussetzungen, deren Konsequenzen zu Widersprüchen führen, können nicht gelten – also gilt deren Verneinung. Soziologen suchen die gesellschaftlichen Widersprüche im Sinne widerstreitender Interessen als Forschungsobjekt geradezu mit Eifer. Physiker sehen über Inkonsistenzen und Inkohärenzen zwischen ihren Teiltheorien hinweg (z. B. Relativitätstheorie und Quantentheorie) und setzen nach offenkundig unphysikalisch erscheinenden Ergebnissen ihre Rechnung mit neuen Annahmen unbeirrt fort und machen trotzdem Vor-Aussagen, die sich in Experimenten als belastbar erweisen.[6] Widersprüche in Programmen bringen den Computer zum Halten oder zum Absturz, widersprüchliche Befehle lassen den Haushund in schwankende Starre verfallen. Widersprüchliche Erziehung macht Kinder zickig bis neurotisch, Widersprüche in der Politik sind die bewegenden Momente in der Demokratie …

Wir könnten narrativ so fortfahren: Widerspruch ist nicht gleich Widerspruch, und dieser erste Abschnitt reiht sich ein in das Bemühen, den Begriff auf unterschiedlichsten Ebenen zu verorten. Er stellt sich die Aufgabe, über Gegensatz und Widerspruch in drei Bereichen zusammen nachzudenken, in denen – nach herkömmlichen „westlichen" Verständnis der abendländischen Philosophie – hauptsächlich die Vermeidung von Widersprüchen zur Erfolgsgeschichte der wissenschaftlich technischen Zivilisation in der Moderne geführt haben soll: Es geht um den Bereich der regelgeleiteten, wissenschaftlichen Repräsentation von Wissen, d. h. der Theorie. Danach geht es in Abschn. 5.2 um den Bereich der Erfahrung und damit daraus konstruierbare Bilder der Wirklichkeit und schließlich in Abschn. 5.3 um den Bereich der nützlichen Artefakte, in Sonderheit um die Maschinen und unser Handeln an und mit ihnen.

Gegensätze in der Welt sind eben auch solche, die sich „hart" bemerkbar machen, wenn man gegen die Physik zu konstruieren versucht oder unmögliche Objekte, die

---

[4]Vgl. Nagamato, (2000). Widersprüchliche Aussagen, dort eher Paradoxien genannt, treten im Buddhismus früh auf, sie sind zentral in den Prajñāpāramitā-Sūtren u. werden dominant in den Kōans, eine im chinesischen Zen-Buddhismus während des 10.–11. Jh. entstandene literarische Gattung, die Episoden, kurze Aussprüche oder Dialoge sowie dazugehörige kommentierende Worte umfasst. Vgl. auch: Notz (1998), S. 240 und S. 962.

[5]„ … *das Princip aller Selbstbewegung*", so bei Hegel deutlich als Programm formuliert. Vgl. Hegel (1978), Bd. 11, S. 287.

[6]So werden z. B. in der Renormierungstheorie unendliche Werte bei Energierechnungen auf den Wert Null gesetzt. Vgl. Landau, Lifschitz (1975), Bd. III, § 3 (S. 11 ff.) Diese Ansätze waren und sind in der Theorie der Elementarteilchen sehr erfolgreich; siehe z. B. in Bjorken; Drell (1964), Kap. 8, S. 161 ff.

man bei Escher so schön gemalt finden kann, bauen will.[7] Es geht also um den pragmatischen, semantischen und logischen Widerspruch: der logische Widerspruch liegt im Formalen, der semantische in den konfligierenden Bedeutungen von Begriffen.[8] Der pragmatische Wider *spruch*, der als Ausdruck eines realen Gegen *satzes* für den Bereich der menschlichen Handlungen definiert werden soll, liegt im – handlungstheoretisch gesehen – Technischen: Etwas funktioniert nicht, wie es sollte. Auf dieses Beziehungsgeflecht kommt es hier an. Dabei muss ein Widerspruch auf der einen Ebene nicht unbedingt einen Widerspruch auf der anderen Ebene nach sich ziehen und bis hierher ist es noch nicht ausgemacht, ob jeder Widerspruch auch auf einen realen Gegensatz rekurrieren muss.

Um die Frage nach dem „Widerspruch" in der Maschine zu klären, bedarf es einiger Vorbereitung; hierzu müssen zunächst unterschiedliche Widerspruchstypen in der „normalen" Logik klassifiziert werden, um dann zu sehen, welche Gegensätze bei unseren technischen Handlungen sich in Widersprüche formal niederschlagen.

5.1.1   Widerspruch als formales Konzept

Das formale Konzept des Widerspruchs als Ausdruck eines Gegensatzes, in der Logik Antilogie oder auch Kontradiktion genannt, wird in der Regel durch das Prinzip der Widerspruchsfreiheit ausgedrückt, das in verschiedener Stärke formuliert werden kann. Auf der Ebene der Aussagenlogik gilt: Die Identität von einer Aussage mit ihrer Verneinung muss immer verneint werden, also $\neg(a = \neg a)$, oder schwächer $\neg(a \wedge \neg a)$. Die Forderung nach Widerspruchsfreiheit eines logischen Kalküls lautet, das man in ihm keine Sätze der Art $(a = \neg a)$ oder $(a \wedge \neg a)$

---

[7] Es ist nicht ganz einfach zu bestimmen, was ein unmögliches Objekt ist. Eine Escher-Treppe (z. B. in Hofstadter (1979)), die abwärts viermal rechtwinklig ihre Richtung ändert und am Ende doch wieder in sich übergeht, ist eine optisch raffinierte Täuschung, die eine Illusion eines Gegenstandes hervorruft (perspektivisch), den es aus topologischen Gründen so nicht geben kann. Unmögliche Objekte sind somit *prima facie* zweidimensionale Projektionen von Körpern oder Gebilden (Artefakte), deren Form und Beschaffenheit den physikalischen Erfahrungen im dreidimensionalen Raum widersprechen würden, wenn sie existieren würden. Man kann sie daher auch nicht bauen, sondern nur projektiv zeichnen (wie ein *Perpetuum mobile* der ersten oder zweiten Art). Das bekannteste unmögliche Objekt ist eine zweidimensionale Projektion des dreidimensionalen Balkendreiecks, das nicht richtig in sich selbst übergeht (Abb. zu Beginn dieses Kapitels). Vgl. auch Penrose, L., Penrose, R. (1958). sowie: Hofstadter (1979), Fig. 21, S. 88, Fig. 22, S.98. Siehe auch: http://haegar.fh-swf.de/spielwiese/unmoeglicheObjekte/deutsch/ Reality.html.

[8] Davon ist wohl der Begriff der Komplementarität zu unterscheiden wie er z. B. in der Quantenmechanik verwendet wird. So sind die Observablenpaare wie Energie und Zeit oder Ort und Impulsf komplementär, weil sie sich nicht zur gleichen Zeit mit beliebig großer Genauigkeit messen lassen. Die Präzision der einen Messung geht auf Kosten der Präzision der Messung der anderen Observablen. Beide sind über die Unbestimmbarkeitsrelation nach Heisenberg verknüpft, für die die Produkte der Unschärfen Δp und Δq der beiden Observablen p und q, gilt $\Delta p \cdot \Delta q \geq \hbar$ (mit der Dimension der physikalischen Wirkung) ($\hbar$ ist das Plancksches Wirkungsquantum h geteilt durch π). Außerdem ist die Reihenfolge der Messungen solcher Observablen nicht vertauschbar. An der Komplementarität ist also weniger Gegensätzliches als gemeinhin angenommen – man muss komplementäre Paare als sich ergänzende Größen ansehen. Einen umfassenden Überblick über den Begriff der Komplementarität gibt Röhrle (2000).

beweisen, ableiten oder folgern kann. Widersprüchliche Sätze enthalten im Kern immer eine Form, die sich als (a = ¬a) oder (a ∧ ¬a) herausstellt Das bedeutet auch, dass zumindest in der zweiwertigen Aussagenlogik gilt, dass a entweder wahr oder falsch ist, ein Drittes gibt es nicht: *tertium non datur*. Das heißt, dass zur Menge solchermaßen aus den Axiomen durch wahrheitsbewahrende Regeln erzeugbare Sätze, die wie hier Konsequenzmenge nennen wollen, kein Ausdruck gehört, der logisch immer falsch wäre.

Anders als beim Widerspruch oder der Antilogie (kann die Interpretation eines logisch oder formal korrekten Ausdrucks durchaus in einen Gegensatz zu unserer herkömmlichen Beschreibung der Welt (Meinung als gr. dóxa) münden. Dies nennen wir Paradoxie.[9] Ein bekanntes Beispiel ist die Paradoxie der Implikation a → b. Wenn a wahr und b wahr ist, so ist die Implikation wahr, falsch ist sie, wenn bei wahrem a die Folgerung b falsch ist (denn aus etwas Wahrem kann man nichts Falsches folgern), sie ist jedoch kontraintuitiv immer wahr, wenn die Voraussetzung a falsch ist. Aus Falschen kann man alles folgern: *ex falso quodlibet sequitur.* Zuweilen bezeichnet man auch Sätze als Paradoxien, deren Wahrheit oder Falschheit sich nicht beweisen lässt wie das Beispiel des Kreters Johannes, der sagt: „Alle Kreter lügen". Solche Sätze werden zutreffender Antinomien genannt.[10]

5.1.2   Widerspruchstypen

5.1.2.1 Logische Widerspruchstypen (de dicto)

Die erste Klassifizierung von Widerspruchstypen in formaler Sicht geschah durch Aristoteles[11] und wurde von Boethius in die bekannte Form des logischen Quadrats gebracht:[24] Da die Aristotelische Logik eine Klassenlogik ist,[25] aus der sich dann die klassische Urteilslehre entwickelte, wurden der kontradiktorische, der konträre und später durch die Scholastik hinzugekommene subkonträre Gegensatz durch das in Beziehungssetzen von unterschiedlichen Urteilsformen demonstriert.

Das logische Quadrat in Abb. 5.1 ist so zu lesen: Allgemeine bejahende Urteile (alle Objekte aus einer Klasse haben die Eigenschaft P, d. h. sind P) implizieren (→) partikuläre bejahende Urteile, dasselbe gilt entsprechend für die verneinenden Urteile, jedoch stehen allgemeines bejahende und partikulär verneinende wie auch allgemein

---

[9] Im Griechischen hat die Vorsilbe pára die Bedeutung von neben- oder gegen-. Paralogie ist demnach gegen die Logik gerichtet, oder liegt „neben" der Logik, Paradoxie ist gegen die herkömmliche Meinung (dóxa) oder – metaphorisch – liegt daneben.

[10] Aus dem griechischen Begriff ánti (gegen) und nómos (das Gesetz). Zur ausführlicheren Behandlung dieser Antinomie vgl. Kornwachs (2001), S. 96, Aufgaben C1 und H4 und deren Lösung auf S. 340–347.

[11] Aristoteles: *De interpretatione* 7, 17b 16–22.

[24] Boethius: *In categorias Aristotelis commentaria* lib IV, (M)PL 64, 264b f. Schon früher bei Apuleis von Madaura (125– 170 n. Chr.) zu finden, vgl. Thiel (1995).

[25] D. h. sie macht Aussagen über Objekte, die vermöge einer gemeinsamen Eigenschaft zur unterschiedlichen Klasse von Gegenständen gehören. Die Auswahl der Objekte in diesen Klassen ist endlich.

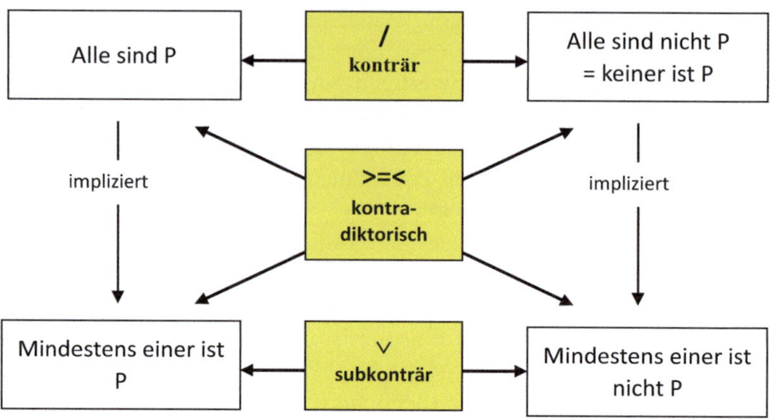

Abb. 5.1 Das logische Quadrat. (Nach Boethius)

verneinende und partikulär bejahende Urteile in striktem (kontradiktorischen) Gegensatz (gr. ántiphasis formal „>=<"). Allgemein bejahende Urteil und allgemein verneinende Urteile bilden einen schwächeren, den konträren Gegensatz, der dem exklusiven „Oder" (gr. enantíon formal „/") entspricht. Zu diesen von Aristoteles diskutierten Gegensatzarten hat Aphrodisius den schwächeren subkonträren Gegensatz hinzugefügt, in dem partikulär bejahendes und verneinendes Urteil zueinander stehen (entsprechend dem disjunktiven Oder (gr. hýponation, formal „∨")).[26]

Da im Laufe der Entwicklung der Logik weitere Logikkalküle wie die Aussagenlogik, die Prädikatenlogik und die Modallogik u. a. m. hinzukamen, tabellieren wir im Folgenden diese Widerspruchsarten nach den Kalkültypen zur Einordnung, die wir in den folgenden Abschnitten dieses Kapitels brauchen werden. Dazu geben wir kurze Formalisierungsbeispiele an, die beim ersten Lesen jedoch überschlagen werden können.

Wir vergleichen die Gegensatztypen zunächst unter aussagenlogischen, klassenlogischen, prädikatenlogischen und modallogischen Gesichtspunkten.[27]

Der aristotelische Syllogismus kann als eine Prädikatenlogik mit endlichen Klassen, also mit endlichen Extensionsbereichen der Prädikate formuliert werden – wir führen dies hier an, weil wir nachher im nächsten Abschnitt bei der Behandlung von Gegensätzen in der Maschine feststellen, dass wir keine unendlichen Klassen von Gegenständen in der Technik kennen – alle Handlungen, die der Mensch vollführen kann, und alle Hilfsmittel, die ihm *de facto* zugänglich oder von ihm herstellbar sind, sind nur endlich viele und räumlich wie zeitlich begrenzt.

Die Tab. 5.1 zeigt zunächst, dass der subkonträre Gegensatz der klassischen Logik sowohl in der Aussagen-, Klassen- wie Prädikatenlogik für das Gegensatzdenken weniger interessant ist, wohl aber dann in der Modallogik.

---

[26]Vgl. Menne (1977) und Menne (1981), S. 87.

[27]Die Fuzzy-Logik, welche die Stärke des Widerspruchs graduell behandelt, da sie außer den zwei Wahrheitswerten das ganze Spektrum zwischen Null und Eins benutzt, wird zu Vereinfachung hier nicht behandelt.

Tab. 5.1 Formale unterschiedliche starke Widerspruchsarten in unterschiedlichen Logikkalkülen

	Strikter kontradiktorischer Gegensatz Antilogie ántiphasis $(>=<)$	**Konträrer Gegensatz** Exklusives „oder" enantíon $(/)$	**Subkonträrer Gegensatz** Disjunktives „oder" hýponantion $(\vee)$
Aussagenlogisch	A „und" ¬a stehen kontradiktorisch zueinander. Deren Gleichsetzung wäre eine Kontradiktion[12] der Form a = ¬a. Ihre Verneinung ist ein immer wahrer Satz[14] ⊢ (a = ¬a).	A „zusammen mit" ¬a steht im schwächeren konträren Gegensatz zueinander. Deren Konjunktion wäre ein konträrer Widerspruch der Form a ∧ ¬a,[13] dessen Verneinung ist ein immer wahrer Satz ⊢ (a ∧ a) = a/a (*tertium non datur*)[16]	In der Aussagenlogik ist die disjunktive Verknüpfung (eine schwache Alternative) a ∨ ¬a kein Widerspruch im engeren Sinne von „immer falsch", denn dessen Verneinung (NOR) ist immer falsch.[15]
Klassenlogisch (Aristotelischer Syllogismus)[17]	SaP „und" SoP, sowie SiP „uns" SeP stehen kontradiktorisch zueinander. Ihre Gleichsetzung wäre eine Kontradiktion SaP = SoP,[18] Deren Verneinung ist ein immer wahrer Satz ⊢ ¬(SaP = SoP)	SaP zusammen mit SeP stehen konträr zueinander. Ihre Konjunktion wäre ein konträrer Widerspruch SaP ∧ SeP, Dessen Verneinung ist ein immer wahrer Satz ⊢ ¬(SaP ∧ SeP).	SiP zusammen mit SoP stehen subkonträr zueinander. Ihre Diskunktion wäre ein subkonträrer Ausdruck SiP ∧ SoP, Dessen Verneinung ist jedoch nicht immer ein wahrer, aber verifizierbarer Satz ⊢ ¬(SiP ∨ SoP).

(Fortsetzung)

---

[12] Man könnte ihn statt des kontradiktorischen Widerspruchs (was ein Pleonasmus wäre) auch den starken Widerspruch nennen.

[13] Dies ist äquivalent mit ¬(a/¬a).

[14] Das Zeichen ⊢ markiert den nachfolgenden Ausdruck als gültigen Ausdruck.

[15] Die Bedeutung von NOR (nicht oder) ist hier, keine Alternative zuzulassen.

[16] Das aussagenlogische Axiom der Prämissenvorschaltung erlaubt daraus die Formulierung des *speziellen tertium non datur* (*stnd*) mit (q∧a) ∧ (q∧¬a). Baut man eine Logik ohne Prämissenvorschaltung auf, kann man das spezielle *stnd* nicht mehr formulieren.

[17] Zu den Abkürzungen: SaP = verallgemeinertes positives Urteil = alle S sind P; SeP = verallgemeinertes negatives Urteil = alle S sind nicht P; SiP = partikuläres positives (Einzel)Urteil = Mindestens ein S ist P; SoP = partikuläres negatives (Einzel)Urteil = Mindestens sein S ist nicht P. Die Gegenstände, über die geurteilt wird, gehören endlichen Klassen von Gegenständen an. Deshalb ist der Syllogismus auch eine endliche Klassenlogik.

[18] Dies entspricht dem Falsifikationsprinzip Poppers: Eine allgemeine Aussage (alle Schwäne sind weiß) bildet einen Widerspruch zusammen mit einem negativen Fallbeispiel (ein Schwan ist nicht weiß). Die Und-Verknüpfung führt zu einem schwächeren (konträren) Widerspruch. Vgl. Kornwachs (2001), Übungsaufgabe B 7, S. 373–375.

Tab. 5.1 (Fortsetzung)

	Strikter kontra-diktorischer Gegen-satz Antilogie ántiphasis ($>=<$)	**Konträrer Gegen-satz** Exklusives „oder" enantíon (/)	**Subkonträrer Gegensatz** Disjunktives „oder" hýponantion ($\vee$)
Prädikatenlogisch	$\forall x(S(x) \rightarrow P(x))$ „und" $\exists x(S(x) \wedge \neg P(x))$ sowie $\exists x(S(x) \wedge P(x))$ „und" $\forall x(S(x) \rightarrow \neg P(x))$ stehen kontradiktorisch zueinander. Ihre Gleichsetzung wäre eine Kontradiktion $\forall x(S(x) \rightarrow P(x)) = \neg \forall x(S(x) \rightarrow P(x))$ der Form $a = \neg a$;[20] deren Verneinung ist ein gültiges Theorem.	$\forall x(S(x) \rightarrow P(x))$ zusammen mit $\forall x(S(x) \rightarrow \neg P(x))$ stehen zwar konträr zueinander. Ihre Konjunktion führt jedoch zum Ausdruck $\forall x(\neg S(x) \vee \forall x(P(x)) \wedge \neg P(x)))$, der nur zu einem Widerspruch führt, wenn die Prämisse $\forall x\ S(x)$ wahr ist. Die Form $a \rightarrow b \vee \neg b$ ist falsifizierbar[21].	$\exists x(S(x) \wedge P(x))$ stehen zusammen mit $\exists x(S(x) \wedge \neg P(x))$ subkonträr zueinander. Ihre Disjunktion wäre ein subkonträrer Ausdruck, was man mit $\exists x(S(x) \wedge (P(x) \vee \neg P(x)))$ ausdrücken kann;[19] und der nur zu einem Widerspruch führt, wenn die Prämisse falsch ist.
Modallogisch[22]	$L \neg p$ „und" $M\ p$ resp. Lp „und" $M \neg p$ sowie $\neg L \neg p$ „und" $\neg Mp$ resp. $\neg Lp$ „und" $\neg M \neg p$ stehen kontradiktorisch zueinander. Ihre Gleichsetzung wäre ein alethischer Widerspruch, d. h. eine Kontradiktion $L(p) = \neg L(p)$ bzw. $M(p) = \neg M(p)$, welche die Form $a = \neg a$ hat (ontischer Widerspruch). Werden L und M deontisch interpretiert, ist dies ein normativer Widerspruch.	Lp zusammen mit $\neg Mp$ resp. $L \neg p$ zusammen mit $\neg M \neg p$ stehen konträr zueinander. Ihre Konjunktion wäre ein modallogischer konträrer Widerspruch der Form $L(p) \wedge \neg M(p)$ bzw $L(p) \wedge L(\neg p) = L(p \wedge \neg p)$. Deontisch interpretiert ist dies ein deontischer Widerspruch.	$\neg Lp$ mit Mp stehen in einem nur sehr schwachen Widerspruch zueinander. Ihre Disjunktion wäre ein subkonträrer Ausdruck der Form $\neg L(p) \vee M(p) = M(\neg p \wedge p)$. Dies könnten wir den modallogisch subkonträren Gegensatz nennen, er lässt sich jedoch auf einen aussagenlogischen Widerspruch der Form $a \rightarrow a$ reduzieren[23].

---

[19] Siehe Beweis (3) im Anhang, Abcshn. 5.4.2.

[20] Siehe Beweis (1) im Anhang, Abschn. 5.4.2.

[21] Siehe Beweis (2) im Anhang, Abschn. 5.4.2.

[22] Vgl. auch das logische Quadrat der Modallogik mit L als dem Notwendigkeits-, und M als dem Möglichkeitsoperator, z. B. in Kornwachs (2001), S. 114, sowie Tab. 5.12 in Anhang 5.4.1.

[23] Siehe Beweis (4) im Anhang, Abschn. 5.4.2.

Die jeweils zueinander gegensätzlichen Aussagen bilden, wenn man sie zusammensetzt, einen Gegensatz, der sich als Widerspruch formulieren läßt. Dies ist eine Aussageform, die immer falsch ist. Hingegen erfüllen Ausdrücke, die nur verifizierbar oder falsifizierbar sind, die Bedingungen des „immer falsch" nicht und drücken ein schwächeres oder uneigentliches gegensätzliches Verhältnis aus.

Obwohl diese Zuschreibungen der Wahrheitswerte „immer falsch" für die beiden ersten Widerspruchsarten in Tab. 5.1 in der Aussagenlogik und der Klassenlogik gleich sind, haben wir dennoch das Gefühl, dass die Kontradiktion massiver ist als der konträre Widerspruch. Formal ist dieses Gefühl von der Wahrheitswertentwicklung nicht gerechtfertigt,[28] wohl aber von der Form der Ausdrücke, die Widersprüche bilden: a = ¬a erscheint schwerwiegender als a ∧ ¬a. Deutlicher wird dies, wenn man die prädikatenlogischen und modallogischen Widersprüche in Tab. 5.1 näher betrachtet. Dann sieht man, dass nur die prädikatenlogische Kontradiktion und der normative wie deontische Widerspruch „immer falsch" sind.

Eine prädikatenlogische Kontradiktion lässt sich auf einen aussagenlogischen Kontradiktion reduzieren.[29] Ein prädikatenlogischer konträrer Widerspruch lässt sich hingegen nicht ohne weiteres oder nur bedingt auf einen konträren aussagenlogischen Widerspruch reduzieren. Ein modallogischer kontradiktorischer Widerspruch (alethischer oder normativer Widerspruch) lässt sich auf einen aussagenlogischen kontradiktorischen Widerspruch reduzieren. Hingegen ist der modallogische konträre Widerspruch (deontische Widerspruch) wie der modallogisch subkonträre Widerspruch nicht auf den aussagenlogischen Widerspruch a = ¬a reduzierbar.

5.1.2.2 Essentielle Widerspruchstypen (de re)

Bisher sind wir auf der Ebene der Propositionen und Prädikate geblieben, gleichsam *de dicto*. Das hatte den Vorteil, dass man bei der Diskussion um die Gestalt des Widerspruchs den Gehalt der ihn zusammensetzenden (Teil-)Aussagen nicht kennen muss, man muss nur ihre Form kennen, um zu wissen, ob sie falsch oder wahr sind. Deshalb nennen wir diese Widersprüche *de dicto*, die sich in ihrer widersprüchlichen Form in der bekannten Logik als negative Tautologien oder Antilogien darstellen lassen.

Der ontologische Widerspruch

Nun könnte man aber auch Gegensätze bei den „Sachen" oder Phänomenen sehen und dies formal ausdrücken wollen. Es müsste also möglich sein, diese Gegensätze in Form eines ontologischen Widerspruchs zur Sprache zu bringen: Schon die Vorsokratiker postulierten, dass Gegebenheiten gegensätzlich sein könnten, wie die Elemente Feuer und Wasser in der antiken Elementenlehre (z. B. des

---

[28] Aussagenlogisch sind beide Widerspruchsarten äquivalent, wie man durch elementares Umformen zeigen kann:

[29] Eine Aussageform α ist auf β reduzierbar, wenn aus α durch Umformungen (Regeln der Einsetzung und der Ersetzung) im Aussagenkalkül β gewonnen werden kann.

Empedokles) oder Liebe und Streit wie bei Heraklit. Diese Dinge oder Vorgänge sind in dieser Sicht von Natur aus entgegengesetzt, das Ganze enthält aber doch eine verborgene Harmonie.[30] Die Frage nach dem Ursprung wie seinerzeit bei den ionischen Naturphilosophen, wer oder welche Ursache die Prinzipien, Elemente oder Dinge gegeneinander gesetzt haben mag, soll hier offen bleiben. Ihre Frage nach dem Ende des Gegensatzes, d. h. wie er sich entwickelt, z. B., dass einmal Wasser, einmal das Feuer die Oberhand habe und welcher der beiden Antagonisten dann letztlich der Sieger sei, unterstellt schon, dass es „mit der Zeit" eine (Auf)-Lösung solcher Gegensätze geben müsse.

Dazu sei ein kleiner Exkurs in die Aristotelische Logik gestattet.[31]

Erst durch Bewegung, die bei Aristoteles nicht nur den Wechsel des Ortes bedeutet, sondern auch den Wechsel von Eigenschaften, ist die Zeit erkennbar. Bewegung ist Verknüpfung von Gegensätzen im zeitlichen Nacheinander, denn das Gleiche kann nicht zur gleichen Zeit Gegensatz von sich selbst sein, es aber in der Zeit werden:

> *„Was aber die Zeit nie und nirgends umfaßt, das war weder, noch ist es, noch wird es sein. Solches gehört zu der Art von Nichtseiendem, deren Gegenteil immer ist … Wovon das Gegenteil nicht immer gilt, das kann sowohl sein als auch nicht (sein), und so gibt es Werden (génesis) und Vergehen (phtóra) davon."*[32]

Was nicht in der Zeit ist, also weder in Vergangenheit, Gegenwart oder Zukunft zu finden ist, d. h. was keine zeitliche Modalität hat, die man zusprechen könnte, das *ist* nicht, oder um es modern zu sagen, das existiert nicht.

Das Gegenteil von Nichtsein ist Sein, Seiendes von Nichtseiendem ist ebenfalls Seiendes, und Seiendes ist in der Zeit. Das heißt: was ist, verdrängt eben nicht nur Luft oder nimmt Raum in Anspruch, sondern „verbraucht" auch Zeit, ist in der Zeit, hat auf der Zeitachse eine Ausdehnung, so wie die endliche Lebensdauer eines Organismus, einer Institution, eines Artefakts oder die endliche Lebensdauer eines Menschen. Es gibt bei Aristoteles auch Seiendes, dessen zeitliche Existenzen sich von nun an bis ins Unendliche erstrecken, oder solche, die schon immer waren und immer sein werden. Dieses Seiende existiert aus Notwendigkeit.

Wovon das Gegenteil nicht immer gilt, das kann sowohl sein, als auch nicht sein. All das Seiende, dessen Gegenteil das Nichtseiende ist, oder das Nichtseiende, dessen Gegenteil das Seiende ist, ist klar bestimmbar. Es gibt aber auch ein Etwas, das nicht unbedingt dieser doppelten Verneinung angehört. Und wovon das Gegenteil nicht immer gilt, das kann sowohl sein als auch nicht sein, und so gibt es das Werden (génesis) und das Vergehen (phtóra) Denn Aristoteles musste im

---

[30] Vgl. Heraklit Fragment B 111, wonach es die Krankheit ist, die die Gesundheit angenehm macht. Mit „Krieg" meint Heraklit hier eher eine Auseinandersetzung (Streit) als Prozess, nicht so sehr ein militärischer Konflikt. Vgl. Fragmente B 53 und B 80 in Diels, Kranz (1934).

[31] Der Exkurs ist modifiziert entnommen aus: Kornwachs (2001), S. 153–156

[32] Vgl. Aristoteles: Physik Buch 4 (Δ), Kap. 13, 222 a5.

Rahmen seiner Naturphilosophie erklären, warum Dinge entstehen und warum sie auch wieder vergehen[33].

Und so kann Werden und Vergehen als Bewegung in Raum und Zeit, als eine Verknüpfung von Gegensätzen im zeitlichen Nacheinander verstanden werden. Nach der Vorstellung von Aristoteles war der Pfeil zu einer bestimmten Zeit an einem bestimmten Ort. Danach ist er, abgeschossen im Flug, nicht mehr an diesem Ort. Er kann nicht gleichzeitig sowohl da als auch nicht da sein – dieser Gegensatz kann nur vermittelt werden, indem ihn Aristoteles in der Zeit „auseinanderzieht".

Wie gesagt: Das Gleiche kann nicht zur gleichen Zeit Gegensatz von sich selbst sein, aber es kann in der Zeit dazu werden. Es werden damit Gegensätze, im heutigen Verständnis in der Logik ausgedrückt durch Widersprüche, über die Zeit verknüpft. Aristoteles kommt dann zur Bestimmung, dass die Bewegung die Wirklichkeit des Möglichen ist – indem sich etwas bewegt, wird das, was möglich ist, wirklich. Es ist ja möglich, dass ein Pfeil hier an diesem bestimmten Ort sein könnte. Aber dadurch, dass sich der Pfeil hierher an diesen Ortspunkt bewegt, ist es nicht nur möglich, dass er hier sein könnte, sondern ist dann real, sobald die Pfeilspitze hier ist. Das ist das Verständnis von Aristoteles[34]: Es werden Gegensätze (im heutigen Verständnis Widersprüche) über die Zeit verknüpft, deshalb ist die Bewegung die Wirklichkeit des Möglichen.

Diese kurze Skizze soll zeigen, dass logische Kategorien wie Widerspruch, Eigenschaften und ontologische Begriffe wie Wirklichkeit, Möglichkeit und Notwendigkeit, skizziert als

> *„Alles Zukünftige wird also mit Notwendigkeit eintreten, z. B. dass der Lebende sterbe".*[35]

bereits bei Aristoteles eng mit der Zeit verknüpft sind, man fühlt sich sogar bei der Stelle

> *„Denn an und für sich genommen, ist die Zeit Urheberin von Verfall."*[36]

an die moderne Theorie der Thermodynamik und der stetigen Zunahme von Entropie erinnert. Doch dies war bei Aristoteles lediglich eine additive, nicht deduktiv-phänomenologische Feststellung.

Spätestens an dieser Stelle unserer Interpretation des Aristoteles finden wir, dass der Widerspruch als eine logische Kategorie, sobald er ontologisch gefasst wird, nämlich zur gleichen Zeit etwas zu sein und nicht zu sein, eine zeitliche

---

[33] Vgl. auch die Abhandlung von Aristoteles über Entstehen und Vergehen (Aristoteles: *De generatione et corruptione*) (1978).

[34] Für die Zeit zwischen 300 und 200 vor Chr. stellte es eine ungeheure theoretische Erfindung dar, Raum und Zeit über die Bewegung begrifflich miteinander verknüpfen zu können – uns kommt das heute als Selbstverständlichkeit vor. Hier liegt eine der unübertroffenen Leistungen Aristoteles´.

[35] Aristoteles: Metaphysik Buch K, 1027 b5.

[36] Aristoteles: Physik Buch 4 (Δ), Kap. 11, 221b.

Modalität beinhaltet. Ebenso sind die Verbindungen zwischen alethischen und temporalen Modalitäten bei Aristoteles schon vorbereitet: Notwendig ist das, was zu allen Zeiten war, ist und sein wird, möglich hingegen ist, was in Zukunft nicht ausgeschlossen werden kann.

In der Formalisierung müsste sich der Gegensatz zwischen Prädikaten wiederfinden lassen, die sich zur selben Zeit „widersprechen" – Eigenschaften also, die im Verhältnis des Gegenteils zueinanderstehen, wie z. B. nass und trocken; denn „trocken" ist das Gegenteil von „nass" in dem Sinne, dass alle Gegenstände, die trocken sind, nicht nass sind und umgekehrt. Nach der Extensionshypothese von G. Frege sind dann die Extensionsmengen der Prädikate Komplemente zueinander.[37] Logisch-formal ausgedrückt: Wenn – als Prämisse – für alle Gegenstände (G) gilt, dass sie entweder nass (N) oder (exklusives „/") trocken (T) sind, und alles was trocken ist, nicht nass ist und umgekehrt, und es – nun als Phänomen – ein Gegenstand „vorliegen" soll, der (gleichzeitig) trocken und nass ist, also

Prämisse: $\forall x\ [G(x) \rightarrow (N(x)\ /\ T(x))]$

Phänomen: ... $\wedge$ ... $\exists x\ [G(x) \wedge (T(x) \wedge N(x))]$

dann führt die Konjunktion von Prämisse und Phänomen nach einigen elementaren Umformungen zu einem etwas anders strukturierten Widerspruch, nämlich der Form $\exists x\ A(x) \wedge \exists x\ \neg A(x)$.[38] Das bedeutet, dass der so formalisierte ontologische Gegensatz nicht mehr durch einen konträren aussagenlogischen Widerspruch ausgedrückt werden kann. Der ontologische Gegensatz führt in dieser direkten Ableitung daher nicht zu einem so massiven Widerspruch, wie ihn die Kontradiktion darstellt.

Semantischer Widerspruch

Jenseits der Metaphorik wissen wir, dass z. B. Ideen keine Farben haben. Der Satz von Noam Chomsky: „Grüne Ideen schlafen wütend" ist grammatikalisch richtig, aber semantisch widersprüchlich, weil er Gegenständen Eigenschaften zuordnet, die ihnen nicht zukommen. Dieses Problem der analytischen Sprachphilosophie bestand darin, dass aus dem Substantiv „Ideen" implizite Eigenschaften geschlossen werden konnte, die inkommensurabel mit den Eigenschaften sind, die im Satz ausgedrückt werden.[39] Die nach dem Aufkommen der Grassroot-Bewegungen in aller Welt mögliche metaphorische politische Interpretationsmöglichkeit dieses Satzes zeigt jedoch die Grenze dieser Selbstverständlichkeit an: Die impliziten Eigenschaften sind gar nicht so „ontologisch" festgelegt, wie man tut, sondern eher eine Frage der Konvention. Daher müssten semantische Widersprüche „schwächer" sein als ontologische.

---

[37] Vgl. Frege (1879), insbes. § 11, abgedruckt in: Berka, Kreiser (1983), S. 82-107.

[38] Vgl. Beweis (5) im Anhang, Abschn. 5.4.2. Man könnte die Form $\neg \exists x A(x) \wedge \exists x A(x)$ einen prädikatenlogischen *Widerspruch de dicto* nennen, er ist auf $\neg a \wedge a$ reduzierbar. Dann könnte man die Form $\exists x A(x) \wedge \exists x \neg A(x)$ einen prädikatenlogischen *Widerspruch de re* nennen, also einen ontologischen Gegensatz der in der Sache zu liegen käme, so es ihn gäbe.

[39] Zumindest war Descartes der Auffassung, dass die *res cogitans* keine räumliche Ausdehnung hat. Damit hat sie auch keine (Ober-)Fläche, die Farben tragen könnte.

Wir können den semantischen Widerspruch so formulieren (wieder am besten prädikatenlogisch): Es gibt einige Ideen $\exists x\,I(x)$ und die sind grün $G(x)$ und schlafen wütend $SW(x)$, also als *Behauptung* formal: $\exists x\,(I(x) \wedge (Gx) \wedge SW(x))$.

Es gelte aber für alle Idee analytisch, dass Ideen keine Farbe haben und auch nicht schlafen, formal: $\forall x\,(I(x) \rightarrow (\neg F(x) \wedge \neg SW(x)))$, und dass generell alles, wenn es grün ist, eine Farbe hat, da die Farbe der Oberbegriff von Grün ist: $\forall x\,(G(x) \rightarrow (F(x)))$. Dies ist eine *semantische Festlegung*.[40]

Die etwas komplizierte Umformung der Konjunktion von Behauptung und semantischer Festlegung ergibt sogar die Form der Kontradiktion.[41]

Auf dieser Ebene der Formalisierung wird demnach der formale Unterschied zwischen einem ontologischen und semantischen Widerspruch nicht abgedeckt. Das ist auch kein Wunder, denn wir haben die formalen zugeschriebenen Prädikate im Sinne der Bedeutung eines Substantivs (als Summe aller zusammengesetzten Prädikate) durch dieselben Mittel und auf der Ebene wie die ontologischen Eigenschaften ausgedrückt. Man könnte es auch so sagen: Im Falle des ontologischen Gegensatzes haben wir die Widersprüchlichkeit auf der semantischen Ebene ausgedrückt (von *de re* zu *de dicto*), im Falle des semantischen Gegensatzes ebenfalls (also von *de dicto* zu *de dicto*). Damit verwischt sich der Unterschied zwangsläufig.

Wenn der ontologische Gegensatz als stärkerer Widerspruch in Erscheinung treten soll, können wir eine modallogische Formalisierung versuchen:

Für alle Gegenstände gilt notwendigerweise, dass sie nass oder trocken sind, aber niemals beides, und nun gebe es einen Gegenstand, der möglicherweise nass und trocken ist.

$$\forall x\,L\,(G \rightarrow N/T) \wedge \exists x\,M\,(G \wedge T \wedge N)$$

Dies ist *de dicto* formuliert. Die *de re* Formulierung wäre: Es ist notwendigerweise so, dass alle Gegenstände entweder nass oder trocken sind und möglicherweise gibt es einen Gegenstand, der trocken und nass ist

$$L\forall x\,(G \rightarrow N/T) \wedge M \exists x\,(G \wedge T \wedge N)$$

Von der einen Redeweise in die andere überzugehen, würde voraussetzen, dass wir einen Kalkül verwenden, in dem die Barcansche Formel gilt.[42] Dies wollen wir hier zunächst nicht zulassen, um den Unterschied zwischen *de re* und *de dicto*

---

[40] In der Informatik wird ein Netz von semantischen Festlegungen, welches ein abzubildender Gegenstandbereich modellieren soll, seit Anfang der 90er Jahre auch Ontologie genannt. Vgl. Staab, Studer (2004). Diese Sprechweise verwischt aber genau den Unterschied zwischen konventioneller Zuschreibung von Eigenschaften (*de dicto*) und einer Zuschreibung von Eigenschaften als Aussagen über die Wirklichkeit (*de re*). Wo diese Unterscheidung nicht wichtig ist, z. B. im herkömmlichen Verständnis von Technik, fällt eine solche kategoriale Vermischung nicht weiter auf.

[41] Vgl. Beweis (6) in Anhang, Abschn. 5.4.2.

[42] $BF = \forall x L\alpha \rightarrow L\forall x\alpha$. Für PK+S5 hat Ruth Barcan Marcus 1947 gezeigt, dass die sogenannte Barcansche Formel BF gültig ist. BF ist in PK+T und PK+S4 allerdings keine These, sie ist jedoch widerspruchsfrei hinzufügbar. PK+T ist ohne die Barcansche Formel nicht vollständig, mit ihr ist PK+T widerspruchsfrei und vollständig. Vgl. Barcan-Marcus (1995).

nicht zu verwischen. Mit den bekannten Umformungen, die wir schon in Beweis 5 und 6 (vgl. Anhang Abschn. 5.4.1) verwendet haben, ergibt sich allerdings in beiden Fällen wieder die Form des konträren Gegensatzes.

$\forall x\ LA(x) \land \neg \forall x\ LA(x)$ mit $A = \neg(G \land T \land N)$ *de dicto*[43] und

$L \forall x\ A(x) \land \neg L \forall x\ A(x)$ *de re*.

Damit ist formal immer noch keine Möglichkeit gefunden, den ontologischen Gegensatz auf der Ebene des Widerspruchs vom semantischen Gegensatz zu unterscheiden. Ein ontologisches Prinzip bezieht sich auf das Verhältnis zwischen seienden Dingen (z. B. Naturgesetze oder höherstufig) bzw. auf Gesetzlichkeiten des Wirklichen; oder – eher pragmatisch und deskriptionistisch formuliert – auf herausgegriffene, mit den jeweils verfügbaren Begriffen modellierbare Teilbereiche der Realität.[44]

Wenn man ontologische Festlegungen macht, und den Begriff des ontologischen Nichtwiderspruchsprinzips als Ausgangspostulat nimmt (p $>=<$ $\neg$p), dann ergeben sich drei Strategien:

(a)

Man nimmt an, dass ontologische Gegensätze in der Natur selbst auftreten. Diese müssten sich in den logischen Beschreibungen niederschlagen. Das bedeutet: Es „gibt" Gegensätze (Heraklit, Hegel, Marx etc.) und die gefundenen Widersprüche auf der Beschreibungsebene können dann auf etwas Reales rekurrieren und umgekehrt. Die Varianten dieser Position stellt die Abb. 5.2 zusammen, die Beziehungen lassen sich leicht verorten. Es bedeuten: α = „Realistische" Physik, β = Metaphysik, γ = Bedingung der Möglichkeit der Beschreibung von Erfahrung, δ = Mathematisierung der Wissenschaften. Für Galilei war die Natur in den Lettern der Geometrie, d.h. Mathematik geschrieben, deshalb kann man nach seiner Auffassung aus der Natur die formalen Gesetze gewinnen, weil dies die Seinsgesetze sind. Die Scholastik ging bei der sogenannten realistischen Lösung des Universalienproblems davon aus, dass intelligible Gegenstände real existieren müssen und umgekehrt alle realen Gegenstände gedacht werden können. In dieser Sichtweise „gibt es" Widersprüche in der Welt.

(b)

Man nimmt an, dass es keine ontologischen Gegensätze geben kann, weil die Natur in sich nicht widersprüchlich sein kann, sondern nur ihre falsche Beschreibung. D. h. in der Natur ist nichts Gegensätzliches, sie ist *außerhalb der Logik*, es „gibt" keine Gegensätze. Danach hat die Beschreibung sich zu richten. Wenn Widersprüche auftauchen, ist die Beschreibung über den Gegenstandsbereich falsch, d. h. unzutreffend. Aus dem Auftauchen eines Widerspruchs in der Beschreibung kann man nicht auf Gegensätze in der Natur schließen.[45] Das Intelligible, d. h. Denkbare, damit auch das Widersprüchliche, verbleibt auf der Ebene der Beschreibung.

---

[43] Siehe Beweis (7) im Anhang, Abschn. 5.4.2.

[44] Dies ist der heute eher gepflegte, wissenschaftstheoretische Ansatz in den empirischen Wissenschaften und der systemtheoretischen Modellbildung.

[45] Salopp formuliert: Wegen eines Fehlers im Lehrbuch bricht die Physik noch nicht zusammen.

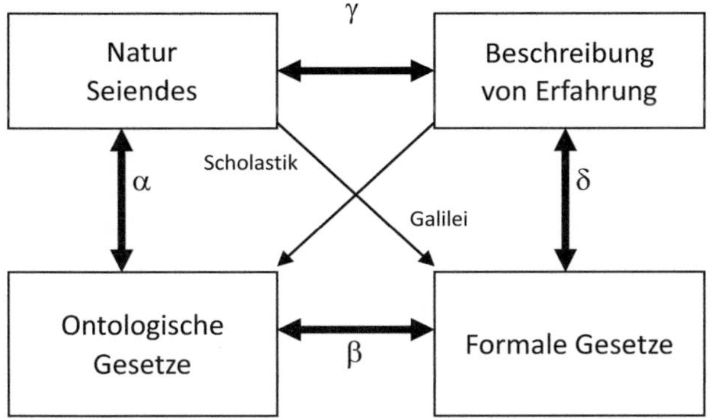

Abb. 5.2 Beziehungen zwischen Ontologie und Beschreibung

(c)
Natur ist weder gegensätzlich noch widerspruchsfrei. Gegensätze beziehen sich nicht auf etwas, was ontologisch oder ontisch ein Korrelat hätte. Es gibt nur erfolgreiche oder weniger erfolgreiche Beschreibungen von Gegenstandbereichen. Diese Beschreibungen können sich für unterschiedliche Bereiche (Natur, Technik, Gesellschaft etc.) unterschiedlicher innerer logischer Strukturen bedienen, mit denen sie erfolgreich oder nicht erfolgreich sind.

Im Folgenden soll die Position c) als Ausgangspunkt angenommen werden.

Eigenschaften, die gegensätzlich sind in dem Sinne, dass sie ein Objekt nicht gleichzeitig annehmen kann, führen insofern zu einem Widerspruch, wenn die Behauptung ausgedrückt wird, diese Eigenschaften kämen dem Gegenstand zur gleichen Zeit zu. Ob und inwiefern es solche Eigenschaften gibt, muss eine Theorie des Gegenstandbereichs beschreiben. So gilt in der Quantentheorie das Gesetz der Prämissenvorschaltung, aus dem man das *tertium non datur* der zweiten Art ableiten kann, bei bestimmten Modellierungsansätzen nicht mehr.[46]

Eine Theorie des Gegenstandbereichs beschreibt die Eigenschaften der in ihr vorkommenden Objekte durch einstellige Prädikate und ihre Beziehungen untereinander durch mehrstellige Prädikate. Davon zu unterscheiden ist eine Theorie möglicher Objekte in einem Gegenstandsbereich und davon wiederum eine Theorie möglicher Gegenstandsbereiche. Bisher ist eine Theorie möglicher Objekte eher negativ bestimmt durch Aussagen über unmögliche Objekte. Davon ist die Logik als Theorie möglicher Aussageformen zu unterscheiden. Die Logik entscheidet aber nicht darüber, welche Aussagen inhaltlich möglich sind.

---

[46]Vgl. Kornwachs (2001), S. 234–236; insbes. Tab. 33, S. 236. Siehe weitere Literatur dort.

Epistemischer Widerspruch

Der Begriff des epistemischen Gegensatzes ist eher scholastischen Ursprungs: Sofern man aufgrund zweier unterschiedlichen Beweisgänge, die beide akzeptiert sein sollen (z. B. eine Deduktion aufgrund von Prämissen aus der Offenbarung einerseits und aus Vernunftgründen andererseits) zu verschiedenen Ergebnissen über ein und denselben Gegenstand kommen sollte, kann man versuchen, diesen Gegensatz als prädikatenlogischen konträren Widerspruch formalisieren.

Der Widerspruch kann scheinhaft sein, also nur auf der Ebene des *de dicto* angesiedelt, wenn man der Überzeugung ist, dass er in der erkennbaren Welt nicht vorkommen kann. Er zeigt sich nur an der Oberfläche der Erscheinungen, und wäre dann vermeidbar oder überwindbar. In dieser Sicht ist ein epistemischer Widerspruch dann lediglich ein Anzeichen für defizitäres Erkennen, und kann als Station auf einem Denkweg *de dicto* verstanden werden.

Nimmt man hingegen an, dass der Gegensatz ontologisch möglich ist, d. h. dass er notwendigerweise *de re* auftritt, dann ist er nicht nur oberflächlich, sondern gehört auch zur Natur, also zur Verfasstheit der Welt. Er ist ernst zu nehmen und durchzuhalten, epistemologisch gesehen führt durch ihn der Weg zur Wahrheit, und sein Auftreten zeigt nicht defizitäres Erkennen, sondern weist den Weg des dialektisch-vernünftiges Denkens. Damit tritt zwangsläufig ein Widerspruch in der Beschreibung der Welt auf, d. h. die Beschreibung kann nicht widerspruchsfrei sein. Damit gibt es auch keine Gewissheit mehr über die Konsequenzmenge der Beschreibung. Das bedeutet auch, dass sich jede, auch logikgestützte, Spekulation an der Erfahrung korrigieren muss, weil ein logischer Kalkül aus zueinander gegensätzlichen Prämissen Beliebiges und damit auch Widersprüchliches ableiten kann: *ex falso quodlibet sequitur.*

Da wir uns aber zur Position c) im vorigen Abschnitt entschieden haben, werden wir diesen Gedanken an dieser Stelle nicht weiterverfolgen.

5.1.2.3 Pragmatische (oder praktische) Widersprüche (de actu)

Es blieb dem 20. Jahrhundert vorbehalten, den Widerspruchsbegriff nicht nur *de re* oder *de dicto* zu nehmen, sondern ihn auch – noch vorsichtig – auf die Handlungstheorie auszudehnen. Damit wird er auch für eine Wissenschaftstheorie der Technologie interessant.

Der performative Widerspruch

So wird der performative Widerspruch in einem Satz verortet, dessen Äußerung als Akt im Gegensatz zu dem steht, was die illokutionäre Rolle der Äußerung des Satzes kennzeichnet.[47] Dies bezieht sich auf die Sprechakttheorie, wonach eine sprachliche Äußerung neben der Referenz P(x) (mit Prädikation P und Objektvariable x) eine handlungstheoretische Funktion hat, die Illokution.[48] Diese

---

[47]Vgl. Kranz (2004), Bd. 12, Sp. 699-700. Wir haben die dortige Definition in Richtung auf die Sprechakttheorie adaptiert und erweitert.

[48]Vgl. Searles Theorie der Sprechakte, Searle (1969).

Illokution, die wir hier mit dem Variablennamen I bezeichnen, kann pragmatische Funktionen annehmen, die man durch Verben wie „befehlen", anweisen, „warnen", „drohen", „behaupten", „versprechen", „erinnern" u. a. kennzeichnen kann. Die Äußerungen von Sätzen wie „Dieser Satz soll Sie nicht an Marilyn Monroe erinnern", oder „Halt den Mund und erzähl' weiter" lassen sich als Widersprüche auf unterschiedlichen Ebenen formalisieren. Nimmt man die Illokution formal als einen Operator I mit der Bedeutung:

> I [P(x)] ist die Illokution, die mit der Äußerung der Proposition P(x) (oder das, was als eine solche Proposition im geeigneten Kontext interpretiert werden kann) ins Werk gesetzt wird. Die Äußerung selbst stellt einen Sprechakt mit der Illokution I dar.

Ein illokutionärer Gegensatz wäre dann durch den Widerspruch gekennzeichnet:

$$I [P(x)] \wedge \neg I [P(x)].$$

Beispiel: (Das Äußern des Satzes (Px) erinnert an P(x)) $=$ I, (Äußern des Satzes „(P(x) soll nicht an P(x) erinnern)" $= \neg I [P(x)]$. Hier ist das „und" als ein im Interpretationskontext des Sprechaktes zu verstehendes „zugleich" oder „unmittelbar hintereinander" gemeint.

Der Satz „Halte den Mund über p(x) und erzähle p(x) weiter" bedeutet die Aufforderung (oder ein Befehl, aber z. B. auch eine technische Anweisung), etwas zu tun, und den Befehl, etwas nicht zu tun. Er wäre dann zu formalisieren als:

$$I [P(x)] \wedge I \neg [P(x)] =$$
$$I [P(x)] \wedge \neg [P(x)].$$

Dies wäre streng genommen ein referentieller Widerspruch innerhalb eines Sprechaktes:

„Tue: [x und nicht x]".

Wenn man aber schreibt:

Tue x mit I (Px) und unterlasse x mit $\neg$I (Px), dann ist

$$\neg I (Px) \neq I [\neg P(x)]$$

Man sieht leicht: Man darf die Negation des illokutionären Operators nicht mit der Negation der Referenz und damit der Prädikation vertauschen, weil man sonst in die Metaebene wechseln würde. Man müsste dann festlegen, dass die negierte Illokution immer das Gegenteil der Illokution I wäre. Das ist aber nicht der Fall, wie das Gegenbeispiel zeigt: Die Eigenschaft der Illokution eines Sprechaktes (Warnen, Täuschen, Befehlen, Behaupten etc.) ist noch keine Illokution des Sprechaktes über diese Eigenschaft und umgekehrt.

Einige Beispiel zeigen den Unterschied: Verneint man die Illokutionen „warnen (vor x)" zu: „nicht warnen (vor x)" ist nicht gleich der Verneinung „warnen (vor nicht x)". Das heißt, dass „nicht warnen" noch keine Entwarnung darstellen muss, „nicht behaupten (von x)" noch nicht „bestreiten (von x)" bedeutet und etwas (x) nicht zu versprechen noch nicht heißt, dass man (nicht x) versprochen hätte.

Daher ist der illokutionäre Widerspruch im Allgemeinen nicht auf den referentiellen Widerspruch und damit einen formal logischen Widerspruch innerhalb des Sprechaktes reduzierbar und umgekehrt. Technisch gesprochen bedeutet das, dass eine Anweisung mit einem verneinten, ggf. falschen Inhalt (z. B. Bedienungsanleitung) etwas anderes ist als eine unterlassene Anweisung über einen zutreffenden Inhalt.

Eine etwas anders gelagerte Form des performativen Widerspruchs bezieht sich auf die Voraussetzungen, überhaupt einen Satz als Argument in einem Diskurs verwenden zu können. Vittorio Hösle und andere haben in gewisser Weise diese Voraussetzungen für einen idealen Diskurses untersucht. Danach kann man diese Voraussetzungen in einem Diskurs durch eine sprachliche Äußerung nicht bestreiten, ohne die Funktion dieser sprachlichen Äußerung, nämlich dass man mit ihr ein Argument vorlegt und dessen Gültigkeit thematisiert, selbst zu gefährden.[49]

Diese zweite Spielart des performativen Widerspruchs lässt sich jedoch nicht auf den illokutionären Gegensatz reduzieren, da der Widerspruch zwischen der Vorrausetzung, ein Argument im Dialog einsetzen zu können und dem Akt der Äußerung des Bestreitens dieser Voraussetzung besteht. Dies verweist darauf, dass hier unterschiedliche Ebenen angesprochen werden, die man analytisch zunächst einmal gesondert behandeln müsste. Denn die Vorrausetzungen lassen sich propositional formulieren (*actus designatus*), die Äußerung selbst, deren Inhalt ebenfalls propositional ausgedrückt werden kann, muss anders formuliert werden, eben als Handlung (*actus exercitus*). Vergleicht man die propositionale Aussage der Voraussetzungen (sagen wir $V_1 \wedge V_2 \wedge V_3$) und dessen Verneinung in der Behauptung $\neg(V_1 \wedge V_2 \wedge V_3)$, dann kann man sogar von einem kontradiktorischen Widerspruch sprechen, aber das würde die ungeklärte und oben schon kritisierte Gleichsetzung

Illokution des Behauptens von ($\neg$a) = Illokution des Bestreitens von (a)

voraussetzen. In der Sprechakttheorie geht man davon aus, dass die Illokution von der Referenz unabhängig sein muss.[50] Dann müsste man die Illokution des Bestreitens eigens einführen, und dann sieht man, dass man bei Invarianz der Referenz nicht setzen kann

Illokution des Behauptens von (a) = $\neg$Illokution des Bestreitens (a),

da das Nicht-Behaupten noch kein Bestreiten ist (sofern man eine Illokution überhaupt verneinen kann, s. o.).

---

[49] Vgl. den transzendentalpragmatischen Ansatz der Ethikbegründung z. B. Hösle (1990).
[50] Vgl. Searle (1969).

Aus diesem Grund scheint es ratsam zu sein, die Trennung des *actus designatus* vom *actus exercitus* beizubehalten.[51] Dann aber wird der so gefasste performative Widerspruch zu einem Widerspruch zwischen zwei Handlungen, nämlich der Handlung, sich an einem Diskurs mit bestimmten Voraussetzungen zu beteiligen und damit zu akzeptieren und innerhalb des Diskurses diese Voraussetzungen zu bestreiten. Diese Art von Widerspruch ist mit den bisher diskutierten Typen noch nicht erfassbar, da es ja viele andere Handlungen als die der Sprechakte gibt. Dieser Widerspruch wird nun für technische Handlungen interessant.

Pragmatischer Widerspruch
Ein Sprechakt besteht aus der Äußerung eines Satzes, der in der Regel durch die Prädikation etwas bezeichnet. Wir können in dieser Hinsicht den Sprechakt auch als Bezeichnungsakt, der mit einer bestimmten Intention versehen ist, verstehen. Man würde damit die mittelalterliche Unterscheidung von *actus signatus* und *actus exercitus* in eine Inklusionsbeziehung überführen, da der durchführende Akt neben allen anderen möglichen Handlungen, auch den Sprechakt der intentionsgesteuerten Durchführung einer Bezeichnung umfasst.

Bei einem solchen pragmatischen Gegensatz kollidieren die Handlungen direkt miteinander. So kann man sich vorstellen, dass zwei Handlungen entgegengesetzt sind, wenn die Durchführung der einen die Durchführung der andern verhindert.

Nun hat die Handlungstheorie bereits Begriffe entwickelt, die mit dem atomaren Ausdruck in der Logik korrespondieren und womit man Elementarakte ausdrücken kann.[52] Von Wrights Ansatz[53] geht von elementaren Handlungsverben und deren Verneinungen aus, z. B. $v_1 = $ „lesen", $\sim v_1 = $ „nicht lesen" (bedeutungsgleich mit: „unterlassen, zu lesen"). Auch dies ist eine Handlung unter der Voraussetzung, dass eine Person zwar lesen könnte, aber nicht deshalb nicht liest, weil sie gar nicht lesen kann. Das Verb v_2 sei „schreiben", dann kann man Handlungen kombinieren wie v_1 & v_2, also eine Person liest und schreibt. Ein Handlungssatz liegt vor, wenn ausgesagt wird, dass eine Person a die Handlung v durchführt, also $p = [v]a$. Die Aussage kann sich zusammensetzen wie $p = [v_1$ & $\sim v_2]$, d. h. a liest und schreibt nicht. Handlungsaussagen kann man entsprechend der Aussagenlogik aufbauen, sie sind wahrheitsdefinit. Entscheidend für den Aufbau des Kalküls bei Wright ist: $[\sim v]$ $a \to \neg[v]a$, d. h. wenn a die Handlung v unterlässt, also $[\sim v]a$, dann ist es nicht der Fall, dass a die Handlung v durchführt, also $[v]a$. Man kann dann auch formulieren: $[\sim\sim v]a \to [v]a$, das heißt: Die Unterlassung der Unterlassung ist die Handlung selbst, Handlungskombinationen wie $[v_1$ & $\sim v_2]a = [v_1]a \wedge [v_2]a$ führen zu Kombinationen von Handlungsaussagen.[54]

---

[51] D. h. die Trennung der Handlung der Bezeichnung oder Beschreibung und der Handlung, die eine Durchführung ist. Vgl. auch Kranz (2004), Sp. 699 ff.

[52] Siehe beispielsweise Goldman (1971).

[53] Vgl. Wright (1980).

[54] Man kann statt „lesen" und „schreiben" auch technische Handlungen nehmen wie „hineinschrauben", „festhalten" etc.

Allerdings sind die Ausdrucksformen auf Handlungsaussagen beschränkt, das heißt, es wird ausgesagt, dass die und die Person die und die Handlung durchgeführt hat oder durchführt. Das Problem besteht aber darin, dass man das, was die Handlung beschreibt (bei von Wright sind dies Handlungsverben) in einer Handlungsaussage wie $[v_1 \& v_2 \& v_3]a$ beliebig kombinieren kann, die Handlungsverben sich aber semantisch und damit handlungstheoretisch widersprechen können: Man kann nicht gleichzeitig lesen, schlafen und ausgehen. Gleichwohl kann man den Ausdruck $[v_1 \& v_2 \& v_3]a$, als wahr setzen. Es gibt bei Wright zwar keine Bedingung, dass ein solcher Ausdruck notwendigerweise immer wahr ist (das würde bedeuten, dass eine Handlung durch eine Person notwendigerweise durchgeführt würde). Eine atomare Handlungsaussage kann daher weder tautologisch noch kontradiktorisch sein.

Nun soll die Handlungstheorie für alle möglichen denkbaren Handlungen gelten. Technische Handlungen unterscheiden sich jedoch von generellen Handlungen durch zusätzliche Spezifikationen: Nicht jede Handlung ist eine technische Handlung, aber umgekehrt schon. Man kann für technischen Handlungen sechs Merkmale finden:[55]

1. Das handelnde Subjekt (das eine Handlung absichtlich durchführen oder auch unterlassen kann, d. h. aus intentionalen Gründen, nicht aus Gründen des Nichtkönnens),
2. Veränderungen der materiellen Konstellationen durch das Subjekt (Eingriffe oder Handlung im engeren Sinne haben eine Folge oder Ergebnis),
3. Objekte, Zustandsänderungen und Prozesse, die an dieser Handlung beteiligt sind und an denen sich die Folgen zeigen,
4. Instrumente (Hilfsmittel, die den Aktionsmöglichkeit menschlicher Handlungen, erweitern, und verstärken oder gar übersteigen),
5. Verfahren mit endlich vielen Schritten, die auf explizitem oder implizitem Wissen aufbauen – dies sind Anordnungsregeln zur Abfolge von Teilhandlungen,
6. Nutzung der durch die Handlung hervorgerufenen Veränderungen, Objekte und Prozesse durch den technisch Handelnden. Dabei korrespondiert die Möglichkeit der Nutzung mit dem vorher definierbaren Ziel der Handlung.

Aus dieser Spezifikation sieht man sofort: Technische Handlungen sind nicht atomar, sondern immer zusammengesetzt, sie können gelingen oder scheitern. Bleibt man auf der Ebene der Handlungen selbst, und diese sind vom Standpunkt der Technik interessanter, so sind dies keine Aussagen mehr, die wahrheitsdefinit sein könnten. Eine technische Handlung ist effektiv oder nicht, d. h. ihr Ergebnis erfüllt in gewisser Weise die Nutzungsvorstellung des handelnden Subjekts hinsichtlich eines Ziels. Jede technische Handlung ist dann aufgrund der oben geforderten Regelhaftigkeit (Verfahren) aus Elementarakten zusammengesetzt. Diese

---

[55] Vgl. Rapp (1977), S. 368 ff., hier etwas erweitert. Ich benutze die Unterscheidung auch in Kornwachs (2012), S. 176.

Elementarakte kann man sich als Durchführungen von Handlungen denken, die zumindest *eine* Wirkung haben, nämlich eine Eigenschaft eines Gegenstandes zu verändern oder einen Zustand zu realisieren (verwirklichen, wirklich zu machen) Dies kann mit einer Proposition (Zuschreibung einer Eigenschaft zu einem Gegenstand P(x)) beschrieben werden.[56]

In der Aussagenlogik bildet die Negation eines Satzes eine neue Aussage. Die Verneinung des Satzes „Gerd geht ins Kino" kann jedoch prädikatenlogisch sehr vielfältig sein.[57] Diese Verneinungsvielfalt zeigt, dass auf der Eben der Aussagenlogisch die sprachliche Erfassung noch sehr unspezifisch ist.

In der „Verneinung" von Handlungen ist es anders: Eine Handlung kann man nicht verneinen, sondern nur tun (*actio*), unterlassen (*privatio* oder *neglectio*) oder verhindern (*preventio* = zuvorkommen).

Man kann aus dem Satz: „Drehen Sie die Walzendrehknöpfe (3) oder (16)." durch eine noch näher zu bestimmende „Verneinung" einen neuen technologischen Satz bilden: „Verhindern Sie das Drehen der Walzendrehknöpfe (3 oder 16)." Hier werden Handlungen aber auf der Ebene von Anweisungen ausgedrückt. Deshalb kann man die „Verneinung" als Verhinderung der Handlung selbst (also nicht des Satzes, der die Handlung beschreibt) interpretieren. Wir schreiben daher (als *actus exercitus*):

$\approx [\varepsilon A]$ „Negation" der Initialisierung ε einer Durchführung A = Verhinderung einer Durchführung

Die Grundzeichen eines solchen Kalküls können dann so verstanden werden:

A, B, C   Variablen für Aussagen über Sachverhalte, (Prozesse, Zustände) auch Handlungen anderer etc., die als Propositionen (d. h. auch als Referenz in Sprechakten) ausgedrückt werden können (Äußern von A wäre ein *actus designatus*).

$\mathcal{A}, \mathcal{B}, \mathcal{C}$ Variable für Durchführungen oder Handlungen (*actus exercitus*).

---

[56] Somit wäre auch das Denken eine Handlung, denn es verändert den Inhalt des gerade Gedachten oder bringt einen neuen Gedankenzustand hervor.

[57] ¬(Gerd geht ins Kino) kann bedeuten, dass

¬(Gerd geht ins Kino)	es nicht gilt, dass „Gerd ins Kino geht".
(¬Gerd) geht ins Kino	es nicht Gerd ist, der ins Kino geht.
Gerd (¬geht) ins Kino	Gerd nicht geht, sondern irgendwie anders ins Kino kommt.
Gerd geht(¬ ins Kino)	Gerd nicht ins Kino, sondern irgendwo anders hingeht.
(¬Gerd) (¬geht) ins Kino)	es nicht Gerd ist und dass, wer auch immer, nicht geht, sondern irgendwie andern ins Kino kommt.
(¬Gerd) geht (¬ ins Kino),	es nicht Gerd ist, der da geht, und auch nicht ins Kino.
(Gerd (¬geht) (¬ins Kino)	es Gerd ist, der aber weder geht noch ins Kino.
(¬Gerd) (¬geht) (¬ins Kino)	es weder Gerd ist, der weder geht und schon gar nicht ins Kino (Radio Eriwan Variante).

$\varepsilon A = \mathcal{A}$ Durchführung von A ist eine Handlung $\mathcal{A}$. Sie initialisiert durch das Ins-Werk-set-
zen oder Realisieren des mit A beschriebenen Sachverhalts, $\mathcal{A} = \varepsilon A$. Durch ε wird A
in noch festzulegender Weise zeitlich positioniert.[58]
Die Durchführung einer Handlung ist effektiv oder nicht. Effektiv (Ef) bedeutet: die
Initialisierung eines Sachverhaltes ist erfolgreich (gelingt = der Sachverhalt A liegt
infolge der Durchführung vor). Nicht effektiv oder uneffektiv (Uf) bedeutet, dass
die Initialisierung eines Sachverhalts nicht erfolgreich ist (misslingt).

Wir versuchen an dieser Stelle, die gewonnen Festlegungen auf die Beschreibung
technischer Sachverhalte anzuwenden.[59] Ein technologischer Satz drücke eine
Exekution eines technologischen Urteils aus. Er bezeichnet damit eine Durchführung und hat (im Fregeschen Sinne) die Bedeutung, die durch Effektivitäts-
werte ausgedrückt werden können (Ef, Uf). Pragmatisch gesehen könnte man einen
technologischen Satz als eine Aufforderung zu einer Handlung ansehen, in der ein
Artefakt als Referenz vorkommt.

Vom Verhindern und Unterlassen[60]
Nun ist die Verhinderung eines Zustandes A (Prozess, Sachverhalts, Tatsache,
Handlung), also $\approx[\varepsilon A]$, wie es oben definiert wurde, noch nicht ohne weiteres
identisch mit der Durchführung eines Zustandes, der nicht A ist, $\varepsilon(\approx A)$. Deshalb
scheint ein kleiner Exkurs notwendig, da der Begriff, eine Handlung zu unterlassen, was z. B. strafrechtlich gesehen ebenfalls eine Handlung darstellt (z. B.
unterlassene Hilfeleistung), mit dem Begriff, eine Handlung zu verhindern, nicht
genügend trennscharf definiert ist.

Seien $\mathcal{F}$ und $\mathcal{A}$ Handlungen, die z. B. die Eigenschaften F (Feucht halten) und
A (Austrocknen) ins Werk setzen. Die zugehörigen Propositionen stehen in einem
kontradiktorischen Gegensatz $(\forall x(F(x) >=< A(x))$. Die Durchführung einer Handlung, die einen Zustand herstellt, der nicht A ist; zum Beispiel eine Oberfläche
feucht zu halten, also $\varepsilon(F)$, ist durchaus gleichzusetzen mit dem Verhindern ihrer
Austrocknung $\approx[\varepsilon A]$. So könnte man das Unterlassen einer Handlung, die Austrocknen ins Werk setzt, auch als Verhinderung von Befeuchtung ansehen.

---

[58] Diese Positionierung kann auch in einer Tense-Logik ausgedrückt werden. Vgl. Details zum
Aufbau des Kalküls einer Durchführungslogik Kornwachs (2012), Kap. D2.2-D.2.4 (S. 173–188)
sowie Harz (2007).

[59] Es mag an dieser Stelle auffallen, dass wir hier von Sachverhalten reden und nicht von Tatsachen. Geht man dem Wortstamm nach, dann ist eine Tatsache etwas, was durch eine Tat zustande gekommen ist, also durch eine menschliche Handlung (*factum* – das Gemachte). Dies
kann eine Zustandsänderung oder eine neue Eigenschaft eines Objektes sein (z. B. durch Zu-
sammensetzung). Man kann dies auch als Sachverhalt bezeichnen, aber ein Sachverhalt kann
auch Eigenschaften und Veränderungen bezeichnen, die nicht durch eine Tat, sondern durch
natürliche Prozesse zustande gekommen sein mögen. Insofern ist jede Tatsache auch ein Sachverhalt, aber nicht jeder Sachverhalt ist eine Tatsache. Auf der Ebene der logischen Formalisierung ist dieser Unterschied zunächst unwichtig, müsste sich aber in einer konsequenten logischen
Durchdringung der Handlungstheorie bemerkbar machen.

[60] Zum besseren Verständnis der folgenden Abschnitte ist hier das Kapitel D. 2.5. aus Kornwachs (2012), S. 188–191, mit freundlicher Genehmigung des Nomos-Verlags nochmals gekürzt
wiedergegeben worden.

Tab. 5.2 Beziehungen zwischen Unterlassen und Verhindern

		Nicht verhindern	Verhindern	Gegenteil nicht verhindern	Gegenteil verhindern
		$\approx$**VA**	**V A**	$\approx$**VA**	**V A**
A tun	ε**A**	$\rightarrow$	>—<	/	=
A unterlassen	$\approx\varepsilon$ **A**	>—<	$\rightarrow$	=	/
Gegenteil von A tun	$\varepsilon\neg$**A**	$\vee$	=	$\leftarrow$	>—<
Gegenteil von A unterlassen	$\approx\varepsilon$ $\neg$**A**	=	$\vee$	>—<	$\leftarrow$

Es sieht danach aus, dass man das Handeln als das Verhindern des Gegenteils und das Unterlassen einer Handlung mit der Verhinderung dieser Handlung gleichsetzen könnte. Dies widerspricht jedoch unserem Gerechtigkeitsempfinden, gerade dann, wenn es um die moralische oder ökonomische Beurteilung von Handlungen und Unterlassungen geht. Verhindern ist noch nicht Nicht-Handeln (Unterlassen). Sei $\neg\mathcal{H}=\approx\varepsilon$p das Unterlassen der Handlung H, deren Effekt mit der Proposition p beschrieben werden kann. Sei $\mathcal{V}=\varepsilon$p das aktive Verhindern von p. Dann folgt aus dem Unterlassen jedoch das Verhindern, aber nicht umgekehrt, denn Verhindern kann man auch mit anderen Handlungen als mit Unterlassen, da Unterlassen eine notwendige, aber keine hinreichende Bedingung für das Verhindern von p ist.

Diese Variante $\approx\varepsilon$(A)$=\mathcal{V}$(A) einerseits und $\mathcal{V}$(A)$=\varepsilon$($\neg$A) andererseits führt zu einem Aufbau in Analogie zum logischen Quadrat, das allerdings etwas anders aufgebaut ist und nicht mit der Anordnung wie beim modallogischen Quadrat in Tab. 5.12 (im Anhang Abschn. 5.4.1) verwechselt werden darf. Mit der Tab. 5.2 kann man folgende Beziehungen angeben:. H$=\varepsilon$A bedeutet das Handeln im Sinnen von ins Werk setzen von dem, was durch die Proposition A ausgedrückt wird. $\approx\mathcal{H}=\approx\varepsilon$A bedeutet das Unterlassen dieser Handlung, $\mathcal{V}=\varepsilon\neg$A das Verhindern von A.

Die Identitäten ($=$) können so interpretiert werden:

- Es zu unterlassen, den Zustand (nicht p) herzustellen, ist identisch mit dem Verhindern des Zustandes p. Beispiel: Dass er es unterlassen hat, mich schuldenfrei zu machen, heißt, dass er es meine Schulden nicht verhindert hat.
- Wenn jemand zu schnell fährt, heißt, dass er das langsame Fahren verhindert.
- Wenn jemand Hilfe unterlässt, heißt das, dass er die Nichthilfe (Hilflosigkeit) nicht verhindert.
- Wenn jemand eine Explosion auslöst, dann hat er die Nichtexplosion verhindert.

Die Implikationen ($\rightarrow$) kann man so deuten:

- Aus dem Handeln folgt das Nichtverhindern, aber aus dem Nichtverhindern folgt noch kein Handeln.

- Aus dem Unterlassen folgt das Verhindern, aber aus dem Verhindern folgt nicht das Unterlassen.
- Aus der Verhinderung, dass etwas trocken (nicht feucht) wird, folgt das Handeln des Befeuchtens.
- Aus dem Verhindern der Feuchtigkeit folgt die Unterlassung des Trockenlegens.

Verhindern und Handeln stehen demnach im kontradiktorischen Gegensatz ($>$—$<$), interessanter sind die gemischten Gegensätze:

- Zu handeln steht im exklusiven Gegensatz, das Gegenteil verhindert zu haben. Ich zahle das Geld oder (exklusiv) ich verhindere nicht, dass es nicht gezahlt wird. Anders ausgedrückt – es wird gezahlt oder nicht, aber nicht beides.
- Unterlassen der Zahlung oder (disjunktiv)Verhindern, dass nicht gezahlt wird – auch dies bedeutet wieder: Verhindern, dass oder dass nicht.
- „Bewirken, dass nicht", oder „nicht verhindern, dass": Hier geht auch beides, aber nicht beides nicht. Mit anderen Worten: Man kann nicht nicht handeln: $\approx\approx\varepsilon A = \approx\varepsilon(\neg A) = \varepsilon(\neg\neg A) = \varepsilon(A)$

Will man das Quadrat isomorph im Sinne der Interdefinierbarkeit wie Modaloperatoren (vgl. das Quadrat in Tab. 5.12) interpretieren, gelingt das, wenn man eine neue Definition wie folgt einführt:

$\approx\nu A$ $\quad = \quad §A$ $\quad$ A werden lassen = nicht verhindern von A
νA $\quad = \quad §A$ $\quad$ A nicht werden lassen = verhindern von A
$\approx\nu\neg A$ $\quad = \quad §A$ $\quad$ zulassen, dass nicht A = nicht verhindern, dass nicht A
$\nu\neg A$ $\quad = \quad §A$ $\quad$ nicht zulassen, dass nicht A = verhindern, dass nicht A

Dann müsste $\mathcal{H}p = \neg§\neg A$ sein, d. h. Handeln wäre deckungsgleich mit „nicht zulassen, dass nicht". Das entspricht der Alltagsbedeutung, wie auch: Aus handeln folgt werden lassen – aber nicht umgekehrt, denn werden lassen, heißt noch nicht handeln.[62]

Man erhält dann folgendes Schema in Tab. 5.3:

Wenn wir eine Handlung, die die eigene, intendierte Handlung oder die eines anderen handelnden Subjekts verhindern wollen, brauchen wir ein „Gegenmittel", welches das Eintreten des nicht gewünschten Zustands A verhindert. Man kann nun, unter Verwendung der von Mario Harz entwickelte Durchführungslogik, ein Theorem beweisen, das dem aussagenlogischen Theorem ($\neg a \lor a$) entspricht. Es gilt also, dass die Durchführung verhindert ist und/oder gegeben ist im Sinne der sog.

---

[62] Lao Tse: Tao te King, Teil 1, § 3: „*Das Nicht-Handeln üben – so kommt alles in Ordnung*"; vgl. Laotse (1952), übers. von Wilhelm, R. Eine andere Übersetzung lautet: „*Er (der Heilige/ Edle) bewirkt, dass das Nichts wirkt und dann herrscht nicht das Nichts*". Vgl. Lao Zi (2000).

Tab. 5.3 Beziehungen zwischen Handeln und Lassen

		Nicht verhindern = werden lassen	Verhindern = nicht werden lassen	Gegenteil nicht verhindern = zulassen, dass nicht	Gegenteil verhindern = nicht zulassen, dass nicht
		§A	§ A	§A	§A
A tun	εA	→	>—<	/	=
A unterlassen	≈ε A	>—<	→	=	/
Gegenteil von A tun	ε¬A	∨	=	←	>—<
Gegenteil von A unterlassen	≈ε ¬A	=	∨	>—<	←

Cumsummtion $\supset°\subset$, deren Bedeutung so umschrieben werden kann: „zuvor mindestens eins von Beiden":[63]

$$\approx\!\varepsilon A \supset°\subset \varepsilon A$$

Dies wäre isomorph zur aussagenlogischen Form $(\approx\!\varepsilon A) \vee (\varepsilon A)$

Dies interpretiert Harz so:[64]

> *„Das Gesetz der Verhinderbarkeit bzw. Durchführbarkeit von Durchführungen bedeutet, dass wir nur dann in der Lage sind, etwas technisch oder organisatorisch erfolgreich durchzuführen, wenn wir auch in der Lage sind, dies zu verhindern. D. h., dass wir nicht zu bestimmten Handlungen gezwungen sind, sondern dass wir jedesmal über die Fähigkeit verfügen, außer diese Handlungen durchzuführen, sie auch verhindern zu können."*

Für das technische Handeln selbst bedeutet das, dass man auch für jede funktionierende Technik immer Bedingungen angeben kann, die zum Verhindern des Funktionierens dieser Technik führen. In voller Allgemeinheit bedeutet dies, dass es keine Technik gibt, die man im Prinzip nicht verhindern könnte.

Das bedeutet freilich, dass jede Technologie auch verhinderbar ist, bei bestehender Technologie wäre dies ihre Reversibilität, die grundsätzlich besteht. Die praktischen Schwierigkeiten sind oben in Kap. 4 diskutiert worden.

Der Praxeologische Gegensatz

Wenn eine Handlung sich widersprechende Effekte auslöst $\varepsilon(A \wedge \neg A)$, kann man wiederum die ganze Frageliste nach dem ontologischen und semantischen

---

[63] Zur Korrespondenz zwischen der durchführungslogischen Notation bei Harz (2007) und der aussagenlogischen Notation siehe auch die Tabelle der Isomorphie Tab. 5.15 in Anhang 5.4.3.

[64] Vgl. Theorem 12 in Harz (2007), S. 43.

Widerspruch stellen. Denn kollidierende Effekte machen das, worauf sich der Ausdruck *de dicto* bezieht, *de re* immer uneffektiv. Darauf kommen wir in Abschnitt 5.2 zurück.

5.1.3 Der kommunikationstheoretische Gehalt der Begriffe „Wider" und „Spruch"

Sätze, Aussagen, Ausdrücke werden in kommunikativen Akten geäußert. Der Ausdruck Widerspruch kann auch als Gegenrede aufgefasst werden und bezieht sich dann in der Durchführung der Gegenrede auf die Funktion, die die Gegenrede in einer aktuellen kommunikativen Situation haben kann. Die Abb. 5.3 zeigt eine Aufteilung in die Dimensionen sprachlicher Ausdrücke, die etwas anders gelagert ist als die übliche Aufteilung in Syntax, Semantik und Pragmatik. Wir machen Äußerungen mit einem bestimmten Gehalt in bestimmten Situationen und führen damit Handlungen durch, die eine pragmatische Funktion erfüllen: Wir urteilen, widersprechen, thematisieren Geltungs- und Wahrheitsansprüche, wir warnen, drohen, versprechen, bestreiten, betrügen, und geben Anweisungen und fordern auf.[65] Diese Funktionen sind nicht absolut, sondern hängen in empfindlicher und vielfacher Weise vom Kontext ab.[66]

In den herkömmlichen Theorien der Kommunikation geht man davon aus, dass beispielsweise der gelungene Sprechakt als Behauptung die kommunikative Funktion erfüllt, in einem gedachten Diskurs den empirischen Wahrheitsgehalt des geäußerten Satzes zu thematisieren und Zustimmung (Zuspruch) oder Ablehnung als begründeten Widerspruch zu fordern.[67] Der operationale Gehalt des Logikkalküls hat dann auch eine pragmatische Funktion: Eine in sich widersprüchliche Behauptung kann praktischerweise nicht zur Thematisierung eines empirischen Wahrheitsgehalts, eine widersprüchliche normative Aussagen kann nicht zur Thematisierung ihrer deontischen Geltung im ethischen Diskurs und eine widersprüchliche Aussage über eine Handlung kann nicht zur Prüfung der Effektivität der damit bezeichneten Durchführung herangezogen werden. Denn widersprüchliche Thesen verhindern die Effektivität des Diskurses und seiner operativen Regeln über Wahrheits-, Geltungs- und Effektivitätsansprüche.[68] Man kann es auch praktisch formulieren: Inkonsistente Blaupausen oder widersprüchliche Bedienungsanleitungen führen zu technischen Fehlfunktionen.

---

[65] Vgl. Searle (1969).

[66] Vgl. Kornwachs (1976).

[67] Vgl. Habermas (1976).

[68] Man kann hier sofort auch in den Metadiskurs einsteigen und die Regeln des Diskurses als Handlungsregeln, vielleicht sogar als technische Regeln auffassen, deren Effektivität durch die Einführung widersprüchliche Äußerungen gefährdet werden. Das wäre logisch zu zeigen.

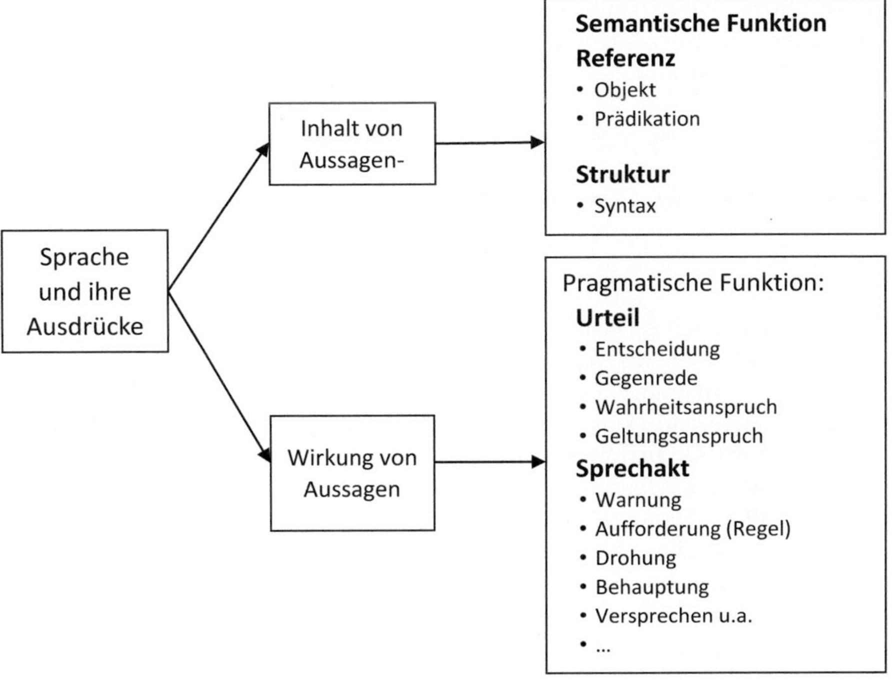

Abb. 5.3 Inhaltliche und pragmatische Funktion von Äußerungen

5.2   Widersprüche in der Theorie – Gegensätze in der Praxis?

5.2.1   „Gibt" es in der Welt oder Natur Widersprüche?

In einem Diskurs sinnvoll bestreiten oder zurückweisen zu können, dass ein Ding eine Eigenschaft haben und gleichzeitig nicht haben könne, setzt einen begrifflichen Rahmen einer Theorie voraus. Einen ontischen Gegensatz festzustellen, z. B. dass ein Ding nicht gleichzeitig flüssig und fest sein kann, setzt eine Theorie des Gegenstandsbereichs der festen und flüssigen Körper voraus.[69] Zu sagen, dass eine Eigenschaft und ihr Gegenteil (die Nicht-diese-Eigenschaft) nicht gleichzeitig sein können, setzt eine verallgemeinerte Theorie der Eigenschaft und ihrer Träger voraus. Diese ist zu unterscheiden von der Theorie, die die Logik liefert, also

---

[69] Dass dies nicht trivial ist, sieht man am Beispiel des normalen Fensterglases: Phänomenologisch ein fester Körper, der starr ist und zersplittern kann, ist er, physikalisch gesehen, eine amorphe, d. h. ohne Kristallisation erstarrte Schmelze. Vgl. Hollemann, Wiberg (1995). Alte Fenstergläser sind deshalb am unteren Teil der Scheibe etwas dicker als oben.

ein Regelwerk, welche Aussageformen zugelassen sein sollen. In dieser Theorie, also auf der Ebene der Logik, kann man bei den Aussagen über Eigenschaften, die gegensätzlich sind in dem Sinne, dass sie ein und dasselbe Objekt nicht gleichzeitig annehmen kann, insofern zu einem Widerspruch gelangen, wenn die Behauptung ausgedrückt wird, diese Eigenschaften kämen einem Gegenstand zur gleichen Zeit zu. Ob und inwiefern es solche Eigenschaften gibt, beschreibt, wie gesagt, die Theorie des Gegenstandsbereich.

In einem Gegenstandbereich können gemischten Eigenschaften (spektrale Superposition) vorkommen:

- Eigenschaften mit Ausnahmen („manchmal nicht" – Default Logik),
- Eigenschaften, die als gegensätzlich gelten (semiotisch, z. B. nass versus trocken und deren graduelle Stufungen),
- Eigenschaften, die komplementär zueinander sind (z. B. in der Quantenmechanik wie Ort und Impuls, Energie und Zeit),
- Eigenschaften, die formal gegensätzlich sind: $P = \text{nicht } Q$,
- Inkompatible Eigenschaften (s. o.),
- Eigenschaften, die nichts miteinander zu tun haben (inkommensurabel) wie blau, nass, stachelig).[72]

Didaktisch nachgefasst: Wir haben auf drei Ebenen Eigenschaften, die in sich widersprüchlich sind, aber hintereinander von einem Ding angenommen werden können: Dies ist die Ebene der Theorie der Eigenschaften. Was ein Ding für Eigenschaften überhaupt haben kann, gehört zur Ebene der Theorie des Gegenstandbereichs der konkreten Dinge. Was es für Objekte überhaupt geben kann (keine widersprüchlichen Dinge) würde dann zur Ebene einer Theorie der möglichen Objekte und Dinge gehören. Die Logik hingegen formuliert als eine Theorie der möglichen zugelassenen Aussageformen, wie man schließen bzw. nicht schließen darf.

Natur ist nicht gegensätzlich, sondern die Widersprüche treten dann auf, wenn wir einen Gegensatz zwischen dem, was wir wollen, dass es die Natur tun „solle", und dem tatsächlichen Geschehen konstatieren. Die Natur „funktioniert" dann nicht, aber diese Aussage ist nur sinnvoll, wenn wir sie zu unseren Intentionen und Zwecken in Beziehung setzen.

Warum fordern wir seit alters her in den Wissenschaften, dass in der Naturbeschreibung keine Widersprüche vorkommen dürfen? Nach Galilei ist das Buch der Natur in den Lettern der Geometrie (sprich Mathematik) geschrieben. Nimmt man dies ernsthaft an, dann dürfen in der Natur keine Gegensätze vorkommen, die zu Widersprüchen in der Beschreibung führten. Denn sonst wären die Beschreibung immer falsch und wir könnten aus jeder Naturbeschreibung alles folgern (*ex falso quodlibet sequitur*). Dann könnten wir auch keine Voraussagen mehr

---

[72] Vgl. auch Röhrle (2000), insbesondere über Komplementarität.

machen, und wir könnten daher Prozesse in der Natur, sofern sie beeinflussbar sind, ist, nicht mehr steuern oder kontrollieren.[73]

Die Kategorie des Widerspruchs gilt nur auf der Beschreibungsebene – man kann von einem Widerspruch auf der Beschreibungsebene nicht auf einen Gegensatz im Gegensatzbereich schließen. Man kann dann nichts mehr sagen, nur noch tun.

Die Kategorie der Parapraxie, des Gegengesetzten, gilt auf der Handlungsebene – man kann eben nichts mehr tun. Es bleibt bis hierher allerdings offen, welche Ausdrucksformen in einer Durchführungslogik auf einen Widerspruch führen. Man kann hier nicht mehr von Gegensatz im Sinne von *contra dictio* sprechen, sondern eher von Entgegengesetztem oder Entgegengemachtem, was dann zur Kategorie der Parapraxis, Kontrapraxie oder der Kontraposition führt (*contra re*).[74]

5.2.2 Vom Verändern und Machen

Vorhandene Eigenschaften zu ändern (so sie der Änderung nach Aristoteles fähig sind) oder graduell zu verändern, neue Eigenschaften hinzufügen bzw. bestehende zu beseitigen, könnte man Grundoperationen des Handelns überhaupt und damit auch des technischen Handelns kennzeichnen. Dazu gehört das Herstellen von Objekten, die vorher nicht vorhandene Eigenschaften aufweisen (Artefakte) und die eine Funktion in einer Mittel-Zweck-Beziehung erfüllen können. Wie gesagt: Jedes technische Handeln ist Handeln, aber nicht umgekehrt.

Die Verben,[75] die wir hier als Beispiele nennen, bezeichnen alle nur Veränderungen des Vorfindlichen (vgl. Tab. 5.4):

Das „Gemachte" hingegen charakterisiert sich durch neue Eigenschaften, die bisher noch nicht attribuiert werden konnten. So sind das Herstellen und das Entsorgen als das genuin technische in dieser Liste der Verben zu sehen. Welche Eigenschaften kann etwas Hergestelltes und Gemachtes aufweisen? Hergestellt bedeutet, wörtlich genommen, etwas schon Vorhandenes, an einen anderen Platz gebracht, gleichsam zum Vorschein zu bringen, es wird vorgestellt, was schon da,

---

[73] Steuern eines Prozesses bedeutet die Beeinflussung durch wirkende Größen (unabhängige Variablen), sodass eine Ergebnisgröße (abhängige Variable) einen gewünschten Wert annimmt. Kontrolle oder Regelung: Vorgabe eines Sollwertes und Arrangement der Situation so, dass durch Rückkopplung der Sollwert eingehalten wird (Regelkreis).

[74] An dieser Stelle grenzen wir den Begriff der Parapraxie, wie er hier gebraucht wird, vom Sprachgebrauch in der Psychologie und den Neurowissenschaften ab; dort wird Parapraxie oder Apraxie als Fehlbewegung eines Patienten bezeichnen, der intendierte Bewegungen nur fragmentarisch durchführt oder durch andere motorische oder akustische Reaktionen ersetzt.

[75] Technische Grundoperationen, die man durchführen kann, sind nach Seetzen (1998) in Anlehnung an Ropohl (2009) Wandlung, Transport und Speicherung von Energie, Materie und Information. Ähnliche Grundoperationen kann man in der Systemtheorie finden: Invariant lassen (stabil halten), speichern, vervielfältigen, transportieren, vernichten, erzeugen, formen, umformen, bearbeiten, rechnen, umwandeln, messen, organisieren, zählen; vgl. Kornwachs (1984. Der Linguist Th. T Ballmer hat den Verbwortschatz zu klassifizieren und evolutionstheoretisch zu deuten versucht, vgl. Ballmer, Brennenstuhl (1978, 1980).

Tab. 5.4 Beispiele für Handlungsverben, die sich auf Vorfindliches beziehen

Positio	Negatio
Zusammensetzen	Trennen
Mischen	Entmischen
Aufbauen	Zerstören
Fügen, montieren	Auseinander tun, de-montieren
Formen	Form zerstören – entformen[61]
Transportieren (Objekte bewegen)	Am Ort halten, speichern
Energie umwandeln	Energie konservieren
Herstellen	Entsorgen
Hinzufügen	Wegnehmen
Nähern	Entfernen
Justieren	Dejustieren
Befestigen	Lockern
Durchlassen	Blockieren

aber noch hinten stand, es wird in den Gesichtskreis gebracht, auf die Bühne, vor den Vorhang.

Im Gegensatz zum völlig neu Gemachten setzt Herstellen schon immer etwas voraus, was „her" gestellt werden kann. Das völlig neue Gemachte ist schwierig zu denken – es hat das Moment der *creatio ex nihilo*. Wenn Herstellen also auch das ist, in die Welt zu bringen, was genuin neu sein soll, dann kann es immer nur davon ausgehen, dass etwas da ist, was seiner Natur nach fähig ist, verändert zu werden.[77]

Es gibt unmögliche Handlungen, die vorstellbar (intelligibel), aber nicht durchführbar sind, solche, die nicht zur gewünschten Veränderung führen (praktisch ineffektiv), solche, die verhinderbar sind, und solche, die prinzipiell nicht durchführbar sind (prinzipiell ineffektiv) sind. Man könnte dies eine Antipraxie nennen, deren einzelne Komponenten durchaus effektiv sein können, aber deren gesamte Kombination immer ineffektiv ist (inkompatibel oder in Parapraxie stehend). Die an dieser Stelle eher unsystematische Aufzählung zeigt, dass wir zumindest auf der Ebene der Funktionserfüllung eines dienlichen Artefakts, d. h. eines Instruments, von Gegensätzen reden können in dem Sinne, dass sie uns als ein Gegengesetztes (*contra positio*) vorkommt. Auch hier spielt die Bedingung, von einer Funktionserfüllung

---

[61] Das aristotelische stéresis, das der Formberaubung entspricht.

[77] Die Natur produziert, aber sie stellt nicht her. Das Wachsen eines Embryos wird man nicht als „Herstellen" bezeichnen wollen, gleichwohl besteht auch der Embryo aus Vorhandenem, aus dem er sich entwickelt, Ei und Samenzelle. Die kategoriale Schwierigkeit liegt hier darin, einen wirklichen Anfang denken zu müssen, der mit der Entstehung der Welt koinzidiert.

überhaupt sprechen zu können, eine große Rolle: der von uns bei dieser Rede gesetzte Zweck oder allgemeiner die Intention.[78]

Man kann schließlich auch so fragen: Gibt es ein Artefakt, das grundsätzlich keinen Zweck erfüllen kann, also vollkommen unnütz ist? Mit mindestens einem Zweck wäre ein solches Artefakt minimal nützlich, wenn es alle außer einem Zweck erfüllen kann, selektiv nützlich, und wenn es für alle Zwecke dienen könnte, wäre es universal nützlich. Nimmt man die schöne Einsicht, dass Unkraut aus Pflanzen besteht, deren Nützlichkeit man noch nicht erkannt hat, dann könnte man die These aufstellen: Jeder Gegenstand ist potentiell minimal nützlich.

5.2.3   Zur Semantik der technologischen Effektivität

Nimmt man den oben erarbeiteten Begriff der Durchführung als Basisbegriff für den Aufbau einer Durchführungslogik, kann man zeigen, dass die Konzeption der *Possible-World* Semantik, wie sie von Saul Kripke entwickelt worden ist, auf die Durchführungslogik übertragen werden kann.[79] Eine mögliche Welt wird in Analogie nun zur machbaren technischen Welt. Dies interpretieren wir als eine vorfindliche und / oder herstellbare oder präparierbare Situation. Statt mit Sätzen, deren Wahrheitsgehalt in den möglichen Welten unterschiedlich sein können, haben wir es nunmehr Durchführungen, Regeln oder Funktionen zu tun, die in verschiedenen technischen Welten effektiv oder nicht effektiv sein können. Wahr korrespondiert zu effektiv, Falsch zu ineffektiv oder dysfunktional.

Seien W_1 und W_2 mögliche Welten. W_1 ist inkompatibel mit W_2, wenn ein Satz in W_1 genau dann wahr ist, wenn in W_2 falsch und umgekehrt. Seien S_1 und S_2 machbare technische Welten. S_1 ist technisch unverträglich mit S_2, wenn eine Durchführung εA in S_1 genau dann effektiv ist, wenn sie in S_2 ineffektiv ist und umgekehrt. M. a. W.: Die Durchführung ist in der einen Welt S_1 effektiv, in der Welt S_2 ist ihre Verhinderung effektiv. Tab. 5.5. skizziert schematisch eine solche Semantik möglicher Welte bei technischen Handlungen.

Man kann sich Beispiele ausmalen, bei denen parallel existierende Technologien in solchen Verhältnissen stehen. Eine Papierüberweisung ist in einer digitalen online-banking Welt ineffektiv und umgekehrt. Brächte man beide Welten, hier beide Welten mit ihren beiden Technologien zusammen, wären sowohl online Banking wie schriftliche Überweisung effektiv, aber auch ihre Verhinderung. Theoretisch kann man in einer solchen Welt keine allgemein effektive technologische Theorie mehr formulieren, sondern man müsste immer von Fall zu Fall angegeben, unter welchen Rahmenbedingungen die eine oder andere Durchführung effektiv oder ineffektiv ist. Obwohl das Bestehen paralleler Technologien unvermeidlich ist (siehe Kap. 3) ist das Bestreben schon aus dieser theoretischen Schwierigkeit

---

[78] Im eher psychologischen, nicht Husserlschen Sinne.

[79] Vgl. Kripke (1963). Der Formalismus wird genauer dargestellt in Kornwachs (2012), Kap. D 2.6–D 2.7. Grundlagen finden sich gut dargestellt in Hughes, Creswell (1978).

Tab. 5.5 Semantik möglicher Welten bei technischen Handlungen

Possible World (Mögliche Welt) nach Kripke (1963)	Machbare technische Welt nach der Durchführungslogik
Ein Satz ist nach Kripke notwendiger weise wahr, wenn er in allen möglichen Welten wahr ist	Eine Durchführung ist prinzipiell effektiv, notwendigerweise effektiv (synonym dazu: zwangsweise effektiv oder perfekt), wenn sie in allen möglichen, machbaren, herstellbaren Welten (Situationen) effektiv ist Totaleffektive Funktion
Ist er in mindestens einer möglichen Welt falsch, ist er falsifizierbar	Ist eine Durchführung in mindestens einer präparierbaren Situation nicht effektiv, ist sie fehlbar
Ist er mindestens in einer Welt wahr, ist er möglicherweise wahr (Verifizierbar)	Ist eine Durchführung in mindestens einer präparierbaren Situation effektiv, ist sie machbar
Ist er in keiner möglichen Welt wahr, ist er unmöglich wahr	Ist eine Durchführung in keiner technischen Welt effektiv, ist sie nicht machbar bzw. unmöglich baubar (eingebaute Scheitern!)

verständlich, diesen Zustand bald zugunsten der einen oder anderen Technologie zu beheben. Auch dies ist einer der Motoren der Innovation.

Bleibt an der Stelle noch zu vermerken, dass viele Beziehungen und Relationen in der Technik transitiv sind, viele in der zugehörigen organisatorischen Hülle aber nicht, so dass die Anschlussfähigkeit technischer Geräte in die organisatorische Hülle nicht immer gewährleistet ist. Dies sind dann auch die meisten Ursachen für Havarien, sei es innerhalb einer Technologie, zwischen Technologien, anschlussfähig sein müssten oder zwischen parallel existierenden Technologien.[83]

Damit haben wir die formalen Voraussetzungen zusammen. Auch wenn die hier verwendete Durchführungslogik formal zum Aussagenkalkül isomorph ist, ist sie wegen ihrer anderen Semantik doch weiterführend.[84] Wir können damit nicht nur die Gegensätze, die zu Widersprüchen führen, behandeln, sondern auch die „Gegensetzungen", die in Artefakten, metaphorisch in der Maschine, zur Geneneffektivität (Parapraxie) führen.[85]

---

[83] Vgl. die Analyse dieser Beziehungen in Kornwachs (2012), Kap. C, S. 140 f. Beispiele für solche große und „kleine" Katastrophen vgl. Perrow (1992), S. 37 ff. und S. 18–23.

[84] Vgl. Harz (2007). Weitere Ausführungen zu Semantik einer modalen Durchführungslogik siehe Kornwachs (2012), Kap. D. 2.6, S. 191–206. Die Verknüpfungen werden dort nicht mehr aussagenlogisch, sondern durchführungslogisch gedeutet; vgl. Tab. 2 in Harz (2007), S. 33 f.

[85] Der weitere formale Aufbau einer modalisierten Durchführungslogik wird in Anhang 5.4.1 angedeutet.

5.3 Das funktioniert in der Theorie, nicht aber in der Praxis

5.3.1 Das Modell der Gegeneffektivität und der Antipraxie

Was heißt in der Technik operativ widerspruchsfrei? Wir können uns als Sprachregelung darauf verständigen, von Gegeneffektivitätsfreiheit eines technologischen Regelwerks zu sprechen. In Analogie zur Widerspruchsfreiheit einer Theorie (über einen Gegenstandbereich, z. B. der Biologie), in der man fordert, dass die ableitbaren Konsequenzmengen aus den Teiltheorien sich nicht widersprechen sollen, bedeutet die Gegeneffektivitätsfreiheit einer technologischen Theorie (Regelwerk), dass keine Regeln aus den Teiltheorien abgeleitet werden können, die zu einer Parapraxie führen. In der Technik sind die Regeln in den Teiltheorien immer endlich, und in der Praxis hat man es mit zumindest abzählbaren Konsequenzmengen zu tun, weil man das Ableitungsverfahren kennen muss, sonst könnte man weder konstruieren, bauen oder berechnen.

Den entscheidenden Unterschied markierte Immanuel Kant mit seiner schon fast ironischen Überschrift über seine Abhandlung,[86] die für diese Kapitelüberschrift herhalten muss. Er liegt im Folgenden: Widersprüchliches über die Natur zu sagen, verhindert die Erkennbarkeit, die Voraussagbarkeit und die Benutzbarkeit der in ihr möglichen Prozesse zu unseren Zwecken. Widersprüchliches in der Technik hingegen berichtet entweder über ein Nichtfunktionieren im Artefakt (auf der ontologischen Ebene ist es die Gegeneffektivität als *de re*), gegen das ein Gegenmittel gefunden werden kann, oder die Redeweise selbst ist widersprüchlich (*de dicto*) und erlaubt daher keine Formulierung einer effektiven Regel (Durchführung). Anders ausgedrückt:

Dem Widerspruch (*contra dictio*) in Logik und Kommunikation entspricht in der Technik das Gegenmittel (*contra positio* oder *contra instrumentum*).

Um dies genauer zu erfassen, diskutieren wir die in Abschn. 5.1.2 gefundenen Widerspruchsarten für den Bereich der Artefakte im Sinne von Gegeneffektivität. Das Entgegengesetzte im Artefakt ist der Defekt, der im Regelwerk auf der Ebene des Ausdrucks der Gegeneffektivität entspricht. Hier gilt auch die Umkehrung, zumindest beim operativen Umgang mit Technik: Eine falsche Bedienung (auch in organisatorischer Hinsicht) führt zum organisatorisch – technischen Defekt.[87]

Intuitiv haben wir es in der ersten Spalte der Tab. 5.6 mit einer Paradoxie zu tun: Das Verhindern einer Antipraxie (also von etwas, was gar nicht durchführbar ist), wäre selbst wieder effektiv. Ob das Verhindern oder das Nicht-tun dessen, was man ohnehin nicht tun kann, als Durchführung oder Verhinderung angesehen werden kann, bleibt fraglich. Der Gegensatz der Unverbindbarkeit zweier

---

[86] Kant (1993).

[87] Vgl. auch Perrows Parae Katastrophen (1992)

Tab. 5.6 Widerspruchstypen und Typen der Gegeneffektivität

	Strikter kontradiktorischer Gegensatz Antilogie (ántiphasis ($>=<$))	**Konträrer Gegensatz** exklusives „oder" (enantíon (/))	**Subkonträrer Gegensatz** disjunktives „oder" (hýponantion ($\vee$))
Kombination der Wahrheitswerte[70]	0 1 1 0	0 1 1 1	1 1 1 0
Aussagenlogisch (zur Erinnerung)	A „und" ¬a stehen kontradiktorisch zueinander. Ihre Gleichsetzung wäre eine Kontradiktion der Form a$=$a, ihre Verneinung ist ein wahrer Satz $\vdash$ ¬(a$=$¬a).	A „zusammen mit" ¬a steht im schwächeren konträren Gegensatz zueinander. Deren Konjunktion wäre ein konträrer Widerspruch der Form (a $\wedge$¬a), dessen Verneinung ist ein immer wahrer Satz $\vdash$¬(a $\wedge$ ¬a)$=$a/¬a (*tertium non datur*).	In der Aussagenlogik ist die disjunktive Verknüpfung (eine schwache Alternative) a$\vee$¬a kein Widerspruch im engen Sinnen von „immer falsch", denn ¬(a$\vee$¬a) ist immer wahr, denn dessen Verneinung (NOR) ist immer falsch.
Durchführungs logisch	u e e u Nonnunction $\mathcal{A} \supset \subset \approx \mathcal{A}$	u e e e Alternation $\mathcal{A} \supset .. \subset \approx \mathcal{A}$	e e e u Cumsummtion $\mathcal{A} \supset^{\circ} \subset \approx \mathcal{A}$
	Die Durchführung A und deren Verhinderung $\approx$A stehen in Nonnunction UNVERBINDBARKEIT zueinander. Ihre beidige Durchführung jetzt (ihre Nunction) in der Form εA$\approx$$\approx$εA wäre eine starke Antipraxie. Ihre Verhinderung wäre eine immer effektive oder sichere Durchführung $\Leftleftarrows$ $\approx$(εA$\approx$$\approx$εA)[71]	Durchführung A zusammen mit deren Verhinderung $\approx$A stehen in Alternation (AUSSCHLIESSLICHKEIT) zueinander. Ihre gleichzeitige Durchführung (Simultation) in der Form εA° $\approx$εA wäre eine (schwächere) Kontrapraxie oder Parapraxie. Ihre Verhinderung ist wieder eine effektive Durchführung $\Leftleftarrows$ $\approx$ (εA° $\approx$εA) *tertium non factus simultaniter.*	Durchführung A sowie deren Verhinderung $\approx$A stehen in Cumsummtion (ANDERSHEIT) miteinander. Die Durchführung mindestens einer der beiden, oder deren Verhinderung in Form von $\approx$(εA$\supset$°$\subset$$\approx$εA), ist immer effektiv. Ihre Verhinderung ist eine uneffektive Durchführung non $\Leftleftarrows$ $\approx$ (εA$\supset$ .. $\subset$ $\approx$εA).

---

[70] Nach der Tab. 5.15 im Anhang 5.4.3.

[71] Das Zeichen $\Leftleftarrows$ markiert den folgenden Ausdruck als immer effektiven Ausdruck, d. h. als Theorem der Durchführungslogik.

Durchführungen führt zur (starken) Antipraxie: Man kann nicht gleichzeitig etwas und sein Gegenteil, aber auch nicht etwas und seine Verhinderung durchführen.

Die schwächere Form in der zweiten Spalte wäre die Kontrapraxie oder Parapraxie: Man kann zwar nicht gleichzeitig etwas miteinander machen, was sich ausschließt (A und $\approx$A), aber wohl hintereinander. Oder anders ausgedrückt: Man kann immer zuerst etwas durchführen und es dann verhindern und umgekehrt. Auch hier kann sich, wie bei der klassischen Antilogie, auch die Antipraxie im zeitlichen Hintereinander auflösen. Man könnte statt des *tertuium non datur* hier das *tertium non factus simultaniter* einführen: Man kann etwas durchführen oder verhindern, ein Drittes ist diesbezüglich gleichzeitig nicht machbar.

Zum speziellen *Tertium non datur*, das in der Durchführungslogik zu speziellen *tertium non factus simultaniter* wird, gehen wir vom aussagenlogischen Satz der Prämissenvorschaltung aus. In der klassischen Aussagenlogik wird dies formuliert als Axiom $p \rightarrow (p \vee q)$, zuweilen auch stärker als $p \rightarrow (p \rightarrow q)$. Man kann dies umformulieren zum speziellen oder relativen *tertium non datur* der Form $(p \rightarrow (p \wedge q) \vee (p \wedge \neg q))$.

Die Prämissenvorschaltung wird in der Durchführungslogik zum Theorem

T14: $H_2 \therefore \supseteq H_2 \supset^\circ \subset H_1$

Beweis:

1. H_2 **AF**
2. $\approx H_1 \therefore \supset H_2$ **T9:1.**
3. $H_1 \supset^\circ \subset H_2$ **Df.2.**[88]

Mario Harz interpretiert dies so:

„Wenn etwas (H_1 und H_2) miteinander funktioniert, müssen auch die Bestandteile funktionieren. Historisch ist dieses Theorem insofern bedeutsam, als es immer möglich sein muss, zur alten Technik zurückkehren zu können. D.h., was in einer alten Technik einmal funktioniert hat, muss auch heute als Bestandteil einer neuen Technik funktionieren können.“[89]

Wenn dies nicht der Fall ist, liegt eine Andersheit derart vor, dass Teiltechnologien nicht miteinander zusammengebaut werden können, weil sie nicht verträglich miteinander sind bzw. nicht zusammenpassen. Dies wäre eine schwächere Form der Parapraxie, die aber in der Tat bei der Ko-Nutzung paralleler Technologien vorkommt.[90] Sie zu vermeiden, ist aber eine Voraussetzung, dass parallel existierende Theorien miteinander kompatibel gemacht werden können, wenn die eine oder die andere Technologie weiterbestehen soll. Man kann es auch so formulieren: Das

---

[88] Die formalen Beweise siehe Harz (2007), von dort ist auch die Nummerierung der Theoreme und Definitionen übernommen.

[89] Harz (2007), S. 46.

[90] Bei vergleichbarer Funktionalität kann man alle Wechselwirkungstypen zwischen parallelen Technologien, wie sie in Abschn. 3.4.2 beschrieben sind, durchmustern.

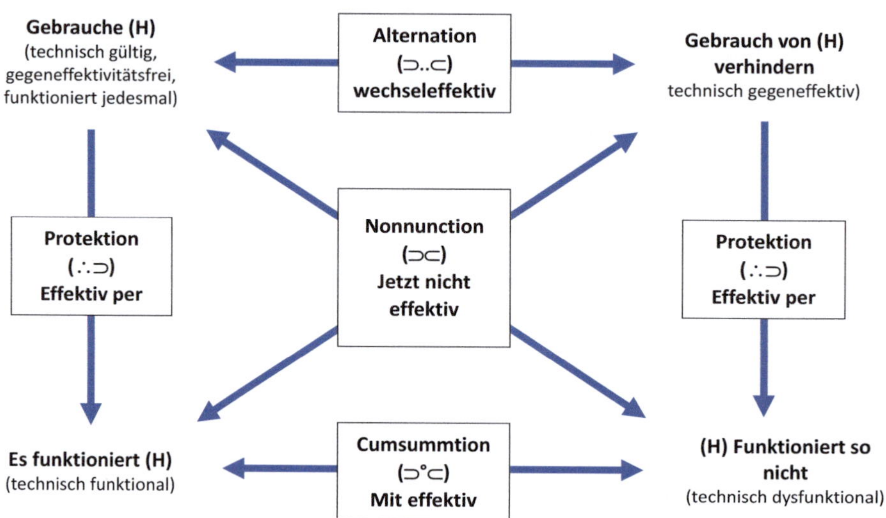

Abb. 5.4 Technologisches Quadrat

Theorem T14 drückt bei parallelen Technologien die Bedingung der Korrespondenz von alter und neuer Technologie aus.

Das relative oder spezielle *tertium non datur* wird in der Durchführungslogik zu einer bedingten Parapraxie: Bei einer bestimmten Durchführung kann man eine andere Durchführung damit verträglich oder nicht verträglich machen. Darunter könnte man auch die Veränderung von Rahmen- oder Randbedingungen, also auch der organisatorischen Hülle verstehen.

Eine Verletzung des relativen *tertium non factur simultaniter* läge dann vor, wenn es gelänge, eine technische Durchführung und deren Verhinderung (oder Gegenteil) gleichzeitig effektiv zu machen, indem man eine weitere Durchführung voraussetzt oder vorschaltet. Das würde bedeuten, dass es Mittel gäbe, ursprünglich miteinander unmögliches, weil Gegensätzliches möglich zu machen.

In Analogie zum logischen Quadrat des Boethius in Abb. 5.1 können wir nun ein mögliches logische Quadrat der Durchführungslogik angeben (Abb. 5.4).[91]

Dabei bedeutet die Nonnuction die Unverbindbarkeit, d. h. solche Regeln kann man nicht miteinander durchführen, die Alternation verweist auf eine Ausschließlichkeit d. h. solche Regeln kann man nur hintereinander durchführen. Die Cumsummtion bedeutet hier die Andersheit, d. h. solche Regeln sind miteinander oder

---

[91] Vgl. Harz 2007, S. 48.

einzeln durchführbar.[92] Aus dem technologischen Quadrat ist beispielsweise unmittelbar ersichtlich, dass bei technisch gültiger Bezeichnung der Bewertung eines technologischen Satzes, der eine Durchführung bezeichnet, die bezeichnete Durchführung auch funktioniert.

5.3.2 Die technologischen Gegensätze (Parapraxien)

Die modallogischen Gegensätze waren in Tab. 5.3 zusammengestellt worden. In Analogie zur modalisierten Durchführungslogik (vgl. auch Anhang, Abschn. 5.4.1) ergeben sich dann Gegensatztypen, die zu Anti- resp. Parapraxien führen (vgl. Tab. 5.7).

Aus dem modallogischen Quadrat im Anhang Abschn. 5.4.1 (Tab. 5.13) lassen sich folgende modallogischen Schlüsse im modalisierten Durchführungskalkül finden (Tab. 5.8), die wir im Folgenden technologische Schlüsse nennen wollen. Für Machbarkeit wie Möglichkeit setzen wir den Buchstaben M als Operator, Z für die technologische Zwangsläufigkeit.[93]

(1) Dieser Schluß ist die Basis für die angewandte Forschung und technische Entwicklung schlechthin aus der Grundlagenforschung heraus: Was als physikalisches Gesetz gilt und damit zwangsläufig eine Durchführungs darstellt, muss nach Francis Bacon auch machbar sein.[94] Dies setzt, im Gegensatz zur reinen Physik, nicht die Zwangsläufigkeit eines Naturprozesses, sondern dessen Durchführbarkeit voraus (Präparierbarkeit der Randbedingungen, genügende räumliche, zeitliche und energetische Reichweiten der Mittel der Durchführung). Logische Machbarkeit ist nicht mit praktische Durchführbarkeit zu verwechseln.

(2) Dieser Schluss erscheint zugegebenermaßen etwas paradox: Wenn etwas in allen technologischen Welten „nicht geht", dann ist es möglich, es zu verhindern. Das wird aber durch den Begriff der Möglichkeit einer Durchführung eingeschränkt. Denn dieser impliziert eine gewisse Handlungsfreiheit, diese Verhinderung durchzuführen oder zu unterlassen. Was man aber nicht durchführen kann, kann man auch nicht wirklich – im Sinne einer Alternative – unterlassen. Allerdings kann man immer eine „Nonfunction", d. h. dass etwas nicht geht, ausnutzen, um etwas zu verhindern.

Man kann nun sagen, dass es keine Technik gibt, die nicht verhindert werden kann, geschrieben als das Axiomenschema der Verhinderung:

T12: $\therefore \sqsupset \approx \mathcal{H} \supset^\circ \subset \mathcal{H}$

---

[92] Zu den Entsprechungen zur Aussagenlogik und zu den Bezeichnungen siehe die Tab. 5.15 der Isomorphie im Anhang Abschn. 5.4.3.

[93] Zur formalen Herleitung siehe Kornwachs (2012), S. 199 ff.

[94] Vgl. Bacon (1990).

Tab. 5.7 Gegensätze in der modalisierten Durchführungslogik

	Strikter kontradiktorischer Gegensatz Antilogie (ántiphasis ($>=<$))	Konträrer Gegensatz exklusives „oder" (enantíon (/))	Subkonträrer Gegensatz disjunktiven „oder" (hýpoenantion ($\vee$))
Modallogisch	L ¬p „und" M p resp. Lp „und" M ¬p sowie ¬L ¬p „und" ¬Mp resp. ¬Lp „und" ¬M ¬p stehen kontradiktorisch zueinander. Ihre Gleichsetzung wäre ein alethischer Widerspruch, d. h. eine Kontradiktion $L(p) = \neg L(p)$ bzw. $M(p) = \neg M(p)$, welche die Form $a = \neg a$ hat (ontischer Widerspruch). Werden L und M deontisch interpretiert, ist dies ein normativer Widerspruch.	Lp zusammen mit ¬Mp resp. L ¬p zusammen mit ¬M ¬p stehen konträr zueinander. Ihre Konjunktion wäre ein modallogischer konträrer Widerspruch der Form $L(p) \wedge \neg M(p)$ bzw $L(p) \wedge L(\neg p) = L(p \wedge \neg p)$. Deontisch interpretiert ist dies ein deontischer Widerspruch.	¬Lp mit Mp stehen in einem nur sehr schwachen Gegensatz zueinander. Ihre Disjunktion wäre ein subkonträrer Ausdruck der Form $\neg L(p) \vee M(p) = M(\neg p \wedge p)$. Dies können wir den modallogisch subkonträren Gegensatz nennen, er lässt sich jedoch auf einen aussagenlogischen. Widerspruch der Form $a \wedge \neg a$ reduzieren.
Modalisierte Durchführungslogik	$Z (\approx \varepsilon \mathcal{A})$ zwangsläufig verhindert „und" ($M \varepsilon \mathcal{A}$) machbar stehen in Nonjunction zueinander. Etwas kann nicht zwangsläufig verhindert sein (= geht nicht) und gleichzeitig machbar sein. $M(\varepsilon \mathcal{A}) \approx Z(\approx \varepsilon \mathcal{A})$ hat die Form der starken Antipraxie. Effektiv wäre es, zu verhindern, dass etwas gemacht werden soll, was nicht machbar ist.	$Z (\mathcal{A})$ mit $\approx M(\mathcal{A})$ stehen in Alternation zueinander. Die gleichzeitige Durchführung von etwas zwangläufig Effektivem, das Unmöglich ist, stellt eine starke Parapraxie dar: $Z (\mathcal{A} \circ \approx \mathcal{A})$. Es wäre dann zwangsläufig eine Durchführung und ihre Verhinderung effektiv.	$\approx Z(\mathcal{A})$ mit $M (\mathcal{A})$ ist prima facie durchaus verträglich. Die Cumsummtion wäre ein Ausdruck der Form $M(\approx \mathcal{A} \supset^{\circ} \subset \mathcal{A})$. Es ist machbar, dass man eine Durchführung oder die Verhinderung durchführt, aber nicht beides. Dies wäre wieder unmöglich. Insofern ist dieser schwache Gegensatz fehlbar. Dies korrespondiert wieder zum *tertium non factus simultaniter*.

Dies inspiriert Harz zur folgenden Deutung:

> *„Das Gesetz der Verhinderbarkeit bzw. Durchführbarkeit von Durchführungen bedeutet, dass wir nur dann in der Lage sind, etwas technisch oder organisatorisch erfolgreich durchzuführen, wenn wir auch in der Lage sind, dies zu verhindern. D. h., dass wir nicht zu bestimmten Handlungen gezwungen sind, sondern dass wir jedesmal über die Fähigkeit verfügen, außer diese Handlungen durchzuführen, sie auch verhindern zu können.*

Tab. 5.8 Mögliche Schlüsse aufgrund des modallogischen Quadrats in (Tab. 5.11, Anhang 5.4.1)

Technologischen Schlüsse:	Vorschlag einer Namensgebung	Bedeutung	Kommentar im Text
$\mathbf{Z}\mathcal{A} \rightarrow \mathbf{M}\mathcal{A}$	Physikalität der Technik	Aus der Zwangsläufigkeit einer Durchführung folgt ihre Machbarkeit	1
$\mathbf{Z}\,(\approx\!\mathcal{A}) \rightarrow \mathbf{M}\approx\!\mathcal{A}$	Desgl., aber negative Version	Aus der Zwangsläufigkeit einer Verhinderung folgt die Machbarkeit der Verhinderung	2
$\approx\!\mathbf{Z}\mathcal{A} \leftarrow \approx\!\mathbf{M}\mathcal{A}$	Machbarkeitspostulat	Eine Durchführung ist dann nicht zwangsläufig, wenn sie nicht machbar ist	3
$\approx\!\mathbf{Z}\approx\!\mathcal{A} \leftarrow \approx\!\mathbf{M}\mathcal{A}$	Postulat der Verhinderung	Eine Verhinderung ist dann nicht zwangsläufig, wenn sie nicht machbar ist. Oder: Ist eine Verhinderung nicht machbar, ist sie auch nicht zwangsläufig	4

> *Für die Technik selbst bedeutet das, dass man auch für jede funktionierende Technik immer Bedingungen angeben kann, die zum Verhindern des Funktionierens dieser Technik führen. In voller Allgemeinheit bedeutet dies, dass es keine Technik gibt, die man nicht verhindern könnte.* "[95]

Logisch würde dies auch bedeuten, dass es im Prinzip keine irreversible Technik geben kann. Was gemacht wurde, kann auch zurückgenommen werden. Wenn es nicht zurückgenommen wird, hat dies andere als logische Gründe – diese sind ja in Kap. 4 besprochen worden und haben mit praktischen Machbarkeiten und Interessen zu tun.

Das besagte Theorem **T12** wird in der modalisierten Durchführungslogik zu

$$\mathrm{M}(\approx\!\mathcal{H} \supset^{\circ}\subset\!\mathcal{H}).$$

Das bedeutet: Eine Durchführung oder ihre Verhinderung oder beides ist machbar. Dies kann man umformen und zeigen, dass $\mathrm{M}\approx\!\mathcal{H} \vee \mathrm{M}\mathcal{H} = \approx\!\mathrm{Z}\mathcal{H} \vee \mathrm{M}\mathcal{H}$, d. h. eine Durchführung ist nicht zwangsläufig und/oder machbar. Dies ist vergleichsweise trivial, verweist aber auf den kontingenten Charakter von Technik: Man kann keine Ausdrücke finden, die Z ausschließlich positiv beinhalten.

Eine Folge dieses Satzes könnte die Vermutung sein, dass es dann auch keine Durchführung gibt, die in allen Welten zwangsläufig effektiv ist. Formal geschrieben: Es ist nicht machbar, dass eine Durchführung in allen Welten effektiv ist, also zwangsläufig ist $\approx\!\mathrm{MZ}\mathcal{H}$. Das bedeutet auch, dass die Zwangsläufigkeit der Effektivität immer lokal ist, oder modelltheoretisch gesprochen: Es gibt für

---

[95] Axiomenschema Verhinderung der Durchführung in Harz (2007), S. 44.

jede Durchführung immer nur endlich viele Modelle, d. h. Situationen (Randbedingungen), in denen sie effektiv sein können. Dies ist ein entscheidender Unterschied zu einem Naturgesetz. Deshalb ist Technik kontingent, also in ihrer konkreten Ausprägung nicht notwendigerweise so, sie könnte auch bei gleicher Funktionalität andere Ausprägungen haben.[96]

(3) Dieser Fall korrespondiert zu der Einsicht, dass es keine zwingend effektive technische Funktion geben kann, wenn sie sich als nicht machbar erweist (also nicht mindestens einmal funktioniert hat). Wer technische Funktionalität behauptet, muss deren Machbarkeit (*feasibility*) zeigen.

(4) Entsprechend dazu: Wenn man etwas nicht verhindern kann, ist die Verhinderung noch kein Gesetz, sie ist nicht zwangsläufig. Daraus folgt, dass nicht sein muss, was nicht sein kann.

5.3.3   Zusammenfassung und Ausblick

Um das bisher Gesagte zusammenzufassen und verorten zu können, benutzen wir wieder eine tabellarische Darstellung. Daraus wird auch ersichtlich, welches offene Feld mit der Frage nach der Parapraxie angerissen werden soll – es geht um die Ausdrucksmöglichkeiten der Gegensätze im Bereich der Artefakte und der technischen Handlungen und Machbarkeiten.

Wir benutzen zur Rubrizierung die klassische semiotische Unterscheidung von Syntax, Semantik und Pragmatik im Sinne der Ebene der Relationen der Zeichen untereinander (dazu gehören auch die Logikkalküle), die Bedeutung der Zeichen als ihr semantischer Gehalt,[97] und der Wirkung von Zeichen, wenn sie kommuniziert werden (intentionales Zeigen oder Äußern, nichtintentionales beobachtbares An-Zeichen für etwas). Danach kann man die syntaktischen, semantischen und pragmatischen Gegensätze nach den logischen, theoretische, welthaltigen (ontologischen) und artefaktbezogenen Widersprüchen klassifizieren. Wir werden sehen, dass einige Rubriken leer bleiben, und dies genau definiert die Forschungsaufgabe, die wir im folgenden Kapitel wenigstens skizzieren wollen.

In der Tab. 5.9 sind nochmals die Positionen der gemachten Unterscheidungen zusammengefasst und es wird eine entsprechende klassifizierende Nomenklatur vorgeschlagen.

Um eine Interpretationsfolie für diese Unterscheidungen zu haben, sei auf L. Wittgenstein verwiesen: „*Wir können nichts Unlogisches denken, weil wir sonst unlogisch denken müssten.*"[98] In Analogie dazu könnten wir sagen: Wir können nichts Unmögliches bauen, weil wir sonst untechnisch bauen müssten. So, wie das

---

[96] Vgl. Abschn. 4.7.

[97] Nach G. Frege (1883) die Wahrheitswerte, in der Linguistik und beim Paraen Sprachgebrauch der Fregesche Sinn eines Ausdrucks, also der Inhalt.

[98] Vgl. Wittgenstein (1989), Tractatus, § 3.03.

Tab. 5.9 Gegensatzklassifizierungen

	Syntaktischer Gegensatz	Semantischer Gegensatz	Pragmatischer Gegensatz
Gegensatz in den Logiken = Widerspruch	Kontradiktorischer Widerspruch konträrer W (Subkonträrer W.)	Ausdrückbar als essentieller, konträrer Widerspruch	Gegeneffektivität
	Paralogie Antilogie	**Paradoxie, Parasemie[76] Antinomie**	**Parapraxie Gegenhandeln**

Fremde immer nur in Termen des Eigenen dargestellt werden kann, kann auch der Gegensatz und damit der Widerspruch nur in Termen des Gegensatzfreien und des Widerspruchsfreien, in der Logik eben des Folgerichtigen, dargestellt werden. Lapidar weiß jeder Technikbetreibende: Ein technischer Fehler kann nur in Termen des Funktionierens dargestellt werden.

Wir fassen in Tab. 5.10 die Widerspruchstypen für unterschiedliche Gegenstandbereiche zusammen.

Tab. 5.10 Widerspruchsklassifikation für unterschiedliche Gegenstandsbereiche

Gegensatz …	Logischer Widerspruch	Semantischer Widerspruch	Pragmatischer Gegensatz	Gegenstand der Betrachtung
… in der Logik[80]	Antilogie[81]	Antinomie	DL-Anti-Effektivität	Formales System
… in der Theorie	Inkonsistenz Kontradiktorische Aussagen führen zur Anti-Kohärenz	Anti-Kohärenz Anti-korrespondenz	Anti-Operativität	Deskription- *de dictu*
… in der Welt	Die Welt ist außer-logisch[82] a-kategorial Verweis auf Gegensätze, je nach Ontologie	Kontextdivergenz der Interpretation gegenläufiger Prädikate Inkompatibilität von Eigenschaften	Gegen-physikalisch (para-ontisch) gegenreal	Realität – *de re*
… in der Maschine	Syntaxfehler „Maschinenstop" Dysfunktionalität	Nichteffektivität der Regel Inkompatibilität von Eigenschaften	Scheitern	Artefakt, Instrument *de facto*

---

[76] Sich widersprechende Bedeutungen.

[80] Logik als formales Hilfsmittel der Beschreibung. Da die Logik nicht die Welt beschreibt, sondern nur die Beschreibung der Welt strukturiert, bedeutet a-logisch in diesem Sinne, dass mit diesem Hilfsmittel die Beschreibung nicht mehr geleistet werden kann.

[81] Im Sinne von Tab. 5.1.

[82] Die Struktur der Logik und die erkennbare Struktur der Welt können als ähnlich, gleich oder völlig verschieden hypostasiert werden. Wir gehen hier im Rahmen einer deskriptionistischen

Der Gegensatz in der Logik führt zu Widersprüchen, die wir als Antilogie, Antinomie und durchführungslogische Geneffektivität kennen gelernt haben. Der Gegenstand der Betrachtung waren hier formale Systeme wie Kalküle. Der Gegensatz in der Theorie, d. h. einer Beschreibung eines Gegenstandsbereichs, führt, wenn er rein syntaktisch ist, zu Inkonsistenzen, die die Beschreibung schon auf dieser Ebene unbrauchbar machen. Kontradiktorische Aussagen führen zum Verlust des inneren Zusammenhalts einer Theorie, sie fällt dann in Teile auseinander, die jeweils in sich wieder brauchbar sein können, aber nicht miteinander verwendet werden können. Auf der Ebene der Bedeutung einer Theorie als Deskription eines Gegenstandsbereich, d. h., worauf sich die Individuenkonstanten und Prädikate beziehen sollen, führen Widersprüche zur Nichtanschlussfähigkeit an andere Beschreibungen desselben oder sich anschließenden Gegenstandsbereichs (Antikorrespondenz).[99] Gegensätze in einer Theorie über einen Gegenstandsbereich machen sich formal bemerkbar in der Form des konträren prädikativen Widerspruchs. Wir könnten es auch so sagen: Die Ontologie des Gegenstandsbereichs (hier im Sinne des Begriffs, wie ihn die Informatik gebraucht), ist dann nicht konsistent formulierbar.

Der pragmatische Widerspruch führt in einer technologischen Theorie zu gegenläufigen operativen Regeln, deren Geneffektivität schon auf der Ebene der Beschreibung festgestellt werden sollte. Dies ist der Grund auch für die Entwicklungsversuche einer Wissenschaftstheorie der Technikwissenschaften.

Ist der Gegenstand der Betrachtung die Realität,[100] so wird bei logischen Widersprüchen die Frage zu stellen sein, ob es in der Welt außerlogische oder a-kategoriale Prozesse und Zusammenhänge gibt. Dass die Logik nicht alle Wirklichkeit ausdrücken kann, ist bekannt, im Rahmen dessen, wie wir unser Bild von der Welt konstruieren, verweist dies auf Gegensätze, die sich, je nach ontologischer Grundauffassung, in der Welt selbst oder deren Beschreibung wieder finden. Wir erfahren auf der Bedeutungsebene solche Gegensätze in der „Realität" als Kontextdivergenz der Interpretation gegenläufiger Prädikate: Ideen sind – nichtmetaphorisch gesprochen – eben nicht grün, weil sie keine Farbe haben. Diese Inkompatibilitäten bilden wir auf die Realität ab und drücken die Erfahrung als Irregularität des Verhaltens von Objekten in der Welt aus. Das bedeutet auch, dass bei der Darstellung

---

Position davon aus, dass es sich um unterschiedliche Strukturtypen handelt, und sowieso nur die Struktur der Beschreibung der Welt (z. B. in der Theoretischen Physik) und nicht die Welt selbst und die Struktur der Logik miteinander verglichen werden können. Dabei zeigen sich gerade in der Quantentheorie Inkommensurabilitäten mit der klassischen Aussagenlogik (z. B. Verletzung des *tertium non datur* zweiter Art oder des Gesetzes der Prämissenvorschaltung.

[99]Vgl. Kornwachs (2012), Kap. C4.

[100]Ohne auf die vielfältigen Debatten über Realität eingehen zu können, setzen wir hier für Realität das, was man im Rahmen eines hypothetischen Realismus als von unserem Bewusstsein unabhängig Existierendes und Wirkendes annehmen kann. Damit verträglich ist ein gemäßigter Konstruktivismus.

unmöglicher Objekte semantische Widersprüche auftauchen, die sich dann in der Nicht-Machbarkeit auswirken. Der pragmatische Gegensatz wird *de re* als gegenphysikalisch gesehen: Man kann nicht gegen die Physik handeln. Freilich ist dieses Diktum konstruktivistisch zu verstehen: Physik (paradigmatisch hier für Naturwissenschaft) ist eine Beschreibung dessen, was für Regularitäten in der Realität wir meinen antreffen, beobachten und ausnutzen zu können.

Auf der Ebene der Logik macht bei widersprüchlichen Programmen (Syntax) die Maschine eben „halt", sie „verträgt" keine Widersprüche. Wir können auch die „Bedienung" einer rein mechanischen oder elektrischen Einrichtung formal als Programm ansehen – eine strukturierte Präparation der Randbedingungen für in und mit der Maschine ablaufende Prozesse. Syntaxfehler wären hier z. B. die Vertauschung der Reihenfolge von zeitlich geordneten Ereignissen, was dann zur Dysfunktionalität der Maschine führt, die wiederum nur im Rahmen der Zwecke, für die sie benutzt wird, beurteilt werden kann.

Semantisch müsste eine Analyse der falschen Bedienung oder des Programmierfehlers die Entdeckung der Nichteffektivität der technologischen Regel ermöglichen. Sofern sie auf Inkompatibilität von Eigenschaften beruht, ist dieses Verfahren jedem Ingenieur zumindest implizit geläufig, bei rein formalen Fehlern kann man nicht unbedingt auf die Semantik schließen: Die syntaktische Fehlerfreiheit ist eine notwendige, aber keine hinreichende Bedingung für die Freiheit von semantischen Gegensätzen. Pragmatisch machen sich Gegensätze in der Maschine durch das Scheitern ihrer Verwendung in definierten Ziel-Mittel-Beziehungen bemerkbar: Wir scheitern dann im Tun, Lassen und Verhindern von Handlungen an, mit und durch Artefakte.[101]

Damit wird unsere Realitätskonstruktion vermutlich zum größten Teil eher davon beeinflusst, was wir tatsächlich machen, d. h. auch bauen können und vor allem, an welchen Vorhaben wir scheitern, als durch das, was wir lediglich beobachten können.

5.4   Anhang

5.4.1   Aufbau eines modalen Durchführungskalküls DK$_m$

Ausgangspunkt: Alethische Modallogik.[102]
Wir führen die Notation für Notwendig und Möglich ein und definieren:
Bezeichnung und Bedeutung (alltäglich)
(nach Feys) synonym zu

---

[101] Wir benutzen zur Vereinfachung an dieser Stelle Artefakte, Maschinen und Instrumente synonym.

[102] Alethisch bedeutet hier, dass dieser Kalkül mit Wahrheitswerten (wahr, falsch) und den Modaloperatoren Möglich und Notwendig operiert.

Lp	Die Aussage p ist notwendigerweise wahr	notwendig
L ¬p	Die Aussage p ist notwendigerweise falsch	unmöglich
¬Lp	Die Aussage p ist nicht notwendigerweise wahr	zufällig
¬L¬p	Die Aussage p ist nicht notwendigerweise falsch	möglich
Mp	Die Aussage p ist möglicherweise wahr	möglich
M ¬p	Die Aussage p ist möglicherweise falsch	zufällig
¬Mp	Die Aussage p ist nicht möglicherweise wahr	unmöglich
¬M¬p	Die Aussage p ist nicht möglicherweise falsch	notwendig

Dabei gilt das Logische Quadrat der Modallogik (Tab. 5.11):

Das Notwendige und das Zwingende
Für die Durchführungslogik gelte dann analog die folgende semantische Belegung:

L $\mathcal{A}$ = L(εA) Die Durchführung εA ist notwendigerweise effektiv.

Die Gleichsetzung des Ausdrucks mit L $\mathcal{A}$ = (εLA) würde die Durchführung eines Zustands bedeuten, der durch eine notwendige wahre Proposition ausgedrückt wird. Wenn ein solcher Prozess oder Zustand aber notwendigerweise ohnehin wahr ist bzw. eintritt oder eingetreten ist, dann kann er kein Gegenstand einer Durchführung mehr sein. Was man nicht verändern oder verhindern kann, kann auch kann nicht Gegenstand des Handelns, erst recht nicht des technischen Handelns sein.

Wenn eine Durchführung $\mathcal{A}$ notwendigerweise effektiv ist, ist sie zwingend effektiv, d. h. es geht gar nicht anders, als dass die Durchführung gelingt. Das bedeutet zunächst einmal, dass sie immer zusammengesetzt sein müsste. Man könnte auch sagen, es ist die Realität oder die Physik, welche die Effektivität erzwingt – effektiv *per factum*. Man denke an dieser Stelle angestoßene irreversible Prozesse, die, wenn sie einmal ablaufen, nicht mehr verhindert werden können. Dies wäre die Fiktion der nicht zum Scheitern fähigen, unverletzlichen Technik. Wir wollen sie trotzdem durchspielen.

Wenn man die Analogie aufbauen möchte, muss deshalb die Bedeutung des atomaren Ausdrucks L $\mathcal{A}$ = L(εA) geklärt werden. Man kann sich darauf zurückziehen und sagen, dass L$\mathcal{A}$ = L(εA) immer effektiv ist, modallogisch gesprochen in der Possible-World-Semantik in allen möglichen Welten. Wir haben in

Tab. 5.11 Logisches Quadrat der alethischen Modaloperatoren Notwendigkeit (L) und Möglichkeit (M)

	Mp	M ¬p	¬Mp	¬M ¬p
Lp	→	>—<	/	=
L ¬p	>—<	→	=	/
¬Lp	∨	=	←	>—<
¬L ¬p	=	∨	>—<	←

Abschn. 5.2 den Ausdruck „mögliche Welten" durch den Ausdruck „herstellbare oder machbare" Welten ersetzt.

Eine modalisierte, „strikte" Durchführungslogik[103]

In Analogie zu den alethischen Modaloperatoren wäre die strikte Replikation zu untersuchen, um eine Bedeutung für das strikte $(\mathcal{B}$ per $\mathcal{A})$[104] zu bekommen.

Die strikte Implikation ($\Rightarrow$) in der Modallogik bedeutet ja:

$$L(p \to q) = p \Rightarrow\ = \neg(p \wedge \neg q),$$

d. h. es soll nie der Fall sein, dass p ohne q ist. p zieht zwangsläufig oder mit Notwendigkeit q nach sich. Damit wollte man ja die Paradoxie der Implikation vermeiden, dass aus Falschem Beliebiges folgt, da ja auch

$p \to q \equiv \neg p \vee q$

ist, das bedeutet, dass q auch der Fall sein kann, wenn p nicht der Fall ist.

Mit $\mathcal{B}$ per $\mathcal{A}$ als $\varepsilon B \therefore \supset \varepsilon A$, dann könnte man durchführungslogisch definieren: Das Gerät soll streng nur funktionieren, wenn es wirklich eingeschaltet ist. Das heißt, die Durchführung „funktionieren" soll nur effektiv sein, wenn die Durchführung „eingeschaltet" effektiv ist. Die Zwangsläufigkeit von $\mathcal{B}$ per $\mathcal{A}$, geschrieben in Synonymen als

L(B per A)

Pragmatisch: $\mathcal{B}$ per $\mathcal{A}$

Aussagenlogisch $B \leftarrow A$

Durchführungslogisch $\varepsilon B \cdot \therefore \supseteq \varepsilon A$

bedeutet analog zu $(p \leftarrow q) = \neg(q \wedge \neg p)$ die Verhinderung des Umstands, dass die Durchführung εB eintritt, ohne dass εA ins Werk gesetzt wurde., d. h. z. B., dass eine Bombe nicht explodiert, ohne dass sie gezündet wurde. Dadurch kann man definieren, dass die Bombe **sicher** nicht explodiert, **bevor** sie gezündet wurde. Hier wird zwingend oder strikt effektiv im Sinne von sicher effektiv verstanden.

$L(\varepsilon B \therefore \supset \varepsilon A) =_{\text{def}} \varepsilon B \therefore \supseteq \varepsilon A$

interpretiert als

$\approx(\varepsilon B \supset^{\circ} \subset \approx \varepsilon A)$

---

[103] Um Missverständnisse zu vermeiden: Poser (2016), Kap. III.7, S. 193 ff. verwendet den Begriff der Modalität nicht im Sinnen eines Modalkalküls, sondern um verschiedene Modalitäten wie z. B. epistemische oder ontologische Modalitäten zu diskutieren im Sinne der Frage, wie Technik als Herstellung von Artefakten aufgrund von menschlichen Vorstellungen möglich ist und welche Potentialitäten ein reales Artefakt aufweist.

[104] Als technologische Regel: Wenn $\mathcal{B}$ das Ziel ist, muss man $\mathcal{A}$ ins Werk setzen.

Tab. 5.12 Semantische Belegung in der modalisierten Durchführungslogik

Formal	Bedeutung (alltäglich)	Alethische Interpretation	Durchführungslogische Interpretation	Mögliche Welten
L (εA)	Die Durchführung (εA) ist sicher effektiv	Sicher	*Per factum,* zwangsläufig	Ef in allen W_i
L $\approx$ (εA)	Die Durchführung (εA) ist nicht sicher effektiv (verhindert) Die Verhinderung ist sicher = es geht nicht	Unmöglich	Nicht machbar, geht immer schief	Ef in keiner Welt, Uf in allen W
$\approx$L (εA)	Die Durchführung (εA) ist nicht sicher effektiv	Nicht notwendig = kontingent	Zufällig	Nicht in allen W Ef
$\approx$L$\approx$(εA)	Die Durchführung (εA) ist nicht sicher nicht effektiv Die Verhinderung ist nicht sicher	Möglich	Machbar	Mindestens in einer Welt Ef
M (εA)	Die Durchführung (εA) ist möglicherweise effektiv, ist machbar	Möglich	Machbar	Mindestens in einer Welt Ef
M $\approx$ (εA)	Die Durchführung (εA) ist möglicherweise nicht effektiv Die Verhinderung ist machbar	Kontingent	Verhinderbar	Mindestens in einer W verhinderbar
$\approx$M (εA)	Die Durchführung (εA) ist nicht möglicherweise (unmöglich) effektiv	Unmöglich	Nicht machbar	In keiner Welt machbar
$\approx$M$\approx$ (εA)	Die Durchführung (εA) ist nicht möglicherweise(unmöglich) nicht effektiv = nicht verhinderbar Die Verhinderung ist nicht machbar	Sicher	Unvermeidlich	In keiner Welt verhinderbar

Dies ist die Verhinderung des Umstands, dass εB eintritt mit verhindertem εA. Man kann dann die Tab. 5.12 zusammengestellte semantische Belegung angeben (Tab. 5.12).

Daraus entnehmen wir den zweiten durchführungslogischen Modalen Operator der Machbarkeit (***M***), der mit der Zwangsläufigkeit (oder Sicherheit) ***Z*** interdefinierbar ist.

Wir könnten dann das Logisches Quadrat der Modallogik nutzen und schreiben (zur Vereinfachung mit aussagenlogischen Junktoren, die jedoch durchführungslogische Bedeutung wie in Tab. 5.15 haben sollen). Die Bedeutung der Bezeichnungen sei: *A* Durchführung, $\approx$*A* Verhinderung, ***Z*** ist zwangsläufig sicher, *per factum*, es ist nicht möglich, es zu verhindern; $\approx$***Z*** ist nicht zwangsläufig, nicht

Tab. 5.13 Logisches Quadrat der Modaloperatoren Zwingend bez. sicher (*per factum*) (**Z**) und Machbarkeit (**M**)

	$M \mathcal{A}$	$M \approx\mathcal{A}$	$\approx M\mathcal{A}$	$\approx M \approx\mathcal{A}$
$Z\mathcal{A}$	→	>—<	/	=
$Z \approx\mathcal{A}$	>—<	→	=	/
$\approx Z\mathcal{A}$	∨	=	←	>—<
$\approx Z \approx\mathcal{A}$	=	∨	>—<	←

Tab. 5.14 Technologische Bedeutung der Interdefinierbarkeit (bezeichnet hier mit =), durchführungslogisch zu lesen als (∴) wie in Tab. 5.15.

$Z\mathcal{A} = \approx M \approx\mathcal{A}$	Wenn eine Durchführung zwangsläufig bzw. sicher effektiv ist, dann ist ihre Verhinderung nicht machbar *Man kann nicht gegen die Physik konstruieren*
$\approx Z \approx\mathcal{A} = M\mathcal{A}$	Wenn ihre Verhinderung nicht zwangsläufig ist, ist eine Durchführung machbar *Was die Natur nicht verbietet, ist machbar*
$\approx Z\mathcal{A} = M \approx\mathcal{A}$	Ist eine Durchführung nicht zwangsläufig oder sicher effektiv, ist ihre Verhinderung machbar
$Z \approx\mathcal{A} = \approx M\mathcal{A}$	Ist die Verhinderung einer Durchführung zwangsläufig oder sicher effektiv, so ist sie nicht machbar

zwingend sicher, kann deshalb verhindert werden; M machbar; $\approx M$ nicht machbar (Tab. 5.13).

Die Interdefinierbarkeit der Modaloperatoren ergibt die Interpretation in Tab. 5.14.

5.4.2 Formale Beweise

Beweis (1)
Die vorgenommene Gleichsetzung $\forall x(S(x) \to P(x)) = \exists x(S(x) \wedge\neg P(x))$ ist eine Kontradiktion und kann auf der rechten Seite umgeformt werden zu $\forall x(S(x) \to P(x)) = \neg\forall x\neg(S(x) \wedge\neg P(x))$. Wegen der Definition der Implikation ist $\neg(S(x) \wedge\neg P(x)) = (S(x) \to P(x))$. Eingesetzt wird $\forall x(S(x) \to P(x)) = \neg\forall x(S(x) \to P(x))$. Dies entspricht der Form $a = \neg a$.

Die Gleichsetzung $\exists x(S(x) \wedge P(x)) = \forall x(S(x) \to \neg P(x))$ führt über die Umformung der rechten Seite in $\neg\exists\neg(S(x) \to \neg P(x))$ und wegen $\neg(S(x) \to \neg P(x)) = \neg\neg(S(x) \wedge\neg\neg(Px)) = (S(x) \wedge P(x))$ zu $\exists x(S(x) \wedge P(x)) = \neg\exists x(S(x) \wedge P(x))$; was wieder der Form $a = \neg a$ entspricht. Ihre Verneinung ist trivialerweise immer wahr.

Beweis (2)

Die Konjunktion $\forall x(S(x) \to P(x)) \wedge \forall x(S(x) \to \neg P(x))$ führt unter zweimaliger Benutzung des Distributionsgesetzes zum Ausdruck $\forall x[(S(x) \to (P(x) \vee \neg P(x)))]$. Diese Form $a \to (b \vee \neg b)$ ist jedoch für eine wahre Prämisse a verifizierbar, für eine falsche Prämisse falsifizierbar. Der prädikatenlogische konträre Gegensatz lässt sich also nicht auf einen aussagenlogischen konträren Gegensatz reduzieren.

Beweis (3)

$\exists x(S(x) \wedge P(x))$ stehen zusammen mit $\exists x(S(x) \wedge \neg P(x)$ nach der klassischen Urteilslehre subkonträr zueinander. Ihre Disjunktion führt (wieder unter Benutzung der Distributivität und Assoziativität) zu $\exists x[S(x) \wedge (P(x) \vee \neg P(x))]$. Diese Form $a \wedge (b \vee \neg b)$ ist nur falsifizierbar, wenn die Prämisse a falsch ist, d. h. verifizierbar für eine wahre Prämisse a. Würde man beide Ausdrücke konjunktiv zusammensetzen, bekäme man $\exists x[S(x) \wedge (P(x) \wedge \neg P(x))]$. Diese Form $a \wedge (b \wedge \neg b)$ ist immer falsch, also ein Widerspruch. Interessanterweise ist damit der prädikatenlogische subkonträre Gegensatz in der konjunktiven Verknüpfung „stärker" als der prädikatenlogische konträre Gegensatz.

Beweis (4)

Den Ausdruck der Disjunktion $\neg Lp \vee Mp$ kann man wegen der Interdefinierbarkeit $\neg Lp = M \neg p$ und Theorem 7 der Modallogik (vgl. z. B. Kornwachs 2001, S. 120, Tab. 18) umformen zu $M \neg p \vee Mp = M(\neg p \wedge p)$. Nochmalige Umformung unter der Benutzung der Interdefinierbarkeit und der Regeln von de Morgan wird dies zu $\neg L(p \vee \neg p)$, wegen der Symmetrie $\neg L(\neg p \vee p)$, was identisch mit $\neg L(p \to p)$ ist. Dieser Ausdruck steht jedoch in Kontradiktion zum Ergebnis der Notwendigkeitsregel: Ist a ein Theorem, ist auch L(a) ein Theorem. Da $(p \to p)$ immer wahr ist, muss auch notwendigerweise $L(p \to p)$ sein. Damit steht der modallogisch subkonträre Gegensatz mit einem Axiom des Modelkalküls in einer Kontradiktion der Form $a \wedge \neg a$.

Beweis (5)

Generell gilt, dass eine Allaussage durch eine (negative) Einzelaussage widerlegt werden kann, also $\exists x(G(x) \wedge \neg K(x)) \to \neg \forall x(G(x) \to K(x))$.

Die Prämisse war: $\forall x\ [G(x) \to (N(x)\ /\ T(x))]$, das Phänomen resp. die Einzelaussage enthält: … $\wedge$ … $\exists x\ [G(x) \wedge (T(x) \wedge N(x))]$, dann führt die Konjunktion von Prämisse und Phänomen zur (abgekürzt geschriebenen) Form $\forall (G \to N/T) \wedge \exists (G \wedge T \wedge N)$, weil aussagenlogisch $\neg(N/T) = (N \wedge T)$ ist. Da aus dem Generalisator der Existenzoperator folgt, wird nach einigen Umformungen nach De-Morgan in Analogie zum Beweis in Kornwachs (2001, S. 374) die Konjunktion zu $\exists \neg(G \wedge \neg(N/T)) \wedge \exists(G \wedge \neg(N/T))$ und damit zu einem Widerspruch der Form $\exists x\ A(x) \wedge \exists x\ \neg A(x)$.

Beweis (6)

Die Behauptung lautet: ∃(I∧G∧SW). Die semantische Festlegung[105] lautet (wieder in vereinfachter Schreibweise): ∀(I → (¬F∧¬SW)) sowie ∀(G → F).

Die Behauptung kann man wegen Möglichkeit der identischen Erweiterung auch schreiben als ∃(I∧I∧F∧SW). Da alles, was grün ist, auch Farbe hat ∀(G → F), können wir in der Behauptung zur Vereinfachung G durch F ersetzen, also ∃(I∧I∧F∧SW). Umgeordnet ergibt sich aus ∃[(I∧F)∧(I∧SW)] → ∃(I∧F)∧∃(I∧SW). Diese Folgerung konfrontieren wir mit der semantischen Festlegung.

Den ersten Term der semantischen Festlegung kann man umschreiben (durch Definition der Implikation durch Konjunktion, de Morgan und Distributionsgesetze) ∀(I → (¬F∧¬SW) = ¬∃(I∧(F∨SW) = ¬∃[(I∧F)∨(I∧SW)] = ¬[∃(I∧F)∨∃(I∧SW)] = ¬∃(I∧F)∧¬∃(I∧SW)].

Die semantische Festlegung ¬∃(I∧F)∨¬∃(I∧SW) widerspricht damit mit dem aus der Behauptung folgenden Satz ∃(I∧F)∧∃(I∧SW), wenn man sie konjunktiv verknüpft, in der aussagenlogischen Form (¬a∧¬b)∧(a∧b) = [(a∧¬a)∧ [(b∧¬b)]. Wegen der darin auftretenden Kontradiktionen ist dieser Ausdruck immer falsch.

Beweis (7)

Zur Vereinfachung lassen wir wieder die Individuenvariable weg, und schreiben nur die Quantoren ∃ und ∀ sowie die Modaloperatoren der Notwendigkeit L und Möglichkeit M.

a) Modallogisch *de dicto*

   Es war ∀ L (G→N/T) ∧∃ M (G∧T∧N). Wieder ist (N/T) = ¬(N∧T) = K (zur Abkürzung). Damit können wir umschreiben ∀ L (G→K) ∧∃ M (G∧¬K)). Den zweiten Term, die Einzelaussage, kann man umformen zu ¬∀¬M (G∧¬K) = ¬∀ L¬ (G∧¬K) = ¬∀L(¬G∨K) = ¬∀L(G → K). Damit ergibt sich die Form des aussagenlogischen konträren Widerspruchs, in der sich zwei Allaussagen ∀ L (G→K) und ¬∀L(G → K) widersprechen.

b) Modallogisch *de re*

   Diese Form lautet: L∀ (G→N/T) ∧ M∃ (G∧T∧N). Nach den Festlegungen in a) ist L∀(G→K) ∧ M∃(G∧¬K). In analoger Umformung kommen wir diesmal ebenfalls auf die Form des aussagenlogischen konträren Widerspruchs, in der sich zwei Modalaussagen L∀(G→K) und ¬L∀ (G → K) widersprechen.

---

[105] Im Sinne eines Netzes von semantischen Festlegungen, welches einen abzubildenden Gegenstandbereich modellieren soll, in der Infromatik auch Ontologie genannt. Diese Sprechweise verwischt aber genau den Unterschied zwischen konventioneller Zuschreibung von Eigenschaften (*de dicto*) und einer Zuschreibung von Eigenschaften als Aussagen über die Wirklichkeit (*de re*). Wo diese Unterscheidung nicht wichtig ist, z. B. im herkömmlichen Verständnis von Technik, fällt eine solche kategoriale Vermischung nicht weiter auf.

5.4.3   Tabelle der Isomorphie

Hinweise zum Aufbau der Tab. 5.15 **der durchführungslogischen Effektoren und zu den Bezeichnungen:**

MEN.: Bezeichnung der Operatoren bei Menne (1981), HARZ: Bezeichnung der Operatoren bei Harz (2007).

Allgemeine Gestalt: Aussage a, Aussage b, Verknüpfung durch a $\otimes$ b; $\otimes$ bedeutet das Variablenzeichen für die 16 möglichen aussagenlogischen Verknüpfungen (Junktoren). Es sei w(a) = 1, wenn Aussage a wahr ist, w(a) = 0, wenn Aussage a falsch ist.

Durchführung von A ist εA, Durchführung von B ist εB, Verknüpfung durch εB $\phi_{(1-16)}$ εA, ϕ bedeutet das Variablenzeichen für die 16 möglichen durchführungslogischen Verknüpfungen (Effektoren). Sie sind als logische Verknüpfungen zu verstehen, nicht als technologische Funktionen wie in Abschn. 3.4.1. Es sei Eff(εA) = Ef, wenn A durchgeführt wird, Eff(εA) = Uf, wenn A nicht durchgeführt oder verhindert wird.

Die Tab. 5.15 ist zu lesen: Wenn w(a) = w und w(b) = w (Kombination in 1. Stelle), dann ist die Tautologie, die beide verknüpft, ebenfalls wahr, also w(a $\otimes$ b) = 1. In der nächsten Ziffer ist der Wahrheitswert für die Kombination w(a) = w, w(b) = f (2. Stelle) angegeben und so fort.

Analog gilt für die Durchführungslogik: Wenn die Durchführung von B effektiv ist. d. h. Eff[εB] = Ef, und die Durchführung von A effektiv ist, d. h. Eff[εA] = Ef, dann ist zum Beispiel die Perfektion εB per εA ebenfalls effektiv, also Eff[εB ϕ_5 εA] = Ef.

In der Aussagenlogik hängt die Wahrheit erst von der Beziehung zwischen den Sätzen ab, in der Durchführungslogik wird geprüft, ob zwischen bestimmten Durchführungen eine Beziehung der technologischen oder der technischen Effektivität besteht. Die Effektivität von verknüpften Durchführungen hängt von der zeitlichen Reihenfolge von Durchführungen ab. Die Möglichkeiten hierzu sind durch ϕ_1-ϕ_{16} vollständig wiedergegeben. Formal analog lassen sich die ϕ_1-ϕ_{16} rekursiv aus nur einem Funktor definieren, z. B. aus ϕ_9 (=Alternation) in Analogie zur aussagelogischen Exklusion (NAND oder Shefferstrich („/")).

Tab. 5.15 Tabelle der Isomorphie von Aussagenlogik und Durchführungslogik

Aussagenlogik							Durchführungslogik								
W(a⊗b)				Junk-tor	Bezeich-nung	Umgang-sprachliche Bedeutung	Eff (εB φ εA)				Operator Effektor			Bezeich-nung	Umgangs-sprachliche Bedeutung
Stelle				MEN			Stelle				HARZ		$A = \varepsilon\mathbf{A}$		
1	2	3	4	⊗			1	2	3	4	φ	1–16	$B = \varepsilon\mathbf{B}$		
1	1	1	1	aTb	Tautologie	Gilt in jedem Fall	Ef	Ef	Ef	Ef	$\varepsilon B{\Uparrow}\varepsilon A$	ϕ_{01}	B jedes mal A	Antinullogie	Gilt in jedem Falle
1	1	1	0	aˇb	Disjunktion	Mindestens eins (n. keins)	Ef	Ef	Ef	Uf	$\varepsilon\mathbf{B}{\supset}^{\circ}\mathbf{C}\varepsilon A$	ϕ_{02}	A mit B	Cumsumm-tion	Zuvor min-desten eins von beiden
1	1	0	1	a←b	Replikation	Das andere nie oder das eine	Ef	Ef	Uf	Ef	$\varepsilon\mathbf{B}.{\therefore}{\supset}\varepsilon A$	ϕ_{03}	B per A	Perfektion	Das andere nicht ohne zuvor das eine
1	1	0	0	a ← b	Präpendenz	Jedenfalls das eine (egal)	Ef	Ef	Uf	Uf	$\varepsilon\mathbf{B}$	ϕ_{04}	Erst B	Initialisation B	Zuerst das andere, egal ob das eine
1	0	1	1	a→b	Implikation	Die eine nie oder die an-dere	Ef	Uf	Ef	Ef	$\varepsilon\mathbf{B}C{\therefore}\,\varepsilon A$	ϕ_{05}	B pro A	Protektion	Das eine zuvor nicht ohne das andere
1	0	1	0	a∠b	Postpendenz	Jedenfalls das andere (egal)	Ef	Uf	Ef	Uf	$\varepsilon\,A$	ϕ_{06}	Erst A	Initialisation A	Zuerst das eine, egal ob das andere
1	0	0	1	a↔b	Äquivalenz	Nicht eins allein (beides oder keines)	Ef	Uf	Uf	Ef	$\varepsilon\mathbf{B}.{\therefore}\varepsilon A$	ϕ_{07}	Jetzt	Nunction	Nicht eins zuvor allein
1	0	0	0	a∧b	Konjunktion	Beides	Ef	Uf	Uf	Uf	$\varepsilon\mathbf{B}^{\circ}\varepsilon A$	ϕ_{08}	Zugleich	Simulation	Zuvor beides

(Fortsetzung)

Tab. 5.15 (Fortsetzung)

Aussagenlogik							Durchführungslogik								
W(a⊗b)				Junk-tor	Bezeich-nung	Umgang-sprachliche Bedeutung	Eff (εB φ εA)				Operator Effektor			Bezeich-nung	Umgangs-sprachliche Bedeutung
Stelle				MEN			Stelle				HARZ		$A = \varepsilon A$ $B = \varepsilon \mathbf{B}$		
1	2	3	4	⊗			1	2	3	4	ϕ	1–16			
0	1	1	1	a/b	Exklusion	Höchstens eins (nicht beides)	Uf	Ef	Ef	Ef	$\varepsilon\mathbf{B}{\supset}..{\subset}\varepsilon A$	ϕ_{09}	A alter mit B	Alternation	Zuvor höchstens eins
0	1	1	0	a>—<b	Kontravalenz	Entweder-oder	Uf	Ef	Ef	Uf	$\varepsilon\mathbf{B}{\supset}{\subset}\varepsilon A$	ϕ_{10}	Nicht jetzt	Nonnunction	Zuvor genau eins von beiden
0	1	0	1	aΓb	Postnon-pendenz	Nie das andere (egal)	Uf	Ef	Uf	Ef	$\approx\varepsilon\ A$	ϕ_{11}	Verhindern erst A	Contrainitia-lisation A	Verhindern zuerst des einen, egal ob das andere
0	1	0	0	a>—b	Postsektion	Das eine ohne das andere	Uf	Ef	Uf	Uf	$\varepsilon\mathbf{B} \supset \varepsilon A$	ϕ_{12}	B bevor A	Antezendenz	Das andere ohne zuvor das eine
0	0	1	1	a¬b	Pränonpen-denz	Nie das eine(egal)	Uf	Uf	Ef	Ef	$\approx\varepsilon\ \mathbf{B}$	ϕ_{13}	Verhindern erst B	Contrainitia-lisation B	Verhindern zuerst des anderen, egal ob das eine
0	0	1	0	a—<b	Präsektion	Das andere oder das eine	Uf	Uf	Ef	Uf	$\varepsilon\mathbf{B}{\subset}\ \varepsilon A$	ϕ_{14}	B nach A	Postzendenz	Das eine zuvor ohne das andere

(Fortsetzung)

Tab. 5.15 (Fortsetzung)

Aussagenlogik						Durchführungslogik									
W(a⊗b)				Junk-tor	Bezeich-nung	Umgang-sprachliche Bedeutung	Eff (εB ϕ εA)				Operator Effektor			Bezeich-nung	Umgangs-sprachliche Bedeutung
Stelle				MEN			Stelle				HARZ		A = ε**A**		
1	2	3	4	⊗			1	2	3	4	ϕ	1–16	B = ε**B**		
0	0	0	1	a†b	Rejektion	Keines (beides nicht)	Uf	Uf	Uf	Ef	ε**B**..εA	ϕ_{15}	Ohne B zugleich ohne A	Sinetation	Zuvor keines von beiden
0	0	0	0	a ⊥ b	Antilogie	Gilt in keinem Fall	Uf	Uf	Uf	Uf	**B** ⇓ **A**	ϕ_{16}	B keinmal A	Nullogie	Gilt in keinem Fall

Literatur

Acatech – Deutsche Akademie der Technikwissenschaften (Hrsg.) (2014): Resilien-Tech. Resilience-by-Design: Strategie für die technologischen Zukunftsthemen. acatech Position, Berlin 2014. In: https://www.acatech.de/publikation/resilien-tech-resilience-by-design-strategie-fuer-die-technologischen-zukunftsthemen/.

Acatech – Deutsche Akademie der Technikwissenschaften (Hrsg.) (2022): Ergebnisse der Technikthemenumfrage 2022, München, 21 Sept. 2022.

Acatech – Deutsche Akademie für Technikwissenschaften (Hrsg.) (2012): Technikzukünfte. Vorausdenken – Erstellen – Bewerten. Acatech Impuls. In: https://www.acatech.de/publikation/technikzukuenfte-vorausdenken-erstellen-bewerten/.

Acatech; Leopoldina; Akademieunion (Hrsg.) (2017): Sektorkopplung – Optionen für die nächste Phase der Energiewende (Schriftenreihe zur wissenschaftsbasierten Politikberatung), München, Halle, Mainz 2017. In: https://www.acatech.de/publikation/sektorkopplung-optionen-fuer-die-naechste-phase-der-energiewende/download-pdf?lang=de.

Acemoğlu, Daron; Autor, David; Dorn, David; Hanson, Gordon H.; Price, Brendan (2014): Return of the Solow Paradox? IT, Productivity, and Employment in US Manufacturing. In: American Economic Review, 104/5, S. 394–99.

Albrecht, Helmuth (2019): Laserforschung in Deutschland 1960–1970. Eine vergleichende Studie zur Frühgeschichte von Laserforschung und Lasertechnik in der Bundesrepublik Deutschland und der Deutschen Demokratischen Republik (Jenaer Beiträge zur Geschichte der Physik, Band 2). GNT Verlag, Diepholz 2019.

Aldag, Ramon J. (2020): Toxic Waste. In: Encyclopaedia Britannica. April 2020. In: https://www.britannica.com/science/toxic-waste.

Almirall, E., Wareham, J. (2011): Living Labs: Arbiters of Mid- and Ground- Level Innovation. In: Technology Analysis and Strategic Management 23 (2011/1), S. 87–102.

Andreescu, Liviu; Dragomir, Bianca; Gheorghiu, Radu; Baboschi, Catalina; Curaj, Adrian; Parkkinen, Marjukka; Kuusi, Osmo; Warnke, Philine; Cuhls, Kerstin; Schmoch, Ulrich; Daniel, Lea: 100 Radical Innovation Breakthroughs for the future – The Radical Innovation Breakthrough Inquirer. The European Commission. Directorate-General for Research and Innovation. https://doi.org/10.2777/24537. http://publica.fraunhofer.de/starweb/servlet.starweb?path=epub0.web&search=N-549136Brussels 2019.

Appelrath, Hans-Jürgen; Kagermann, Henning; Mayer, Christoph (Hrsg.) (2012): Future Energy Grid. Migrationspfade ins Internet der Energie. acatech – Deutsche Akademie der Technikwissenschaften, München 2012. In: https://www.acatech.de/wp-content/uploads/2018/03/EIT-ICT-Labs_final_acatech-Study_AS_121106_Einzelseiten_final-1.pdf.

Aristoteles (1978): Vier Bücher über das Himmelsgebäude und Zwei Bücher über Entstehen und Vergehen. In: Aristoteles: Werke. Griechisch und deutsch mit sacherklärende Aufmerkungen. Band 2. Herausgeber Karl Prantl. Reprint von 1857; Scientia, Aalen 1978.

Aristoteles (1987): Physik Buch IV (Δ). Hrsg. und übersetzt von H.G. Zekl. Meiner, Hamburg 1987.

Aristoteles (1995): Metaphysik Buch K. Übersetzt von H. Bonitz. Meiner, Hamburg 1995.

Aristoteles (1998): De interpretatione 7. In: Zekl, H.G. (Hrsg. und Übers.): Hermeneutik oder vom sprachlichen Ausdruck. Meiner, Hamburg 1998.

Arnold, Annika; David, Martin; Hanke, Gerolf; Sonnberger, Marco (eds.) (2015): Innovation – Exnovation: Über Prozesse des Abschaffens und Erneuers in der Nachhaltigkeitsdiskussion. Metropolis, Marburg 2015.

Bacon, Francis (1990): Novum Organon, Bd. II. Meiner, Hamburg 1990.

Ballmer, Thomas T; Brennenstuhl, Waldtraut (1980): Zur Semantik handlungsbezeichnender Verben. In: Ballweg, J., Glinz, H. (Hrsg.): Grammatik und Logik. Schwann, Düsseldorf 1980, S. 134–153.

Balmer, Thomas T; Brennenstuhl, Waldtraut (1978): Zum Verbwortschatz der deutschen Sprache. Linguistische Berichte 55 (1978), S. 18–37.

Banta, David (2009): What is technology assessment? In: International Journal of Technology Assessment in Health Care 25 (2009/Suppl. 1), S. 7–9. https://doi.org/10.1017/S0266462309090333.

Barcan-Marcus, Ruth (1947): In: Barcan-Marcus, R.: Modalities. Essays. Oxford University Press 1947, Reprint 1995.

BDI – Bundesverband der Deutschen Industrie e. V.; The Foresight Company (Hrsg.) (2011): Deutschland 2030 – Zukunftsperspektiven der Wertschöpfung. Berlin, November 2011.

Becker, Jörg (Hrsg.) (1994): Fern-sprechen: internationale Fernmeldegeschichte, -soziologie und -politik. Vistas, Berlin 1994.

Behringer, John (2002): Releasing genetically modified organisms: will any harm outweigh any advantage? In: Journal for Applied Ecology 37 (2000), S. 207–214. https://doi.org/10.1046/j.1365-2664.2000.00502.x.

Bergen, Jan Peter (2016a): Reversibility and nuclear energy production technologies: A framework and three cases. In: Ethics, Policy & Environment 19 (2026), S. 37–59. https://doi.org/10.1080/21550085.2016.1173281.

Bergen, Jan Peter (2016b): Reversible experiments: Putting geological disposal to the test. In: Sci Eng Ethics 22 (2016), S. 707–733. https://doi.org/10.1007/s11948-015-9697-2.

Berger, Peter l.; Luckmann, Thomas (1966/2003): The Social Construction of Reality: A Treatise in the Sociology of Knowledge, Anchor Books, Garden City, NY 1966; Deutsch in: Die gesellschaftliche Konstruktion der Wirklichkeit. Fischer TB, Frankfurt a. M. 2003[19].

Berka, Karel; Kreiser, Lothar (1983): Logik-Texte. Wiss. Buchgesellschaft Darmstadt 1983.

Berndes, Stefan, Kornwachs, Klaus (1996): Transferring Knowledge about High Level Waste Repository. An Ethical Consideration. In: Croff, Allen (ed.): High Level Radioactive Waste Management. Proc. of the 7th. Ann. Int. Conf. Las Vegas, Nev., March 29th – May 3rd, 1996.

Bijker, Wiebe E.; Hughes, Thomas P.; Pinch, Trevor J. (eds.) (1987): The Social Construction of Technological Systems. New Directions in the Sociology and History of Technology. Cambridge, Mass./London 1987.

Bjorken, James D.; Drell, Sydney D. (1964): Relativistische Quantenmechanik. BI Mannheim 1964, 1990.

Bloch, Ernst (1977): Tübinger Einleitung in die Philosophie (1963). In: Werkausgabe, Bd. 13. Edition Suhrkamp, Frankfurt a. M. 1977[1].

Boethius (1982): In categorias Aristotelis commentaria lib IV, PL 64, 264b ff. Übersetzt ins Altdeutsche in: Notker der Deutsche – Die Schriften Notkers und seiner Schule, hrsg. von Paul Piper, Germanischer Bücherschatz 8–10, Freiburg i.Br., Tübingen 1882–83.

Borland, John (2008): Analyzing the Internet Collapse. In: MIT Technology Review, February 5th, 2008. https://www.technologyreview.com/2008/02/05/222155/analyzing-the-internet-collapse/.

Brühl, Volker (2025): Wirtschaft des 21. Jahrhunderts: Herausforderungen in der Hightech-Ökonomie. Springer Gabler, Wiesbaden 2015.

Bullinger, Hans-Jörg; Kornwachs, Klaus (1986): Die neuen Technologien – Strukturen und Anwendungen. In: Marchtaler Pädagogische Beiträge 9 (1986), S. 7–19.

Bullinger, Hans-Jörg; Kornwachs, Klaus (1990): Expertensysteme im Produktionsbetrieb – Anwendungen und Auswirkungen. C.H. Beck, München, 1990.

Capelle, Wilhelm (1963): Die Vorsokratiker. Kröner, Stuttgart 1963.

Chulkov, Dmitriy V. (2018): On the role of switching costs and decision reversibility in information technology adoption and investment. In: Journal of Information Systems and Technology Management 14(2018/3), S. 309–321. https://doi.org/10.4301/S1807-17752017000300001.

Circular Economy Initiative Deutschland (Hrsg.); Hansen, Erik G., Wiedemann, Patrick et al. (2021): Zirkuläre Geschäftsmodelle: Barrieren überwinden, Potenziale freisetzen. acatech/SYSTEMIQ, München/London 2021. https://doi.org/10.48669/ceid_2021-8.

Circular Economy Initiative Deutschland; acatech (Hrsg.) (2020): Ressourcenschonende Batteriekreisläufe – mit Circular Economy die Elektromobilität antreiben. Acatech München 2020. In: https://www.acatech.de/publikation/ressourcenschonende-batteriekreislaeufe/download-pdf?lang=de.

Coe, Lewis (1995): The Telephone and Its Several Inventors: A History, McFarland, North Carolina 1995.

Concini, Alessandro de; Toth, Jaroslav (2019): The future of the European space sector- How to leverage Europe's technological leadership and boost investments for space ventures. Ed. by European Invest Bank, European Investment Advisory Hub, European Commission, Bruxelles 2019. https://www.eib.org/attachments/thematic/future_of_european_space_sector_en.pdf.

Courvisanos, Jerry; Mackenzie, Stuart (2014): Innovation economics and the role of the innovative entrepreneur in economic theory. In: Journal of Innovation Economics & Management 14 (2014/2). S. 41. https://doi.org/10.3917/jie.014.0041. https://www.researchgate.net/publication/287413176_Innovation_economics_and_the_role_of_the_innovative_entrepreneur_in_economic_theory.

Coy, Wolfgang; Bonsiepen, Lena (1989): Expertensysteme in der DV-Welt. In: Erfahrung und Berechnung. Informatik-Fachberichte, Vol. 229. Springer, Berlin, Heidelberg 1989. https://doi.org/10.1007/978-3-642-75217-9_7.

Crnkovic, Ivica; Larsson, Magnus (eds.) (2002): Building Reliable Software Component based Software Systems. Artech House Publ., Boston, London 2002.

Crutzen, Paul J.; Stoermer, Eugene F. (2000): The "Anthropocene". In: IGBP Global Change Newsletter. Nr. 41, Mai 2000, S. 17–18.

Curedale, Rob (2012): Design methods 2. 200 more ways to apply design thinking. Design Community College Inc., Topanga (CA) 2012.

Daub, Adrian (2020): Was das Valley denken nennt. Suhrkamp, Berlin 2020.

Demtröder, Wolfgang (1977): Grundlagen und Technik der Laserspektroskopie. Springer Hochschultexte, Berlin, Heidelberg, New York 1977.

Diels, Hermann; Kranz, Walther (Hrsg.) (1934): Fragmente der Vorsokratiker. 3 Bde., 5. Auflage, Berlin 1934.

Dresp, Sören; Luo, Fang; Schmack, Roman; Kühl, Stefanie; Gliech, Manuel; Strasser, Peter (2016): An efficient bifunctional two-component catalyst for oxygen reduction and oxygen evolution irreversible fuel cells, electrolyzers and rechargeable air electrodes. In: Energy Environment Science 9 (2016), S. 2020–2024.

Dürrenmatt, Friedrich (1980): Die Physiker. Drama (1961). Fassung von 1980. Diogenes Verlag (dtb 20836), Zürich 1980.

Ecoloop GmbH (2020): Sauberes Synthesegas aus Kunststoffabfällen herstellen. Industrie Energieforschung. In: https://www.industrie-energieforschung.de/projekte/de/ecoloop.

Einstein, Albert (1916): Strahlungs-Emission und Absorption nach der Quantentheorie. In: Deutsche Physikalische Gesellschaft, Verhandlungen 18 (1916), S. 318–323.

Engelbrecht, Helmut (2019): The Economic Potential of SMRs. In: atw-international-journal-for-nuclear-power 64 (2019/6–7), S. 333–335. In: https://www.yumpu.com/en/document/read/62740120/atw-international-journal-for-nuclear-power-06-072019/21.

European Investment Bank (2020): The EIB Circular Economy Guide – supporting the circular transition, 2020. In: https://www.eib.org/attachments/thematic/circular_economy_guide_en.pdf.

Fichter, Klaus (2010): Nachhaltigkeit: Motor für schöpferische Zerstörung? In: Howaldt, Jürgen, Jacobsen, Heike (Hrsg.): Soziale Innovationen. Auf dem Weg zu einem postindustriellen Innovationsparadigma. VS Springer, Wiesbaden 2010, S. 181–198.

Fink, Thomas; Teimouri, Ali (2019): The mathematical structure of innovation. Working Paper, Preprint London Institute for Mathematical Sciences. arXiv:1912.03281v1; https://lims.ac.uk/paper/the-mathematical-structure-of-innovation/.

Fischedick, Manfred; Grunwald, Armin (2017): Pfadabhängigkeiten in der Energiewende: Das Beispiel Mobilität (acatech Schriftenreihe Energiesysteme der Zukunft), Deutsche Akademie der Technikwissenschaften, München 2017.

Floyd, Christiane; Züllighofen, Heinz (eds.) (1992): Software Development and Reality Construction. Springer Berlin, Heidelberg 1992.

Fraas, Lewis M. (2014): History of Solar Cell Development. In: Fraas, Lewis M.: Low-Cost Solar Electric Power. Springer, Cham 2014, pp. 1–12. In: https://doi.org/10.1007/978-3-319-07530-3.

Frank, Michael P. (2017): The Future of Computing Depends on Making it Reversible. In: IEEE Spectrum August 25th, 2017. In: https://spectrum.ieee.org/computing/hardware/the-future-of-computing-depends-on-making-it-reversible.

Frege, Gottlob (1983): Begriffsschrift, eine der arithmetischen nachgebildete Formelsprache des reinen Denkens. Nebert, Halle 1879; abgedruckt in: Berka, K., Kreiser, L.: Logik-Texte. Wiss. Buchgesellschaft Darmstadt 1983, S. 82–107.

Galbraith, Craig S.; Ehrlich, Sanford B.; DeNoble, Alex F. (2006): Predicting Technology Success: Identifying Key Predictors and Assessing Expert Evaluation for Advanced Technologies. In: Journal of Technology Transfer 31 (2006), S. 673–684.

Gasch, Robert; Twele, Jochen (2005): Windkraftanlagen – Grundlagen, Planung, Entwurf und Betrieb. Teubner, Wiesbaden 2005[4].

Gaycken, Sandro (2012): Cyberwar – das Wettrüsten hat längst schon begonnen. Vom digitalen Angriff zum realen Ausnahmezustand. Goldmann, München 2012.

Geitmann, Sven; Augsten, Eva (2022): Wasserstoff und Brennstoffzellen – Die Technik von gestern, heute und morgen. Hydrogeit Verlag, Oberkrämer 2022[5].

Goldman, Alvin I. (1985): The Individuation of Events. In: The Journal of Philosophy 68 (1971), S. 761–774; dt. Übersetzung in: Meggle, Georg (Hrsg.): Analytische Handlungstheorie, Bd. 1. Suhrkamp, Frankfurt a.M. 1985, S. 332–353.

Gracht, Heiko A. von der (2008): The Delphi Technique for Futures Research. In: The Future of Logistics, Springer/Gabler Wiesbaden 2008, Chap.3, S. 21–68.

Graeub, Ralph (1972): Die sanften Mörder. Atomkraftwerke, demaskiert. A. Müller, Zürich, Rüschlikon 1972.

Grunwald, Armin (2007): Technikdeterminismus oder Sozialdeterminismus: Zeitbezüge und Kausalverhältnisse aus der Sicht des ›Technology Assessment‹. In: Ulrich Dolata/Raymund Werle (Hrsg.): Gesellschaft und die Macht der Technik. Sozioökonomischer und institutioneller Wandel durch Technisierung. Frankfurt a. M. 2007, 63–82.

Grunwald, Armin (2010a): Technikfolgenabschätzung – eine Einführung. Edition Sigma, Berlin 2010[2].

Grunwald, Armin (2010b): Wider die Privatisierung der Nachhaltigkeit. Warum ökologisch korrekter Konsum die Umwelt nicht retten kann. In: GAIA 19 (2010/3), S. 178–182.

Grunwald, Armin (2011): Statt Privatisierung: Politisierung der Nachhaltigkeit. Reaktion auf zwei Beiträge zur Frage nach den relevanten Akteuren für eine nachhaltige Entwicklung. In: GAIA 20 (2011/1), S. 17–19.

Grünwald, Reinhard (2024): Auf dem Weg zu einem möglichen Kernfusionskraftwerk – Wissenslücken und Forschungsbedarfe aus Sicht der Technikfolgenabschätzung. TA Kompakt Nr. 1, Büro für Technikfolgenabschätzung beim Deutschen Bundestag TAB, https://publikationen.bibliothek.kit.edu/1000177720, Dez. 2024.

Grupp, Hariolf (1997): Messung und Erklärung des Technischen Wandels: Grundzüge einer empirischen Innovationsökonomik. Springer 1997.

Haan, Peter de; Peters, Anja; Semmling, Elsa; Marth, Kahlenborn, Hans (2015): Rebound-Effekte: Ihre Bedeutung für die Umweltpolitik. Umweltbundesamt Dessau, adelphi Consult, Berlin, Dessau-Rosslau Juni 2015. https://www.umweltbundesamt.de/sites/default/files/medien/376/publikationen/texte_31_2015_rebound-effekte_ihre_bedeutung_fuer_die_umweltpolitik.pdf.

Habermas, Jürgen (1976): Was heißt Universalpragmatik? In: Apel, Karl Otto (Hrsg.): Sprachpragmatik und Philosophie. Theoriediskussion. Suhrkamp, Frankfurt a. M. 1976.

Halliday, Jon; Chan, Jung (2012): Mao – Das Leben eines Mannes, das Schicksal eines Volkes. Pantheon München 2007.

Hanson, Jutta (Hrsg.) (2020): (De-)zentralität in technischen Szenarien. Materialien zur Stellungnahme „Zentrale und dezentrale Elemente im Energiesystem. Der richtige Mix für eine stabile und nachhaltige Versorgung" (Schriftenreihe Energiesysteme der Zukunft, zus. mit Leopoldina und acatech), München 2019. In: https://www.acatech.de/publikation/de-zentralitaet-in-technischen-szenarien/download-pdf?lang=de.

Harz, Mario (2007): Zur Logik der technologischen Effektivität. Masch. Diss. Fakultät für Mathematik, Naturwissenschaften und Informatik. Brandenburgische Technische Universität Cottbus 2007.

Hegel, Georg Wilhelm Friedrich (1821/1978): Wissenschaft der Logik. Erster Band. Die objektive Logik. In: Hegel, G. W. F.: Gesammelte Werke. Bd. 11. Meiner, Hamburg 1978.

Heraklit, Fragment 29 fr.53. In: Capelle (1963), S. 135.

Herold, Hörg; Völker, Lutz (2010): Zufall und Notwendigkeit: Untersuchungen zur mathematischen Modellierung des Produktlebenszyklus. In: Jenaer Beiträge zur Wirtschaftsforschung 2010/2, Ernst-Abbe-Fachhochschule, Fachbereich Betriebswirtschaft, Jena 2010.

Heymann, Matthias (1995): Die Geschichte der Windenergienutzung 1890–1990. Campus, Frankfurt a. M. 1995.

Hilberg, Wolfgang: Mikroelektronik – tiefere Einsichten in ihre Dynamik durch einfache Modelle. In: Physik in unserer Zeit 17 (1986), S. 18–28.

Hilty, Lorenz M.; Naumann, Stefan; Maksimov, Yulian; Kern, Eva et al. (2027): Kriterienkatalog nachhaltige Software. https://doi.org/10.13140/RG.2.2.18069.22242. UFOPLAN-Projekt „Sustainable Software Design – Entwicklung einer Methodik zur Bewertung der Ressourceneffizienz von Softwareprodukten". Förderkennzeichen FKZ-Nr.: 3715 37 601 0. Im Auftrag des Umweltbundesamtes, Zürich, Schweiz 2017 https://www.researchgate.net/publication/318928026_Kriterienkatalog_nachhaltige_Softwarepf1c.

Hinsch, Martin; Olthoff, Jens (2013): Impulsgeber Luftfahrt: Industrial Leadership durch luftfahrtspezifische Aufbau- und Ablaufkonzepte. Springer, Berlin, 2013.

Hintemann, Ralph; Hinterholzer, Simon (2022): Data centers 2021. Cloud computing drives the growth of the data center industry and its energy consumption. Borderstep Institute. Berlin. In: https://www.borderstep.org/publications/.

Hippel, Frank; Miller, Marvin; Feiveson, Harold; Diakow, Anatoli; Berkhout, Frans (1992): Verschrottung nuklearer Sprengköpfe. Spektrum der Wissenschaft, Oktober 1992, S. 32–38.

Hirsch-Kreinsen, Hartmut (2008): "Low-Tech" Innovations. In: Industry and Innovation 15 (2008/1), S. 19–43, https://doi.org/10.1080/13662710701850691.

Hirsch-Kreinsen, Hartmut (2018): Die Pfadabhängigkeit digitalisierter Industriearbeit. In: Arbeit 27 (2018/3), S. 239–259. In: https://doi.org/10.1515/arbeit-2018-0019.

Hofstadter, Douglas (1979): Gödel, Escher, Bach: An Eternal Golden Braid: Basic Books, New York 1979.

Holleman, Arnold F.; Wiberg, Egon (1995): Lehrbuch der Anorganischen Chemie. DeGruyter, Berlin 1995[101].

Holzmann, Gerard J.; Pehrson, Björn (1994): The Early History of Data Networks. IEEE Computer Society Print. Wiley & Sons, Chichester UK 1994.

Hopewell, Jefferson; Dvorak, Robert; Kosior, Edward (2009): Plastics recycling: Challenges and opportunities. In: Philosophical Transactions of the Royal Society B: Biological Sciences. 364 (2009), S. 2115–26. https://doi.org/10.1098/rstb.2008.0311.

Horstmann, Jörg (2007): Operationalisierung der Unternehmensflexibilität: Entwicklung einer umwelt- und unternehmensbezogenen Flexibilitätsanalyse. Springer, Berlin 2007.

Hösle, Vittorio (1990): Die Krise der Gegenwart und die Verantwortung der Philosophen. C.H. Beck, München 1990.

House of Representatives (1981): Failure of The North American Aerospace Defense Command's (NORAD) Warning System. Hearings before a Subcommittee of the Committee on Government Operations House of Representatives; 97th Congress, First Session, May 19th and 20th, 1981.

Hubig, Christoph (2006 ff.): Die Kunst des Möglichen. 3 Vol. Transcript, Bielefeld 2006, 2007, 2015.

Hughes, George Edward; Cresswell, Max J. (1978): Einführung in die Modale Logik. DeGruyter, Berlin, New York 1978.

Hüttl, Reinhard; Klem, Doris; Weber, Edwin (Hrsg.) (1999): Rekultivierung von Bergbaufolgelandschaften. De Gruyter, Berlin 1999.

Hwang, Ann (2002): Semiconductors Have Hidden Costs. In: Worldwatch Institute; Vital Signs 2002. W.W. Norton & Company, New York 2002, S. 110–11.

Illich, J. Ivan (1976): Selbstbegrenzung. Rowohlt, Reinbeck 1976.

Introna, Lucas D. (2007): Maintaining the reversibility of foldings: Making the ethics (politics) of information technology visible. In: Ethics and Information Technology 9 (2007), S. 11–25. https://doi.org/10.1007/s10676-006-9133-z.

Jorden, Walter; Weege, Rolf-Dietrich (1979): Recycling beginnt in der Konstruktion. In: Konstruktion. Zeitschrift für Produktentwicklung und Ingenieur-Werkstoffe 31 (1979), S. 381–387.

Kant, Immanuel (1993): Über den Gemeinspruch: Das mag in der Theorie richtig sein, taugt aber nicht für die Praxis. In: Werke in 12 Bänden. Bd. XI. Suhrkamp, Frankfurt am Main 1993, S. 125–172.

Kimberly, John R. (1981): Managerial innovation. In: P. C. Nystrom/ W. H. Starbuck (eds.), Handbook of Organisational Design. Oxford University Press, Oxford 1981, S. 84–104.

Kimberly, John R. (2014): The Exnovation Conundrum In: Health Policy$ense, April 29th, 2014. https://web.archive.org/web/20170814022344/https://ldi.upenn.edu/voices/2014/04/29/the-exnovation-conundrum.

Klir, George (1985): The Architecture of Systems Problem Solving. Plenum, New York, London 1985.

Knappich, Fabian; Klotz, Magdalena; Schlummer, Martin; Wölling, Jakob; Mäurer, Andreas (2019): Recycling process for carbon fiber reinforced plastics with polyamide 6, polyurethane and epoxy matrix by gentle solvent treatment. Waste Management 85 (2019), S. 73–81.

Knappich, Fabian; Schlummer, Martin; Mäurer, Andreas et al. (2018): A new approach to metal- and polymer-recovery from metallized plastic waste using mechanical treatment and subcritical solvents. In: Journal of Material Cycles and Waste Management 20 (2018), S. 1541–1552. https://doi.org/10.1007/s10163-018-0717-6.

Komite Nasional Keselamatan Transportasi Republic of Indonesia (2018): Aircraft Accident Investigation Report KNKT.18.10.35.04 PRELIMINARY, PT. Lion Mentari Airlines; Boeing 737–8 (MAX); PK-LQP, Tanjung Karawang, West Java Republic of Indonesia 29 October 2018, Jakarta, November 2018. In: http://knkt.dephub.go.id/knkt/ntsc_aviation/baru/pre/2018/2018%20-%20035%20-%20PK-LQP%20Preliminary%20Report.pdf.

Kornwachs, Klaus (1976): Kontext und Sprechakttheorie. Diss. Masch. Fakultät 1 für Philosophie, Universität Freiburg 1976.

Kornwachs, Klaus (1984): Function and Information – towards a system-theoretical description of the use of products. In: Angewandte Systemanalyse 5 (1984/2), S. 73–83.

Kornwachs, Klaus (1991): Information und der Begriff der Wirkung. In: D. Krönig, R. Lang (Hrsg.): Physik und Informatik – Informatik und Physik. Informatik Fachberichte, Nr. 306, Springer Berlin-Heidelberg u.a., 1991, S. 46–56.

Kornwachs, Klaus (1996): Risiko versus Zuverlässigkeit. In: Banse, Gerhard (Hrsg.): Risikoforschung zwischen Disziplinarität und Interdisziplinarität. Edition Sigma, Berlin 1996, S. 73–82.

Kornwachs, Klaus (1998): Pragmatic Information and the Emergence of Meaning. In: Van de Vijver, G.; Salthe, S.; Delpos, M. (eds.): Evolutionary Systems. Boston, Kluwer, Mass. 1998, S. 181–196.

Kornwachs, Klaus (1999): Versuch einer ethischen Bewertung der Szenarien zur klimaverträglichen Energieversorgung. In: Nennen, Heinz-Ulrich; Hörning, Georg (Hrsg.): Energie und Ethik. Leitbilder im philosophischen Diskurs. Campus, Frankfurt a. M., New York 1999, S.123–186.

Kornwachs, Klaus (2000): Das Prinzip der Bedingungserhaltung. Lit, Münster, London 2000.

Kornwachs, Klaus (2001): Logik der Zeit – Zeit der Logik. Lit, Münster, London 2001.

Kornwachs, Klaus (2006): Technisches Wissen (Kap. 2.3.4), Funktions- und Strukturkonzepte (Kap. 3.1.3); Rational-systematische Methoden (Kap. 3.2.2); Theoretisch-Deduktive Methoden (Kap. 4.2.2). In: Banse, G.; Grunwald, A.; König, W.; Ropohl, G. (Hrsg.): Erkennen und Gestalten: Eine Theorie der Technikwissenschaften. Edition Sigma, Berlin 2006.

Kornwachs, Klaus (Hrsg.) (2007a): Bedingungen und Triebkräfte technologischer Innovationen. Beiträge aus Wissenschaft und Wirtschaft. Reihe: acatech diskutiert. Acatech, Berlin, München, Fraunhofer Verlag IRBStuttgart 2007. Auch: Stiftung Brandenburger Tor, Berlin 2007. Auch in: http://www.acatech.de/de/publikationen/berichte-und-dokumentationen/acatech/detail/artikel/klaus-kornwachs-hrsg-bedingungen-und-triebkraefte-technologischer-innovationen-acatech-ve.html.

Kornwachs, Klaus (2007b): Vulnerability of converging technologies – the example of ubiquitous computing. In: Banse, G.; Grunwald, A.; Hronszky, I.; Nelson, G. (Hrsg.): Assessing societal implications of converging technological development. Proceedings 3rd Workshop of Forum 'Converging Technologies'. Budapest, Hungary, 08. – 10.12.2005. Edition Sigma, Berlin 2007, S. 55–88.

Kornwachs, Klaus (2009): Vom Widerspruch in der Maschine – Parapraxie. Forschungsbericht PT-02 2009 am Lehrstuhl für Technikphilosophie der Fakultät für Mathematik, Naturwissenschaften und Informatik, Brandenburgische Technischen Universität Cottbus, 2009.

Kornwachs, Klaus (2010): Zeit zerstört Information. Kann man Tradierprozesse optimieren? In: Zeitschrift für Semiotik ZfS 32 (2010), Heft 1–2, S.153–173.

Kornwachs, Klaus (2012): Die Struktur technologischen Wissens. Analytische Studien zu einer Theorie der Technik. Edition Sigma, Berlin, Nomos, Baden Baden 2012.

Kornwachs, Klaus (2013a): Bericht I – Systemische Technikgestaltung: Begriffe – Methoden – Definitionen – Design. Expertise für das Fraunhofer-Institut für Arbeitswirtschaft und Organisation, Stuttgart. Büro für Kultur und Technik, 88260 Argenbühl, September 2013.

Kornwachs, Klaus (2013b): Philosophie der Technik. C.H. Beck, München 2013.

Kornwachs, Klaus (2014): Bericht II – Innovationsprozesse in Living Labs: Theorie und Empirischer Zugang. zum Projekt ST-BMDD: Systemische Technikgestaltung: Begriffe – Methoden – Definitionen – Design an das Fraunhofer-Institut für Arbeitswirtschaft und Organisation, Stuttgart. Büro für Kultur und Technik, 88260 Argenbühl, Februar 2014.

Kornwachs, Klaus (2015a): Knowledge for the Future. Time eats Information. 2nd Keynote, September 15th, 2014. In: OECD-Nuclear Energy Agency (ed.): Radioactive Waste Management and Constructing Memory for Future Generations. Proceeding of the International Conference and Debate, 15–17 September 2014, Verdun. NEA Nr. 7259, OECD 2015, p. 15; p. 37–39. In: http://www.oecd-nea.org/rwm/pubs/2015/7259-constructing-memory-2015.pdf.

Kornwachs, Klaus (2015b): Muster bei Innovationsprozessen – Analyse und Gestaltung. Abschlussbericht III zum Projekt ST-BMDD: Systemische Technikgestaltung: Begriffe – Methoden – Definitionen – Design an das Fraunhofer-Institut für Arbeitswirtschaft und Organisation, Stuttgart. Büro für Kultur und Technik, 88260 Argenbühl, Juni 2015.

Kornwachs, Klaus (2016a): Design and Technoscience? What's up with responsibility. Keynote-Lecture. In: Marjanovič, D.; Storga, M., Pavkovič, N. Bojcetič, N., Skeč, St. (eds.): DS 84:

Proceedings of the DESIGN 2016 14th Int. Design Conference. Faculty of Mechanical Engineering and Naval Architecture, University of Zagreb 2016, S. 2205–2212.

Kornwachs, Klaus (2016b): Arbeit – Netz – Identität. Lit, Münster, London 2016.

Kornwachs, Klaus (2017): On the Responsibility for Economic Models and their Use. In: Haase, M. (eds.): John Maurice Clark: A Classic on Economic Responsibility. Book Series "Ethical Economy. Studies in Economic Ethics and Philosophy". Vol. 53. Springer, Heidelberg u.a. 2017, chap. 7 S. 151–203.

Kornwachs, Klaus (2018): Arbeit 4.0 – People Analytics – Führungsinformationssysteme: Soziologische, psychologische, wissenschaftsphilosophisch – ethische Überlegungen zum Einsatz von Big Data in Personalmanagement und Personalführung. Gutachten für die Universität Münster, Vergabenummer 2017_59_BS. Büro für Kultur und Technik, Argenbühl-Eglofs, 28. Februar 2018.

Kornwachs, Klaus (2019): Nicht die KI, die Geschäftsmodell sind zu fürchten. In: Schröter, W. (Hrsg.): Der mitbestimmte Algorithmus. Thalheim, Mössingen 2019, S. 9–54.

Kornwachs, Klaus (2021): Ist das Technik oder kann das weg? – Zur Reversibilität von Technologien. In: TATuP – Zeitschrift für Technikfolgenabschätzung in Theorie und Praxis 30 (2021/1), S. 63–68; https://doi.org/10.14512/tatup.30.1.63.

Kornwachs, Klaus (2022a): Ist das Technik, oder kann das weg? Reversibilität, Zirkularität und Technikbewertung. Impulsvortrag, „acatech am Dienstag", 8. März 2022, 19.30h. acatech, München Videostream 2022.

Kornwachs, Klaus (2022b): Zur Physik des Schreibens und Lesens – Skizze einer Theorie der Pragmatischen Information. In: Banse, Gerhard, Fuchs- Kittowsky, Klaus (Hrsg): Cyberscience – Wissenschaftsforschung und Informatik. Sitzungsberichte der Leibniz-Societät der Wissenschaften zu Berlin e.V. 150/151 (2022), S. 103–123. Langfassung in: Leibniz Online 46 (2022). https://leibnizsozietaet.de/wp-content/uploads/2022/09/Gesamt_Leibniz-Online_Inhalt46.pdf.

Kornwachs, Klaus (2023a): KI und die Disruption der Arbeit. Hanser, München 2023. Engl.: AI and the Reinvention of Work. Hanser, München 1924.

Kornwachs, Klaus (2023b): Reversibility of Technologies. Working Paper, Stellenbosch Institute for Advanced Study, January 2023.

Kornwachs, Klaus (2023c): Parallel Technologies Working Paper, Stellenbosch Institute for Advanced Study, January 2023.

Kornwachs, Klaus (2024): Kampfbegriff „Disruption" oder wie man mit Begriffen Krisen einfangen oder auslösen möchte. In: Sprache für die Form. E-Journal der Hochschule Konstanz. 2024. In: https://www.designrhetorik.de/kampfbegriff-disruption/.

Kornwachs, Klaus; Berndes, Stefan (1999): Wissen für die Zukunft. Abschlussbericht an das Zentrum für Technik und Gesellschaft. Berichte der Fakultät für Mathematik. Naturwissenschaften und Informatik der Brandenburgischen Technischen Universität Cottbus, 3. Bände, PT-03/1999, Cottbus 1999.

Kornwachs, Klaus; Niemeier, Joachim (1991): Technikbewertung und Technikpotentialabschätzung bei kleineren und mittleren Unternehmen. In: Hans-Jörg Bullinger (Hrsg.): Handbuch des Informationsmanagements im Unternehmen. Organisation, Technik, Perspektiven, Bd. II. C.H.Beck, München 1991, S. 1524–1569.

Kornwachs, Klaus; Stehr, Nico (2021): Die Frage der Qualifizierung in einer digitalisierten Gesellschaft. In: Wirtschaftsdienst – Zeitschrift für Wirtschaftspolitik 101 (2021/1), S. 33–39; https://www.wirtschaftsdienst.eu/inhalt/jahr/2021/heft/1/beitrag/die-frage-der-qualifizierung-in-einer-digitalisierten-gesellschaft.html ; https://doi.org/10.1007/s10273-021-2822-8.

Kranz, Margarita (2004): Widerspruch, performativer; Widerspruch, pragmatischer. In: Ritter et al. (2004), Bd. 12, Sp. 699–700.

Krause, Florentin; Bossel Hartmut; Müller-Reißmann, Karl-Friedrich (1980): Energie-Wende: Wachstum und Wohlstand ohne Erdöl und Uran; ein Alternativ-Bericht des Öko-Instituts Freiburg. S. Fischer Verlag, Frankfurt 1980.

Krieg, Christian; Dabrowski, Adrian; Hobel, Heidelinde; Krombholz, Katharina; Weippl, Edgar (2013): Hardware malware. Synthesis Lecture on Information Security, Privacy, & Trust. Morgan & Claypool, San Rafael (CA) 2013.

Kripke, Saul (1963): Semantical Analysis of Modal Logic I: Normal modal propositional calculi. In: Zeitschrift für Mathematische Logik 9 (1963), S. 67–96.

Kroes, Peter; Meijers, Anthonie (eds.) (2000): The Empirical Turn in the Philosophy of Technology. JAI Elsevier, Amsterdam et al. 2000

Kubicek, Herbert (1993): Steuerung in die Nichtsteuerbarkeit. Die erstaunliche Geschichte des deutschen Telekommunikationswesens, Schriftenreihe der Forschungsgruppe „Große technische Systeme" des Forschungsschwerpunkts Technik – Arbeit – Umwelt am Wissenschaftszentrum Berlin für Sozialforschung, WZB, FS II 93–504, Berlin 1993. In: https://bibliothek. wzb.eu/pdf/1993/ii93-504.pdf.

Kurkina, Elena S. (2017): Mathematical Models of Investment Cycles. In: Computational Mathematics and Modeling, 28, (2017/3), S. 377–399.

Lambarth, Maike; Renninger, Stephan; Stein, Jan (2022): Zu Kunststoffmüll zu Synthesegas. In: https://www.uni-stuttgart.de/universitaet/aktuelles/meldungen/Erdgasersatz-fuer-die-Chemie-industrie-Forschende-entwickeln-neues-Verfahren/.

Landau, Lew Dawidowitsch; Lifschitz, Jewgeni Michailowitsch (1975): Lehrbuch der Theoretischen Physik. Relativistische Quantenmechanik Bd. IV. Akademie-Verlag, Berlin 1975.

Lao Zi (2000): Dao De Jing. Übersetzt von L. Geldsetzer. In: www.phil-fak.uni-duesseldorf.de/ philo/geldsetzer/laozidao.html (März 2000).

Laotse (1952): Tao Te King – das Buch der Akten von Sinn und Leben. Übers. von R. Wilhelm. Diedrichs, Düsseldorf, Köln 1952.

Latour, Bruno (1992): Where are the Missing Masses? Sociology of a Few Mundane Artefacts. In: W. Bijker and J. Law (eds.): Shaping Technology, Building Society – Studies in Sociotechnical Change. MIT Press, Cambridge (Mass.) 1992, S. 225–258.

Laubengaier, Désirée; Cagliano, Raffaella; Canterino, Filomena (2022): It Takes Two to Tango: Analyzing the Relationship between Technological and Administrative Process Innovations in Industry 4.0, In: Technological Forecasting and Social Change 180 (2022), 121675.

Leese, Daniel (2016): Die chinesische Kulturrevolution 1966–1976. C.H. Beck, München 2016.

Leichsenring, Hansjörg (2017): 10 Schlüsseltechnologien für die Zukunft. In: Der Bank Blog, 22. Mai 2017. in: https://www.der-bank-blog.de/10-schluesseltechnologien-fuer-die-zukunft/ studien/technologie-studien/26181/.

Lenk, Hans (2016): Die neuen Instrumente der weltweiten digitalen Governance. In: Verwaltung & Management, 22, Heft 5 (2016), S. 227–240).

Leopoldina – Deutsche Nationale Akademie der Wissenschaften; acatech – Deutsche Akademie der Technikwissenschaften; Union der Deutschen Akademien der Wissenschaften (Hrsg. (2020)): Zentrale und dezentrale Elemente im Energiesystem. Der richtige Mix für eine stabile und nachhaltige Versorgung. Stellungnahme. Halle, München, Mainz Januar 2020. In: https://www.acatech.de/publikation/zentrale-und-dezentrale-elemente-im-energiesystem-der-richtige-mix-fuer-eine-stabile-und-nachhaltige-versorgung/, und in: https://www.acatech.de/ wp-content/uploads/2020/01/ESYS_Stellungnahme_zentral_dezentral.pdf.

Levitt, Joel (2011): A Complete Guide to Preventive and Predictive Maintenance. Industrial Press, South Nowalk CT 2011[2].

Lovins, Amory B. (1977). Soft energy paths: towards a durable peace. Penguin Books, Harmondsworth, United Kingdom 1977.

Lovins, Amory B.; John H. Price (1975): Non-Nuclear Futures: The Case for an Ethical Energy Strategy, Ballinger Publishing Company, Pensacola, Florida 1975.

Maiman T. H. (1960): Stimulated Optical Radiation in Ruby. In: Nature. 187 4736, (1960), S. 493–494.

Malthus, Thomas R.: (1798): An Essay on the Principle of Population… (1798), 2 Volumes. Johnson, London 1906[3]. Deutsch: Eine Abhandlung über das Bevölkerungsgesetz. Dtv, München 1977.

Marchetti, Cesare (1980): Society as a Learning System: Discovery, Invention, and Innovation Cycles Revisited. In: Technological Forecasting and Social Change 18 (1980/4), S. 267–282.

Mebratu, Desta (2019): Transformative Leapfrogging to a Wellbeing Economy in Africa. In: Mebratu, Desta; Swilling, Mark (eds.) (2019): Transformational Infrastructure for Development of a Wellbeing Economy in Africa. Africa Sun Media, SUN Press, STIAS Publication, Stellenbosch 2019, S. 25–52.

Menant, Xavier (2021): Rede des Xavier Menant, Vertreter der fiktiven Sicherheitsfirma Pegasus in dem Spielfilm „Black Box-Gefährliche Wahrheit". Frankreich 2021, Dt. Synchron; ZDF-Mediathek, Stelle: 1:56:56.

Menne, Albert (1981): Einführung in die Logik. UTB 34, Francke, München 1981^3.

Menne, Albert und Redaktion (1977): Gegensatz. In: Ritter (1977), Bd. 3, Sp. 106–119.

Mitcham, Carl (1994): Thinking Through Technology. University of Chicago Press, Chicago 1994.

Mullor-Sebastian, Alicia (1983): The Product Life Cycle Theory: Empirical Evidence. In: Journal of International Business Studies 14 (1983/3), S. 95–105.

Nagamato, S. (2000): The Logic of the Diamond Sutra: A is not A, therefore it is A. In: Asian Philosophy 10 (2000), N. 3, S. 213–244.

Nava, Consuelo; Rubina, Riso, Luigi; Zoia, Maria Grazia (2024): Forecasting innovative start-ups through automatic variable selection and MIDAS regressions. In: Economics of Innovation and New Technology 33 (2024/8), S. 1179–1213.

NEA – Nuclear Energy Agency, Radioactive Waste Management Committee (2011): Reversibility and Retrievability for the Deep Disposal of High-level Radioactive Waste and Spent Fuel. Final Report of the NEA R&R Project (2007–2011). NEA/RWM/R(2022)4. In: https://www.oecd-nea.org/upload/docs/application/pdf/2020-01/rwm-r2011-4.pdf.

NN (1983): Langfristig falsch. In: DER SPIEGEL vom 31.1.1983. In: https://www.spiegel.de/spiegel/print/d-14018341.html.

Nora, Simon; Minc, Alain (1979): Die Informatisierung der Gesellschaft. Campus, Frankfurt 1979.

Notz, Klaus-Josef (Hrsg.) (1998): Das Lexikon des Buddhismus. Grundbegriffe, Traditionen, Praxis. Herder Freiburg, Basel, Wien 1998.

Novalia, Wikke; McGrail, Stephen; Rogers, Briony C.; Raven, Rob; Brown, Rebekah R.; Loorbach, Derk (2022): Exploring the interplay between technological decline and deinstitutionalisation in sustainability transitions. In: Technological Forecasting and Social Change 180 (2022), 121703.

Nyquist, Harry (1924): Certain Factors Affecting Telegraph Speed. Bell Syst. Techn. Journal 3 (1924/2), S. 324–346.

OECD (2016): OECD Science, Technology, and Innovation Outlook 2026. OECD Publishing, Paris 2016. In: https://doi.org/10.1787/sti_in_outlook-2016-en

Otto, Boris; Plagge, Michael (2024): Open-Source-Software: Schlüsseltechnologie für die Zukunft der Industrie. In: FAZ online vom 21.08.2024. https://www.faz.net/pro/digitalwirtschaft/transformation/open-source-software-schluesseltechnologie-fuer-die-zukunft-der-industrie-19930661.html.

Palm, Alvar (2022): Innovation systems for technology diffusion: An analytical framework and two case studies. Technological Forecasting and Social Change 182 (2022), 121821.

Penrose, L., Penrose, Roger (1958): Impossible Objects: A Special Type of Illusion. British Journal of Psychology, 49 (1958), S. 31.

Perrow, Charles (1997): Normale Katastrophen. Campus, Frankfurt a. M. 1997, Engl. Normal Accidents. Princeton Univ. Press, Princeton, N.J. updated 1999.

Pihlajamaa, Matti; Patana, Anne; Polvinen, Kirsi; Kanto, Laura (2013): Requirements for innovation policy in emerging high-tech industries. In: European Journal for Futures Research 1 (2013/8) 15:8. In: https://doi.org/10.1007/s40309-013-0008-3.

Pistner, Christoph; Englert, Matthias; Küppers, Christian; Hirschhausen, Christian von; Wealer, Ben; Steigerwald, Björn; Donderer, Richard (2021): Sicherheitstechnische Analyse und Risikobewertung einer Anwendung von SMR-Konzepten (Small Modular Reactors). Hrsg.:

Bundesamt für die Sicherheit der nuklearen Entsorgung. Vorhaben 4720F50500. Berlin, März 2021. In: https://www.base.bund.de/SharedDocs/Downloads/BASE/DE/berichte/kt/gutachten-small-modular-reactors.pdf?__blob=publicationFile&v=6.

Pols, A.J.K. und Romijn, H.A. (2017): Evaluating irreversible social harms. In: Policy Science 50 (2017), S. 495–518. https://doi.org/10.1007/s11077-017-9277-1.

Poser, Hans (2016): Homo Creator – Technik als philosophische Herausforderung. Springer VS Wiesbaden 2016.

Praetorius, Barbara (2000): Power for the People – die unvollendete Reform der Stromwirtschaft in Südafrika nach der Apartheit. Reihe Politics and Economics in Africa, Band 3. Lit, Münster, Hamburg, London 2000.

Quaschning, Volker (2013): Regenerative Energiesysteme. Technologie – Berechnung – Simulation. Aktualisierte Auflage, München 2013[8].

Radosevic, Slavo (2018): Fostering innovation in less-developed and low institutional capacity regions: Challenges and opportunities. Background paper for an OECD/EC Workshop on 22 June 2018 within the workshop series "Broadening innovation policy: New insights for regions and cities", Paris 2018. In: https://www.oecd.org/cfe/regionaldevelopment/Radosevic(2018)FosteringInnovationInLessDevelopedRegions_FI.pdf.

Rapp, Friedrich (1977): Technische Handlungen und ihre Realisierungsmöglichkeiten. In: Lenk, Hans (Hrsg.): Handlungstheorien interdisziplinär. Bd. 4. Fink, München 1977, S. 367–386.

Reineke, Rolf-Dieter, Bock Friedrich (2011): Gabler Lexikon Unternehmensberatung. Springer-Verlag, 2011, S. 404.

Renn, Ortwin (Hrsg.) (2017): Risiko und Resilienz im Energiesystem. Szenarien – Handlungsspielräume – Zielkonflikte (Schriftenreihe Energiesysteme der Zukunft). Acatech, München 2017. In: https://www.acatech.de/publikation/das-energiesystem-resilient-gestalten-szenarien-handlungsspielraeume-zielkonflikte/download-pdf?lang=de.

Renninger, Stephan; Rößner, Paul; Stein, Jan; Lambarth, Maike; Birke, Kai (2021): Towards High Efficiency CO_2 Utilization by Glow Discharge Plasma. In: Processes 9 (2021/11), 2063. https://doi.org/10.3390/pr9112063.

Rip, Arie (2015): Technology Assessment. In: International Encyclopedia of the Social and Behavioral Sciences. Elsevier, London 2015[2].

Ritchie, Hannah; Roser, Max (2018): Plastic Pollution. In: https://ourworldindata.org/plastic-pollutionall-charts-preview.

Ritter, Joachim et al. (Hrsg. (1971ff)): Historisches Wörterbuch der Philosophie. Bde. 1–13. Schwabe, Basel und Wissenschaftliche Buchgesellschaft Darmstadt 1971–2007.

Roco, Mihail C., Bainbridge, William S. (eds.) (2002): Converging Technologies for Improving Human Performance. Nanotechnology, Biotechnology, Information Technology and Cognitive Science. National Science Foundation (NSF/DOC) sponsored Report. Arlington, Virginia, January 2002.

Roco, Mihail C.; Bainbridge, William S.; Tonn, Bruce; Whitesides, George (eds.) (2013): Convergence of Knowledge, Technology and Society. Springer, Cham, Heidelberg et al. 2013.

Rogers, Everett M; Singhal, Arvind; Quinlan, Margarete M. (2009): Diffusion of Innovations. In: Stacks, Don W.; Salwen, Michael B. (eds.) (2009): An Integrated Approach to Communication Theory and Research. Routledge, New York 2009[2], S. 418–434.

Röhrle, Ernst A. (2000): Komplementarität und Erkenntnis – Von der Physik zur Philosophie. In der Reihe: Naturwissenschaft – Philosophie – Geschichte, Bd. 12. Lit, Münster u. a. 2000.

Ropohl Günter (2004): Gelegenheiten zur unauffälligen Abwicklung der Technikphilosophie. In: Kornwachs, Klaus (Hrsg.): Technik – System – Verantwortung. Lit, Münster, London 2004, S.115–126.

Ropohl, Günther (2009): Eine Systemtheorie der Technik. Hanser, München 1979[1]; Allgemeine Technologie. Eine Systemtheorie der Technik. Hanser, München, 1999[2]; KIT Karlsruhe 2009[3]. In: https://books.openedition.org/ksp/pdf/3003.

Ryan, Johnny (2010). A history of the Internet and the digital future. Reaction Books, London 2010.

Sallai, G. (2007): Converging Researches in ICT. In: Banse, G.; Grunwald, A.; Hronszky, I.; Nelson, G. (Hrsg.): Assessing societal implications of converging technological development. Proceedings zum 3. Workshop des Forums "Converging Technologies. Budapest, Ungarn, 08 -10.12.2005. Edition sigma, Berlin 2007.

Schlönhardt, Frank (2008): Weitestgehend bordautonome Verkehrsführung von Flugzeugen als mögliche Perspektive der Luftfahrt ... In: Aviation Week & Space Technology, January 15th, S. 114–116. Ebenfalls in: Matuschek, Ingo (Hrsg.): Luft-Schichten. Arbeit, Organisation und Technik im Luftverkehr. Edition Sigma, Berlin 2008, S. 227–238.

Schlönhardt, Frank (2009): Untersuchung zur weitgehend bordautonomen Verkehrsführung von zivilen Flugzeugen unter Berücksichtigung der menschlichen Zuverlässigkeit. Habilitationsschrift, Fakultät 3 Produktionstechnik, BTU Cottbus 2009.

Schumpeter, Joseph Alois (1912): Theorie der wirtschaftlichen Entwicklung. München Leipzig 1912; Nachdruck Duncker & Humblot, Berlin 2012.

Searle, John Richard (1969): Theorie der Sprechakte. Suhrkamp, Frankfurt a. M. 1969.

Seetzen, Jürgen (1988): Systemvorstellungen als Heuristik. In: Newsletter der Deutschen Gesellschaft für Systemforschung, Heft 1–2 (1998–1999) S. 38–45.

SIPRI – Stockholm International Peace Research Institute (2020): World Nuclear Forces, SIPRI yearbook 2020. Stockholm, January 18th, 2020.

Smart Grid Plattform Baden-Württemberg (2013): Roadmap der Smart Grids-Plattform Baden-Württemberg. Öko-Institut Freiburg 12. Juli 2013. In: https://um.baden-wuerttemberg.de/ fileadmin/redaktion/m-um/intern/Dateien/Dokumente/2_Presse_und_Service/Publikationen/ Energie/Smart-Grids-Roadmap.pdf.

Sommerlatte, Tom; Deschamps, Jean-Philippe (1986): Der strategische Einsatz von Technologien. In: Arthur D. Little International (Hrsg.): Management im Zeitalter der Strategischen Führung. Gabler, Wiesbaden 1986, S. 50 f.

Speidel, Joachim (2019): Introduction to Digital Communication. Springer International, Berlin 2019.

Spur, Günter (2006): Ansatz für eine technologische Innovationstheorie. In: Spur, Günter (Hrsg.): Wachstum durch technische Innovationen. Beiträge aus Wissenschaft und Wirtschaft. Acatech diskutiert. Fraunhofer IRB Verlag, Stuttgart 2006, S. 215–239.

Staab, Steffen; Studer, Rudi (2004): Handbook of Ontologies. Springer, Heidelberg 2004.

Steffen, Will; Deutsch, Lisa; Ludwig, Cornelia; Broadgate, Wendy; Gaffney, Owen (2015): The trajectory of the Anthropocene: The great acceleration. In: Anthropocene Review 2(2015/1), Seite 81–98.

Stehr, Nico (2009): Moralisierung der Märkte. Suhrkamp, Frankfurt a. M. 2009.

Stehr, Nico; Kornwachs, Klaus (2024): Wissen. Macht. Arbeit. In: WirtschaftsWoche vom 21.7.2024. In: https://www.wiwo.de/my/erfolg/trends/essay-wissen-macht-arbeit-/29905962. html.

Stock, Jessica (2018): Wenn die Innovation zur Ideologie wird – Eine praxistheoretische Analyse der Innovationspraktiken der Elektromobilisten. Masch. Dissertation, Fakultät VI – Planen Bauen Umwelt, Technische Universität Berlin, Berlin 2018.

Stokes, Hedley; Bondarenko, Artem; Destefanis, Roberto; Fuentes, Nathalie; Kato, Akira; LaCroix, André; Oltrogge, Dan; Tang, Mingliang (2017): Status of the ISO space debris mitigation standards. In: Flohrer, Ed.T. ; Schmitz, F. (eds): Proc. 7th European Conference on space debris, Darmstadt, Germany, 18–21 April 2017, published by the ESA Space Debris Office. https://conference.sdo.esoc.esa.int/proceedings/sdc7/paper/979/SDC7-paper979.pdf, June 2017.

Strickland, Jonathan (2010): What would happen if the Internet collapsed? In: HowStuffWorks. com, February 10th, 2010. In: https://computer.howstuffworks.com/internet/basics/internet-collapse.htm.

Thiel, Ch. (1955): Logisches Quadrat. In: Mittelstraß, Jürgen (Hrsg.): Enzyklopädie Philosophie und Wissenschaftstheorie. Band 3. BI, Mannheim 1995, S. 423.

Townsend, Peter (2016): The Dark Side of Technology. Oxford University Press, Oxford 2016.

Trevelyan, James (1998): Landmines: A Humanitarian Demining Approach. In: Asia-Pacific Magazine 11 (1998), S 42–46 May 1998. Web Version also in: Landmines – Problems and Solutions. https://staffhome.ecm.uwa.edu.au/~00006605/demining/info/probs-solns.html.

Valentowitsch, Johann (2019): Konkurrenz und Diffusion von Technologien auf Märkten unter Standardisierungsdruck: Modellbildung, Simulation und Prognose. Masch. Dissertation, Fakultät 10 (Wirtschafts- und Sozialwissenschaften), Universität Stuttgart 2019.

VDI (Verein Deutscher Ingenieure) (1991): Technikbewertung – Begriffe und Grundlagen. VDI-Richtlinie 3780, VDI Report 15. Düsseldorf 1991. Beuth Verlag, Berlin 2000.

VDI (Verein Deutscher Ingenieure) (2000): Recyclingorientierte Produktentwicklung. VDI-Richtlinie 2243, Blatt 1, Düsseldorf 2000, zurückgezogen 2002.

Vernon, Raymond (1966): International Investment and International Trade in the Product Cycle. In: The Quarterly Journal of Economics 80 (1966/2), S. 190–207.

Vogt, Hans (1964): Die Erfindung des Lichttonfilms. Dt. Museum, Abhandlungen und Berichte 32 (1964), S. 2 ff.

Völz, Horst (2005): Handbuch der Speichertechnik, Bd.2: Mittelbar wahrnehmbare Technik. Shaker, Berlin 2005.

Warnke, Philine; Cuhls, Kerstin; Schmoch, Ulrich; Daniel, Lea et al. (2019): 100 Radical Innovation Breakthroughs for the future European Commission Directorate-General for Research and Innovation Directorate A – Policy Development and Coordination. EU Commission Foresight, Bruxelles 2019. https://doi.org/10.2777/24537 und https://publica.fraunhofer.de/entities/publication/819ff4c6-5b16-4687-b322-eecc92105394/details.

Weber, Thomas; Stuchtey, Martin (eds.) (2019): Pathways towards a German Circular Economy Lessons from European Strategies. Preliminary Study. Circular Economy Initiative Deutschland Office, Munich, acatech – National Academy of Science and Engineering, Munich 2019. In: https://www.acatech.de/wp-content/uploads/2019/07/Circular_Economy_EN.pdf.

Weege, Rolf-Dieter (1981): Recyclinggerechtes Konstruieren. VDI Verlag Düsseldorf 1981.

Weiber, Rolf (1993): Chaos: Das Ende der klassischen Diffusionsmodellierung? In: Marketing: ZFP – Journal of Research and Management 15 (1993/1), S. 35–46.

Weizsäcker, Carl Friedrich von (1971): Einheit der Natur. Hanser, München 1971.

Weizsäcker, Carl Friedrich von (1988): Bewußtseinswandel. Hanser, München 1988.

Weizsäcker, Christine von; Weizsäcker, Ernst Ulrich von (1984): Fehlerfreundlichkeit. In: Kornwachs, Klaus (Hrsg.) (1984): Offenheit – Zeitlichkeit – Komplexität. Zur Theorie der Offenen Systeme. Campus, Frankfurt a. M. 1984, S. 167–201.

Weizsäcker, Ernst Ulrich von (1974): Erstmaligkeit und Bestätigung als Komponenten der Pragmatischen Information. In: Weizsäcker, Ernst Ulrich von (Hrsg.): Offene Systeme I. Klett Stuttgart 1974, S. 82–113.

Weizsäcker, Ernst Ulrich von (1997): Faktor 4 – Doppelter Wohlstand – halbierter Verbrauch. Knauer Drömer, TB, München 1997.

Welge, Martin K.; Al-Laham, Andreas (2013): Planung: Prozesse – Strategien – Maßnahmen. Gabler, Wiesbaden 1992, S. 270 f., e-book 2013.

Wiethoff, Hartmut von (1994): Entsorgungsorientierte Produktgestaltung – Vereinigung von ökonomischen und ökologischen Zielen. In: Fortschrittliche Betriebsführung und Industrial Engineering (FB/IE), 43 (1994/2), S. 77–81.

Wikipedia (2025): Nuclear decommissioning. In: Wikipedia, The Free Encyclopedia. https://en.wikipedia.org/wiki/Nuclear_decommissioning.

Wildi, Tobias (2001): Die Trümmer von Lucens. Eine gescheiterte Innovation im nationalen Kontext In: Gilomen, Hans-Jörg et al. (Hrsg.): Innovationen. Voraussetzungen und Folgen – Antriebskräfte und Widerstände. Chronos, Zürich 2001.

Wilsdorf, Helmut (1977): Die architektonische Rekonstruktion antiker Produktionsanlagen für Bergbau und Hüttenwesen. In: Klio 59 (1977), S. 11–24.

Wittgenstein, Ludwig (1989): Tractatus logico-philosophicus. In: Werkausgabe, Band 1. Suhrkamp, Frankfurt a. M. 1989[6].

Wörner, Johann-Dietrich.; Schmidt, Christoph M. (Hrsg.) (2022): Sicherheit, Resilienz und Nachhaltigkeit (Acatech IMPULS), München 2022. https://doi.org/10.48669/aca_2022-2.

Wright, Georg Henrik von (1980): Elemente der Handlungslogik. In: Hans Lenk (Hrsg.): Handlungstheorien – interdisziplinär, Band 1, München: Fink Verlag 1980, S. 21–34.

Yin, Robert K.; Quick, Suzanne K.; Bateman, Peter M.; Marks, Ellen L. (1978): Changing Urban Bureaucracies: How New Practices become Routinized. R-2277-NSF report, RAND Corporation, March 1978. In: https://www.rand.org/pubs/reports/R2277.html.

Zeigler, Bernard P.; Praehofer, Herbert; Kim, Tag Gon (2000): Theory of modelling and simulation: Integrating discrete event and continuous complex dynamic systems. Academic Press, New York 2000^2.

Zeigler, Bernhard P. (1978): Theory of Modelling and Simulation. Addison-Wesley, San Francisco 1978.

Zimmermann, Rudolf Heinz (1997): Der Atlantikwall: Geschichte und Gegenwart; mit Reisebeschreibung. 3 Bände, Schild, München, 1982–1997.

FSC
www.fsc.org
MIX
Papier aus verantwortungsvollen Quellen
Paper from responsible sources
FSC® C105338